高等学校规划教材

网络工程实践教程

——基于华为 eNSP

李勇军　张胜兵　编著

西北工业大学出版社

西　安

【内容简介】 本书从利用华为 eNSP 模拟一个企业网络出发来设计相关的实验,先设计面向单个知识点的实验,再综合应用各个知识点设计综合实验。实验内容涵盖了组建企业网络所需的大部分知识。实验内容包括交换机端口实验、虚拟局域网实验、生成树协议实验、路由器配置实验、广域网协议实验、网络地址转换实验、无线局域网实验和综合实验。本书还详细地介绍了每个实验的技术原理、实验步骤和关键命令,以便于读者独立地配置和调试实验以及深入理解实验所涉及的计算机网络原理知识。

本书实操性强,适合作为高等院校计算机及相关专业学生的教材,网络工程技术人员和计算机爱好者也可将本书作为参考书。

图书在版编目(CIP)数据

网络工程实践教程 :基于华为 eNSP / 李勇军,张胜兵编著
. — 西安 :西北工业大学出版社,2022.12
ISBN 978 - 7 - 5612 - 8540 - 4

Ⅰ. ①网… Ⅱ. ①李… ②张… Ⅲ. ①计算机网络-高等学校
-教材 Ⅳ. ①TP393

中国版本图书馆 CIP 数据核字(2022)第 221012 号

WANGLUO GONGCHENG SHIJIAN JIAOCHENG——JIYU HUAWEI eNSP

网 络 工 程 实 践 教 程 —— 基 于 华 为 eNSP

李勇军　张胜兵　编著

责任编辑:李阿盟　刘　敏		策划编辑:杨　军	
责任校对:李阿盟		装帧设计:李　飞	

出版发行:西北工业大学出版社
通信地址:西安市友谊西路 127 号　　　邮编:710072
电　　话:(029)88491757,88493844
网　　址:www.nwpup.com
印 刷 者:兴平市博闻印务有限公司
开　　本:787 mm×1 092 mm　　　1/16
印　　张:19.875
字　　数:522 千字
版　　次:2022 年 12 月第 1 版　　2022 年 12 月第 1 次印刷
书　　号:ISBN 978 - 7 - 5612 - 8540 - 4
定　　价:68.00 元

前　言

计算机网络实践课能帮助学习者理解网络设备、网络服务器和网络协议的工作原理,建立网络设备、网络服务器和网络协议之间的有机联系,在系统能力培养中起着关键作用。然而,在利用网络设备开展实验时:一方面,面临着设备数量和型号有限导致课堂容量不足的问题;另一方面,还面临着从网络设备的连接配置,到错误定位和解决方法等问题,这些也是教学实验中的痛点。为此,在课程实践中引入仿真实验来解决上述问题,为学习者提供全天候的、容纳各种型号设备的实验环境。

华为 eNSP 是华为公司为学习者提供的一个主要针对华为网络设备的模拟软件。利用华为 eNSP 可以设计、配置和调试各种规模的网络,满足仿真实验要求。eNSP 的作用体现在:① 将其与 Wireshark 软件结合,学习者可以分析设备和协议的工作原理,验证计算机网络的理论知识,加深对理论知识的理解。②利用其模拟设备的连接、配置和错误定位等,可以做到以虚补实,学习者掌握了这些基本操作后,再到网络设备上实际操作,能显著地提高学习效率。③ 学习者可以根据兴趣,利用其设计、配置和调试个性化的计算机网络,容易获得成就感,从而激发学习兴趣。

鉴于此,笔者开展了基于华为 eNSP 和网络设备相结合的计算机网络实践课程改革。从构建一个企业网络的实践经验出发,选择一些计算机网络技术和构建企业网络相关的关键技术内容作为本书的内容,涵盖了交换机端口实验、虚拟局域网实验、生成树协议实验、路由器配置实验、广域网协议实验、网络地址转换实验、无线局域网实验等。最后,综合应用各个实验内容,设计了一个企业网络综合实验来帮助学习者理解每部分实验内容在工程实践中的应用。在实际教学实践中,学习者可以在课前利用 eNSP 及时发现、分析和解决问题,在课堂上解决网络设备的实际操作问题。从已有的教学效果看,利用 eNSP 能有效地解决存在的问题,实现以虚补实和虚实结合。

全书由李勇军和张胜兵撰写。其中,张胜兵撰写了第 3 章、第 5 章和第 6 章的实验部分,李勇军撰写了第 3 章、第 5 章和第 6 章的理论知识部分,其余章节由李勇军撰写。

限于笔者的水平,书中难免存在疏漏之处,恳请读者批评指正。殷切希望读者能够就本书内容提出宝贵的建议和意见,以便进一步完善内容。

编著者

2022 年 7 月

目　录

第1章 实验基础

　　计算机网络是一门实践性较强的课程,学习者通过实验环节可以深刻地理解理论知识,掌握网络设备和网络协议的工作过程。然而,由于计算机网络实验室的建设成本相对较高,使得配置的设备数量和型号往往不能满足实践需求,因此大型网络设备制造商纷纷发布了与自家设备相匹配的模拟软件,如华为公司的 eNSP(enterprise Network Simulation Platform)、思科公司的 Packet Tracer,这些模拟软件可以缓解在计算机网络实验中遇到的上述问题。本书选择华为 eNSP 作为网络设备模拟软件来设计计算机网络的实验内容。

1.1 引　　言

　　计算机网络课程具备理论性强、知识点多且衔接紧密的特点,其教学内容理论性、抽象性较强,对学习者而言,既枯燥又烦琐,达不到学习目标,而与之配套的实验教学能帮助学生更加深刻地理解网络设备、网络协议协同工作的机制,建立网络设备和网络协议之间的有机联系。计算机网络的实验教学不仅可以让学习者巩固和加深理解理论知识,还可以培养学习者在实践中发现问题、分析问题和解决问题的能力,在系统能力培养中也有着其他教学环节所不能替代的独特作用,并且能为今后学习、剖析、使用和开发新的网络协议、设计和建立大规模网络打下坚实的理论及实践基础。

　　在实验教学的实践中,利用路由器、交换机等实体网络设备开展实验时:一方面,面临着设备数量和型号有限、学习地点和学习时间受限、课堂容量不能满足人数要求等问题;另一方面,从网络设备的连接配置,到错误定位、解决方法等,也都是实验中的痛点。实际上,国内许多高校都面临着上述问题。为此,在计算机网络实验课程中引入仿真实验,不仅可解决教学实践中面临的诸多问题,还可为学习者提供全天候的容纳多种型号设备的实验环境。

　　华为 eNSP 是华为公司为学习者提供的一个主要针对华为网络设备的模拟软件。利用华为 eNSP 可以设计、配置和调试各种规模的网络,也能满足实践教学中的仿真实验要求。华为 eNSP 在实践教学中的作用体现在多个方面:①将其与 Wireshark 软件结合,学习者可以分析网络设备和网络协议的工作原理和运行过程,验证计算机网络原理中的理论知识,加深对理论知识的理解和掌握。②利用其模拟设备的连接配置、实验操作及常见错误定位等,可以做到以虚补实,学习者掌握这些基本操作后,再到实体网络设备上操作,就能显著提高学习效率,变相提高课堂容量。③除了验证型实验外,学习者可以根据自己的兴趣和能力,利用其设计、配置和调试个性化的计算机网络,容易获得成就感,从而激发学习兴趣。④在网络规划中,学习者利用其能快速建立或修改网络拓扑,方便网络性能分析、容量规划、故障分析等,有助于网络规划和设备选型。

1.2 华为 eNSP 介绍

1.2.1 华为 eNSP 简介

华为 eNSP 是一款由华为公司提供的免费的、可扩展的、图形化的网络设备仿真平台,其主要对华为的路由器、交换机等网络设备进行软件模拟,能够完美呈现真实设备部署实景,支持大型网络仿真。在没有真实设备的情况下,利用华为 eNSP 也能够开展实验测试、学习网络技术以及验证网络协议。

eNSP 具有高度仿真功能,可以模拟 PC 终端、以太网交换机、帧中继交换机等,还可以模拟华为 AR 路由器的大部分特性。使用 eNSP 可以快速配置网络设备,模拟大规模网络,还可以在设备的模拟接口捕获数据报文,直观地展示协议交互过程。eNSP 具备图形化操作界面,支持拓扑创建、修改、删除、保存等操作,还支持设备拖拽和接口连线操作。eNSP 通过不同颜色显示直观地反映设备与接口的运行状态。

1.2.2 华为 eNSP 准备

华为公司完全免费对外开放 eNSP,直接下载和安装即可使用,无须申请许可证(license)。安装 eNSP 需要先安装相关版本的 WinPcap(Windows Packet Capture)、VirtualBox 和 Wireshark(前称 Ethereal)这三款软件。

WinPcap 是 Windows 平台下一个免费的可以用于捕获和分析报文的软件。WinPcap 的主要功能是能独立于主机协议(如 TCP/IP)收发数据报文,体现在以下 4 个方面:①能捕获原始报文;②能在网络上发送原始的报文;③能在把报文发往应用之前,按照自定义的规则过滤报文;④能收集网络通信过程中的统计信息。

VirtualBox 是 Oracle 公司开发的一款虚拟机软件,是 Oracle 公司 xVM 虚拟化平台技术的一部分。它提供用户在 32 位或 64 位的 Windows、Solaris 及 Linux 操作系统上虚拟其他 x86 的操作系统。VirtualBox 能够安装多个客户端操作系统,每个客户端操作系统皆可独立打开、暂停与停止,其主端操作系统与客户端操作系统可相互通信,多个操作系统能够同时运行,也能同时使用网络,适合企业和家庭使用。

Wireshark 是一个免费的、开源的网络数据报文分析软件,其功能是捕获网络数据报文,并尽可能显示出详细的网络数据报文信息。Wireshark 使用 WinPcap 作为接口,直接与网卡进行数据报文交换。在 GNU GPL(通用公共许可证)的保障范围下,使用者拥有针对其源代码进行修改及客制化的权利。Wireshark 是应用最广泛的网络数据报文分析软件之一。

1.2.3 华为 eNSP 使用

1. 华为 eNSP 界面

eNSP 的主窗口如图 1-1 所示,窗口上端右边是主菜单,提供"文件""编辑""视图""工具"

"考试"和"帮助"菜单。窗口上端左边是工具栏,提供常用的工具,如新建拓扑、开启设备、停止设备等图标按钮。窗口下端左边是网络设备区,提供设备和网线,可以选择添加到工作区。窗口下端右边是工作区,在此区域可创建网络拓扑,进行设备配置和操作。窗口最下端是状态栏,这里用来给出当前操作设备的提示信息。

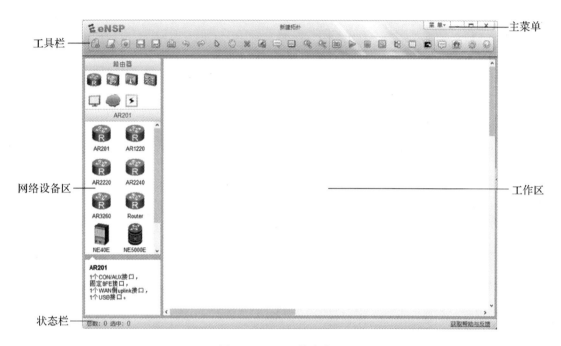

图 1-1 eNSP 的主窗口

工具栏从左至右,图标功能分别是新建拓扑、新建试卷工程、打开拓扑、保存拓扑、另存为指定文件名和文件类型、打印拓扑、撤销上次操作、恢复上次操作、恢复鼠标、拖动工作区、删除对象、删除所有连线、文本描述框添加、调色板图形添加、放大拓扑、缩小拓扑、恢复拓扑原大小、启动设备、停止设备、数据抓包、显示/隐藏所有接口名称、显示/隐藏网格、打开拓扑中设备的命令行界面(Command Line Interface,CLI)。最右边的 4 个图标分别是 eNSP 论坛网络链接、华为官网链接、设置(eNSP 选项)和帮助文档。

主菜单功能与工具栏功能类似,这里不再赘述。

2. 建立拓扑

建立 eNSP 拓扑的步骤如下:

(1)选择菜单下的"文件"→"新建拓扑"(或者单击工具栏的按钮)。

(2)在"网络设备区"上方点击交换机图标,在下方点击"S5700"图标,将其拖拽至右方"工作区",如图 1-2 所示。

(3)在"网络设备区"上方点击终端图标,在下方点击"PC"图标,将其拖拽至右方"工作区"。重复拖拽一次可以布置两台主机,如图 1-3 所示。

(4)在"网络设备区"上方点击设备连线图标,在下方点击"Copper"图标,在右方"工作区"点击"PC1",选择"Ethernet 0/0/1",再点击"LSW1",选择"GE 0/0/1",完成主机 PC1 和交换机 LSW1 的连接,如图 1-4 所示。

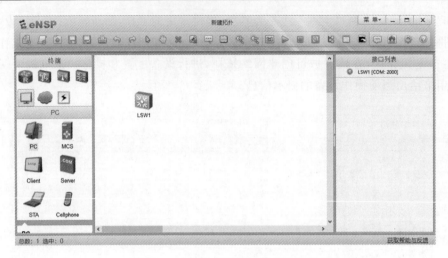

图 1-2　在网络拓扑图中添加交换机

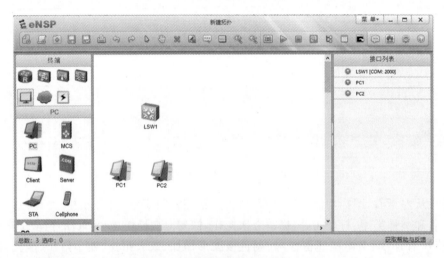

图 1-3　在网络拓扑图中添加主机

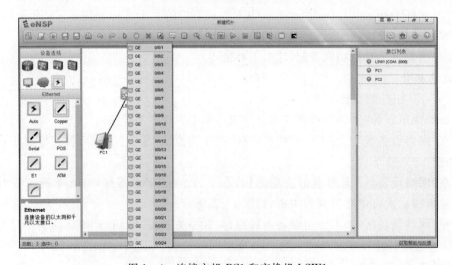

图 1-4　连接主机 PC1 和交换机 LSW1

(5)重复步骤(4),在"工作区"点击"PC2",选择"Ethernet 0/0/1",再点击"LSW1",选择"GE 0/0/2",连接完成后的拓扑图如图1-5所示。

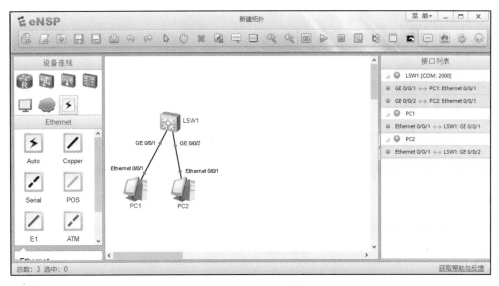

图1-5 连接主机 PC2 和交换机 LSW1

(6)重复步骤(2)~(5),可在"工作区"再添加一组设备,连接完成后的拓扑图如图1-6所示。

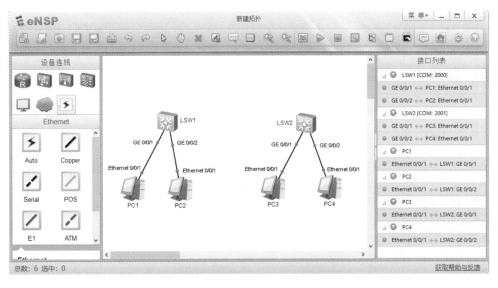

图1-6 再添加2台主机和1台交换机并连接

(7)在"网络设备区"上方点击路由器图标,在下方点击"Router"图标,拖拽2台路由器至右方"工作区"。切换到设备连线,在下方点击"Copper"图标,在右方"工作区"点击"R1",选择"GE 0/0/0",如图1-7所示。再点击"LSW1",选择"GE 0/0/3",完成路由器 R1 和交换机 LSW1 之间的连接。按照上面的操作过程继续完成路由器 R2 和交换机 LSW2 的连接。

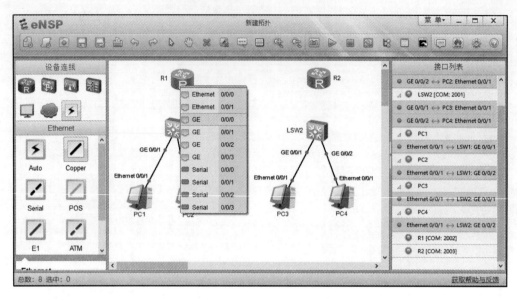

图 1-7　在网络拓扑图中添加 2 台路由器

(8)在设备连线下点击"Serial"图标,在右方"工作区"点击"R1",选择"Serial 0/0/0";点击"R2",选择"Serial 0/0/0",完成路由器连接,如图 1-8 所示。注意,连接两台路由器的连线,除了可以选择串行接口外,也可以选择以太网接口,连线类型需选择"Copper"图标。

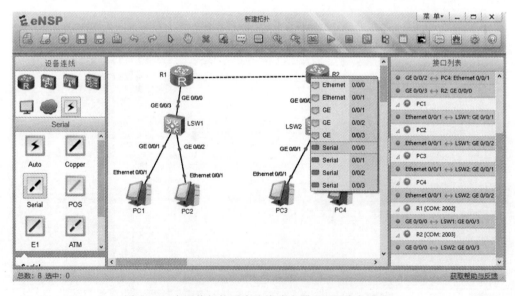

图 1-8　在网络拓扑图中连接路由器 R1 和路由器 R2

(9)点击工具栏中的"开启设备"按钮,等待一段时间后,所有设备的接口状态显示由红色变为绿色,工作区右侧的接口列表中所有接口状态也会由红色变成绿色,如图 1-9 所示,表示设备启动完成。

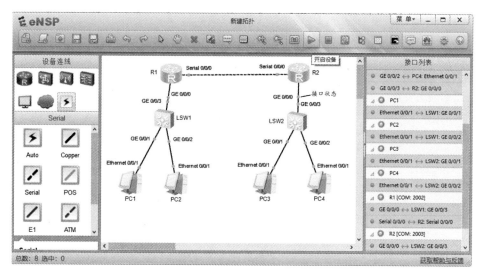

图 1-9　启动网络设备

3. 配置主机

(1)双击拓扑图中已启动的 PC1 图标,打开 PC1 的配置和操作界面,如图 1-10 所示。PC1 的配置和操作界面有 5 个子界面,分别是"基础配置""命令行""组播""UDP 发包工具"和"串口"。

图 1-10　主机 PC1 的配置和操作界面

(2)在"基础配置"子界面可以设置主机名、修改 MAC 地址、配置 IPv4 参数、配置 IPv6 参数。设置完成后点击"应用"按钮使相关的配置生效,如图 1-11 所示。

图 1-11　主机 PC1 设置的"基础配置"子界面

（3）在"命令行"子界面可以执行 ping 命令、ipconfig 命令等测试和查看网络信息的命令，如图 1-12 所示。在"命令行"子界面中执行 ipconfig 命令后显示的 IP 地址、子网掩码和网关即为图 1-11 中所配置的主机参数。

图 1-12　主机 PC1 设置的"命令行"子界面

（4）在"组播"子界面可以配置组播的相关参数，包括源 MAC、源 IP、目的 MAC 和目的 IP，如图 1-13 所示。

图 1-13　主机 PC1 设置的"组播"子界面

（5）在"UDP 发包工具"子界面可配置发送 UDP 报文的参数,如图 1-14 所示。

图 1-14　主机 PC1 设置的"UDP 发包工具"子界面

（6）根据步骤（2）可分别配置主机 PC1、PC2、PC3 和 PC4 的 IP 地址、子网掩码和网关,如表 1-1 所示。

表 1-1　网络拓扑图中的主机参数

主　机	IP 地址	子网掩码	网　关
PC1	192.168.0.1		192.168.0.100
PC2	192.168.0.2	255.255.255.0	
PC3	192.168.1.1		192.168.1.100
PC4	192.168.1.2		

(7)至此,主机 PC1 和 PC2 就可以相互 ping 通了,如图 1-15 所示。同样,PC3 和 PC4 也可以相互 ping 通。然而,PC1 不能 ping 通 PC3 或 PC4,因为它们不在同一个网段上。

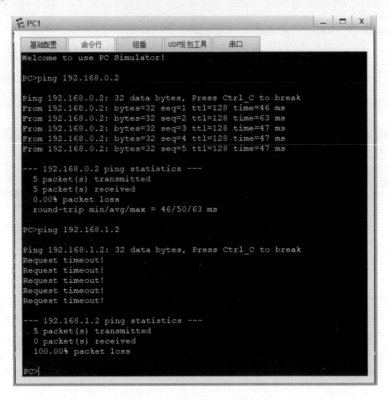

图 1-15 主机之间的通信情况

4. 交换机配置

在 eNSP 中,可以通过 Console 口和 CLI 两种方式配置交换机,其中 Console 口的方式更接近交换机的实际配置操作,而 CLI 则是 eNSP 中最简便的方式,但不适用于交换机的实际操作场景。

(1)如果要使用网络设备的 Console 口配置设备,必须先进行物理连线才能进行相关的操作。在设备连线下点击"CTL"图标,在右方"工作区"内点击"PC1",选择"RS232",点击交换机"LSW1",选择"Console",就可以完成主机串口和网络设备的 Console 口的连接,如图 1-16 所示。

切换到所连主机的"串口"子界面,选择合适的设置参数,点击"连接"按钮后在左侧命令行窗口中会出现交换机的视图提示符(本例中为<Huawei>),此时可以输入相关的命令进行操作,如图 1-17 所示。

(2)除了步骤(1)中的 Console 口配置方式外,双击拓扑图中已启动的交换机图标,比如 LSW1,可以打开此交换机的 CLI 界面,也可以点击工具栏中的"打开所有 CLI"图标,打开拓扑图中所有网络设备的命令行界面。交换机 LSW1 的 CLI 界面如图 1-18 所示,在 CLI 中输入相关的命令即可配置该交换机。

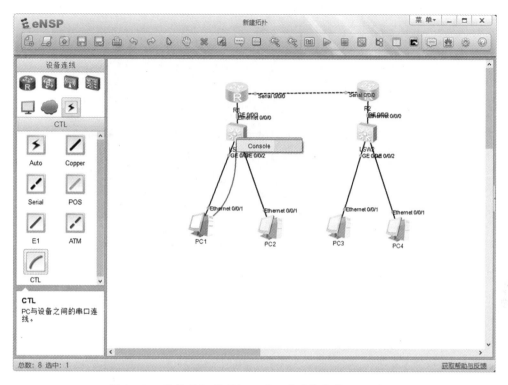

图 1-16　连接 PC1 的 RS232 串口和交换机的 Console 口

图 1-17　使用 PC1 的 RS232 串口连接设备进行命令配置

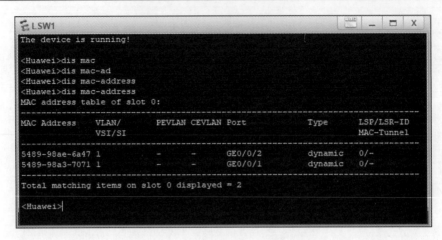

图 1-18　交换机 LSW1 的 CLI 界面

如图 1-18 所示,在 CLI 中执行命令 dis mac-address,显示交换机 LSW1 的 MAC 地址表。可以看出 GE0/0/1 端口所连接主机的 MAC 地址是 5489-98a3-7071,与图 1-9 和图 1-11 所示的配置信息是一致的。

需要注意的是,Console 口配置方式和 CLI 配置方式是等效的。在本书的实验中,均采用 CLI 方式来配置网络设备。

5. 路由器配置

路由器也可以使用 Console 口和 CLI 两种方式进行配置。路由器 Console 口连接主机串口的步骤与交换机的连接方式一样,这里不再赘述。

(1)双击拓扑图中已启动的路由器 R1 的图标,可以打开此 R1 的 CLI 界面,如图 1-19 所示。在 CLI 中输入相关的命令即可配置该路由器。

如图 1-19 所示:先在 CLI 中执行命令 sys(system view),进入路由器的系统视图;再执行命令 int g0/0/0,进入 GE0/0/0 的接口视图;然后执行命令 ip address 192.168.0.100 24 配置路由器 R1 的接口 GE0/0/0 的 IP 地址,也就是主机 PC1 和 PC2 的网关。

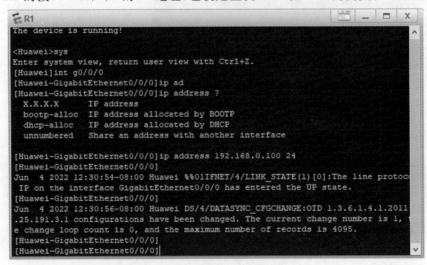

图 1-19　路由器 R1 的 CLI 界面

（2）在路由器 R1 的 CLI 内执行命令 int s0/0/0，进入其 Serial 0/0/0 的接口视图，然后执行命令 ip address 192.168.2.1 24 配置路由器 R1 的接口 Serial 0/0/0 的 IP 地址。配置完成后，R1 各个接口的状态如图 1-20 所示。

图 1-20　路由器 R1 各接口的状态

（3）同样，按照步骤（1）和步骤（2）配置路由器 R2 的 GE0/0/0 接口和 Serial 0/0/0 接口的 IP 地址，结果如图 1-21 所示。

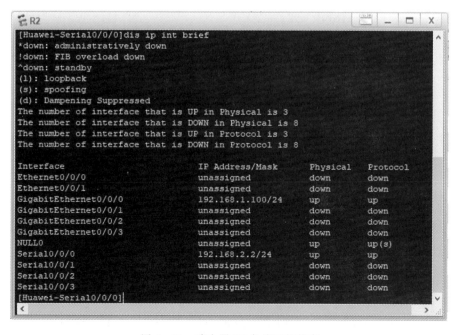

图 1-21　路由器 R2 各接口的状态

（4）至此，主机 PC1 仍不能 ping 通主机 PC3，这是因为路由器 R1 不存在从子网 192.168. 0.0/24 到子网 192.168.1.0/24 的路由项，如图 1-22 所示。反之亦然。

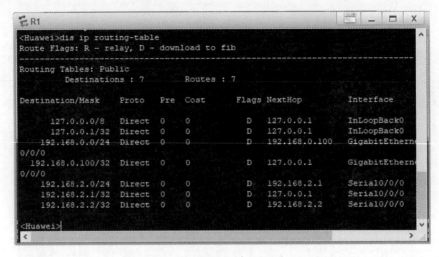

图 1-22　路由器 R1 的路由表

（5）在路由器 R1 上执行如下 rip 命令：

［Huawei］rip

［Huawei-rip-1］network 192.168.2.0

［Huawei-rip-1］network 192.168.1.0

在路由器 R2 上执行如下 rip 命令：

［Huawei］rip

［Huawei-rip-1］network 192.168.2.0

［Huawei-rip-1］network 192.168.0.0

图 1-23 显示了 R1 的路由表项，比图 1-22 中显示的路由表多了一条由 RIP 生成的到子网 192.168.1.0/24 的路由项。同样，R2 也多一条到子网 192.168.0.0/24 的路由项。

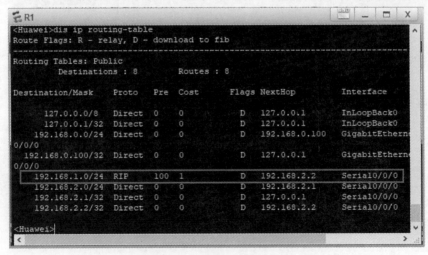

图 1-23　路由器 R1 的路由表

（6）至此，主机 PC1 可以 ping 通主机 PC3 或 PC4，如图 1-24 所示。

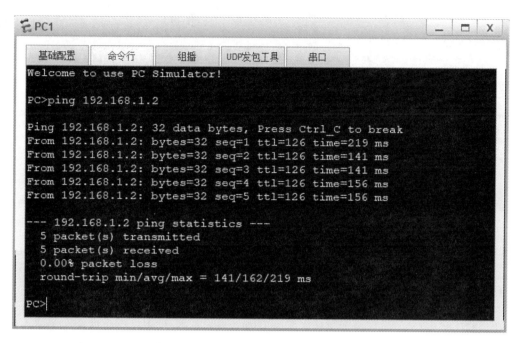

图 1-24　主机 PC1 与主机 PC4 的通信过程

6. 保存拓扑文件

点击工具栏中的"保存"图标，即可保存设计好的网络拓扑图，如图 1-25 所示。

图 1-25　保存网络拓扑

需要注意的是，这里仅保存网络拓扑。如果想要保存网络设备的配置信息，则需要在设备的 CLI 内的用户视图下执行 save 命令。保存路由器 R2 上的配置信息如图 1-26 所示。

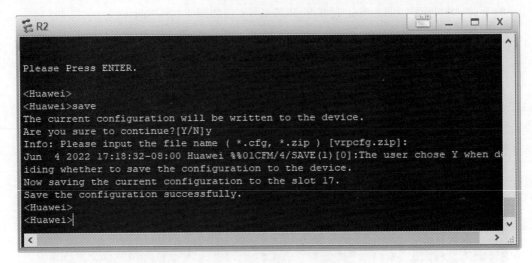

图 1-26 保存路由器 R2 上的配置信息

1.2.4 设备模块安装

在 eNSP 中,如果网络设备的默认配置不能满足实验需求,可为该网络设备安装缺少的模块。例如,在如图 1-7 所示的拓扑中,假设选择的路由器不是 Router,而是 AR 类型的路由器。由于 AR 类型路由器的默认配置未包含串口模块,所以当用 Serial 线连接两台路由器(如 AR2220 路由器)时,就没有匹配接口,如图 1-27 所示。

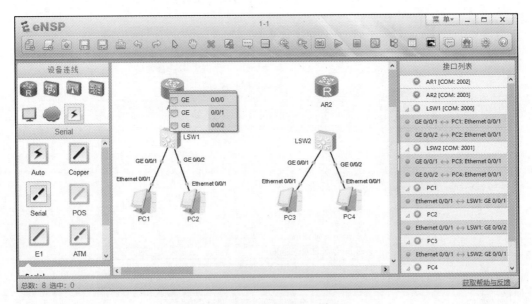

图 1-27 路由器 AR2220 的接口

按照以下步骤执行可为路由器 AR1 安装相应的模块来解决上述问题。

(1)在路由器 AR1 上单击鼠标右键,弹出如图 1-28 所示的菜单。

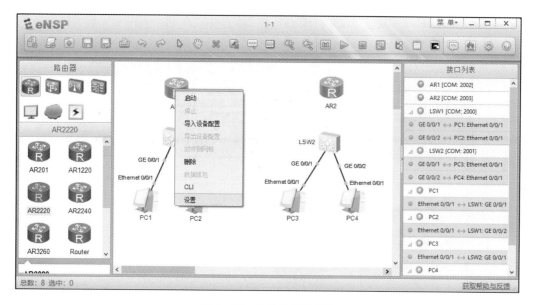

图 1-28　弹出的设置菜单

（2）选择"设置"选项，出现如图 1-29 所示的模块安装界面。在安装模块前，需要先停止设备，否则无法进行安装。直接点击电源开关可以停止网络设备。

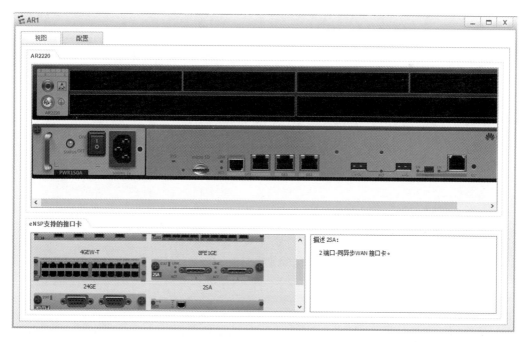

图 1-29　模块安装界面

（3）在"eNSP 支持的接口卡"列表中选择需要的模块，本例中选择同异步 WAN 接口卡（2SA 模块），将其拖拽至 AR2220 空置的插槽中即可完成安装，安装后的界面如图 1-30所示。

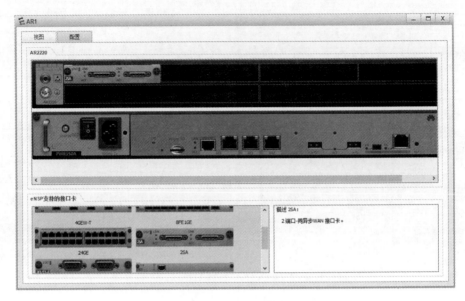

图 1-30　安装 2SA 模块后的 AR2220 界面

（4）当再次使用 Serial 线连接两台 AR2220 路由器时，就出现了串行接口，如图 1-31 所示。

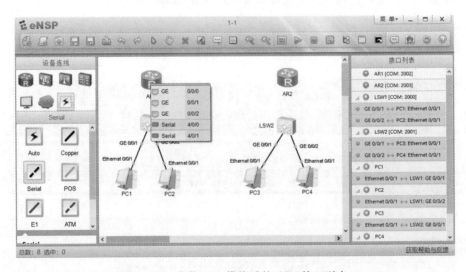

图 1-31　安装 2SA 模块后的 AR1 接口列表

1.2.5　网络设备视图

华为网络设备向用户提供了一系列配置命令及命令行接口，方便用户配置和管理设备。设备的配置采用分级保护方式，可以防止未授权用户的非法侵入。不同级别的用户登录后，只能使用等于或低于自己级别的命令。各命令行视图是针对不同的配置要求实现的，它们之间既有联系又有区别。比如，进入华为网络设备 CLI 的缺省视图是用户视图，可以查看其运行状态、修改部分设备状态和设备统计信息，不能配置网络设备。在用户视图下，键入 system view 即可切换至系统视图。在系统视图下,可以键入不同的命令进入相应的视图。在系统视图下,全部命令被分组,每组对应一个视图,可以用这些命令在不同的视图之间进行切换。一般情况下,在某个视图下只能执行限定的命令,但对一些常用的命令(如 ping、display current—configuration、interface 等),在各种视图下均可被执行。

网络设备提供多种视图,常用的命令视图的功能特性、进入各视图的命令等细则如表 1-2 所示。

表 1-2　常见的网络设备视图

视　图	功　能	提示符	进入命令	退出命令
用户视图	查看设备的运行状态和统计信息等	＜Huawei＞	进入网络设备 CLI 即进入	quit 断开与交换机连接
系统视图	配置网络设备	[Huawei]	在用户视图下键入 system view	quit 或 return 返回用户视图
以太网端口视图	配置以太网端口	[Huawei—Ethernet1/0/1]	百兆以太网端口视图,在系统视图下键入 interface ethernet 1/0/1	quit 返回系统视图;return 返回用户视图
		[Huawei — GigabitEthernet1/1/1]	千兆以太网端口视图,在系统视图下键入 interface gigabitethernet 1/1/1	
VLAN 视图	配置 VLAN	[Huawei—Vlan10]	在系统视图下键入 vlan 10	quit 返回系统视图;return 返回用户视图
VLANIF 接口视图	配置 VLANIF 接口	[Huawei—Vlanif1]	在系统视图下键入 interfacevlanif1	quit 返回系统视图;return 返回用户视图

1.2.6　CLI 帮助命令

在不熟悉设备命令情况下,在任意视图下,键入"?",即可获取该视图下的所有命令及其简单描述。当某个视图下的命令过多时,可以分屏显示。键入一命令,后接以空格分隔的"?"。如果该位置为关键字,则列出全部关键字及其简单描述;如果该位置为参数,则列出有关的参数描述。键入一个字符串,其后紧接"?",列出以该字符串开头的所有命令。键入一个命令,后接一个字符串紧接"?",列出该命令以该字符串开头的所有关键字,如图 1-32 所示。

在华为公司设备的配置过程中,无论是命令还是参数,均不需要输入完整的单词,只需输入命令或参数的部分字符,输入的部分能够唯一确定命令或参数就可。比如,进入接口 GigabitEthernet0/0/0 视图,下面两条命令是等效的:

[Huawei] int g0/0/0

[Huawei] interface GigabitEthernet0/0/0

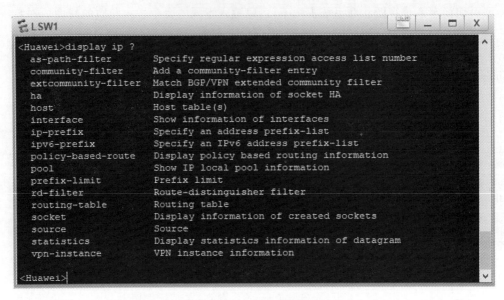

图 1-32 CLI帮助功能

在设备命令中,以 int 开头的只有一条命令 interface,因此输入 int 和输入 interface 是等效的。同样,以 g 开始的接口中只有 GigabitEthernet 这一种类型,输入 g 就可以唯一确定接口类型。

当用户记不全命令时,键入部分命令字符后,按 Tab 键,系统会自动补全命令,如图 1-33 所示。键入 display ap-s 后,按 Tab 键,系统会自动补全后显示命令 display ap-service-config。需要注意的是,只有键入的部分能够唯一确定一个命令时,系统才会自动补全。

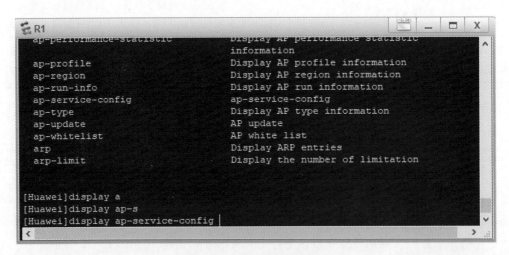

图 1-33 CLI的命令自动补全

CLI 可以将用户键入的历史命令自动保存,用户可以随时调用命令行接口保存的历史命令,并重复执行。命令行接口为每个用户缺省保存 10 条历史命令,查阅历史命令的操作如表 1-3 所示。

表 1－3 访问历史命令

操　作	按键或命令	结　果
显示历史命令	display history－command	显示用户输入的历史命令
访问上一条历史命令	上光标键↑或＜Ctrl＋P＞	如果还有更早的历史命令,则取出上一条历史命令
访问下一条历史命令	下光标键↓或＜Ctrl＋N＞	如果还有更晚的历史命令,则取出下一条历史命令

用户键入的所有命令,如果通过语法检查,则正确执行,否则就会向用户报告错误信息。常见错误信息如表 1－4 所示。

表 1－4 常见错误信息表

英文错误信息	错误原因
Unrecognized command	没有查找到命令
	没有查找到关键字
	参数类型错误
	参数值越界
Incomplete command	输入命令不完整
Too many parameters	输入参数太多
Ambiguous command	输入参数不明确

在 CLI 中,利用命令 undo 可以取消已执行的命令。比如,在系统视图下更换设备名字为 R1,命令成功执行后,系统提示符由[Huawei]变换成[R1],然后执行 undo sysname 命令,系统提示符又由[R1]变换成[Huawei],如图 1－34 所示。

图 1－34 undo 命令示意图

表 1－5 列出了一些常用命令,执行时需注意命令所在的视图。如果在当前视图下不能执行,可以输入"?"获得帮助。

表 1-5 常用网络设备命令

命　令	功　能
display	显示
undo	删除/取消
local-user	新建用户
quit	返回上级视图
sysname	设置交换机系统名称
undo sysname	恢复交换机系统名的缺省值
reboot	复位以太网交换机
reset saved-configuration	擦除以太网交换机配置文件
disp version	显示版本
disp current-configuration	显示当前配置
disp saved-configuration	显示已保存的配置

1.3　Wireshark 的使用方法

华为 eNSP 与 Wireshark 结合,可以捕获经过网络设备接口的数据报文,并显示报文中各个字段的值。在启动网络设备后,即可开启 Wireshark 捕获报文。启动 Wireshark 的方式有以下 3 种。

(1)单击工具栏中的"数据抓包"按钮,弹出如图 1-35 所示的选择设备和接口的界面。在"选择设备"框中选定设备,在"选择接口"框中选定要捕获报文的接口,单击"开始抓包"按钮,即可启动 Wireshark 捕获报文,可以同时在多个接口上捕获报文。

图 1-35　捕获报文时选择设备和接口的界面

（2）在网络设备上，点击鼠标右键，弹出如图 1-36 所示界面，依次选择"数据抓包"和捕获报文的接口，也可启动 Wireshark 捕获报文。

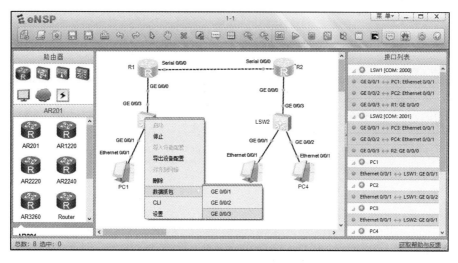

图 1-36　从网络设备上启动捕获报文

（3）在网络拓扑图的相应接口上，点击鼠标右键，弹出如图 1-37 所示界面，选择"开始抓包"，也能启动 Wireshark 捕获报文。

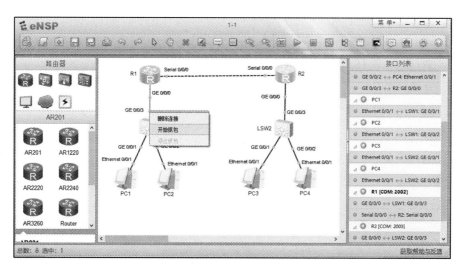

图 1-37　从网络拓扑的接口上启动捕获报文

假设从图 1-37 中交换机 LSW1 的接口 GE0/0/3 上捕获数据报文，开启捕获报文后，Wireshark 即被启动，其界面如图 1-38 所示。从主机 PC1 ping 主机 PC4，Wireshark 可捕获到从 PC1 到 PC4 的 ICMP 报文，如图 1-39 所示。如果用户仅关注 ICMP 报文，可以在过滤器中设置过滤规则，比如输入 ICMP，则只显示捕获到的 ICMP 报文。在选中某条报文后，报文详细信息就被显示在界面下方，如图 1-40 所示。

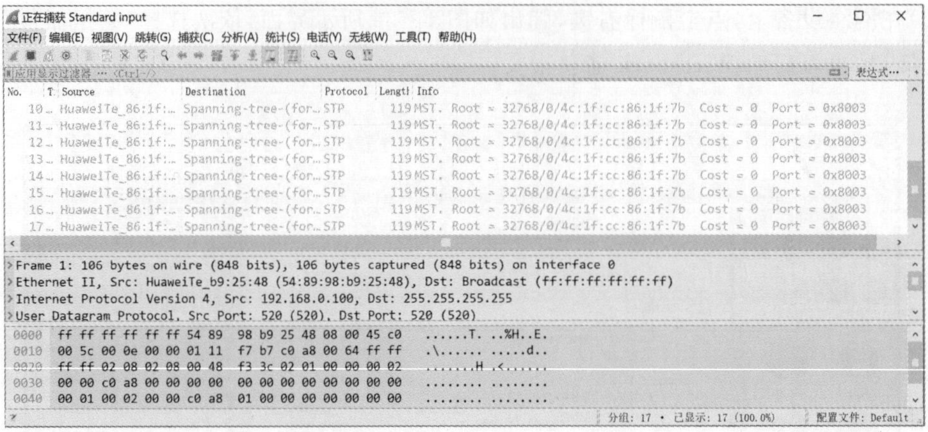

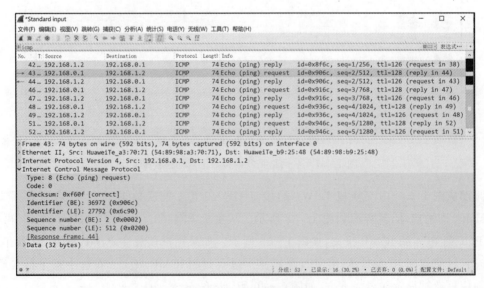

图 1-38　Wireshark 界面

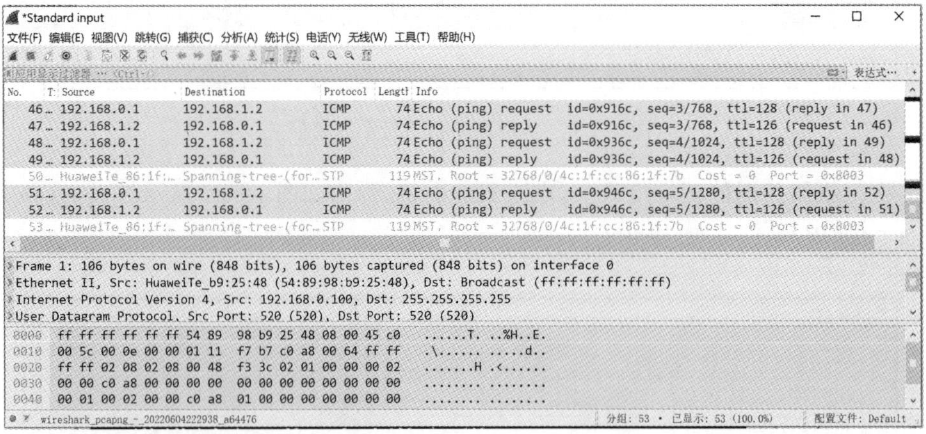

图 1-39　在 LSW1 的 GE0/0/3 接口上捕获到的报文

图 1-40　过滤后的报文

如果想配置更复杂的过滤规则,点击过滤器右侧的"表达式…",弹出如图 1-41 所示的过滤器配置界面,在此界面上可以配置个性化的过滤规则。

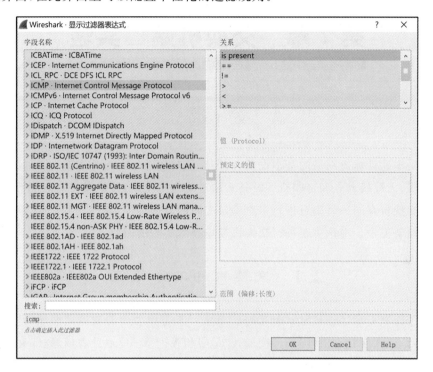

图 1-41　过滤器配置界面

1.4　思考与练习

熟悉华为 eNSP 和 Wireshark 使用方法,配置如图 1-9 所示的网络拓扑图,确保各个主机之间可以正常通信,在交换机和路由器的接口上捕获和分析相关的报文。

第2章 交换机端口实验

交换机是构建计算机网络的基本设备,可用于连接家庭、办公室、楼宇或园区内同一个网段中的计算机、无线接入点和打印机等设备。通过交换机端口,互联设备之间能够共享信息并相互通信。交换机在同一时刻可进行多对端口之间的数据传输,连接在其上的设备独享带宽,无须同其他设备竞争。本章主要进行交换机端口技术实验的讲解。

2.1 交换机的工作原理

交换机工作在 OSI(Open System Interconnect)参考模型中的数据链路层,其主要功能包括:①连接多个以太网物理段,隔离冲突域;②学习和维护 MAC 地址表信息;③交换和转发以太网帧。

2.1.1 冲突域隔离

冲突域是指同一时间段内只能有一台设备发送信息的范围。在此范围内,如果有多台设备同时发送信息,就会产生冲突。图 2-1 显示了一个由三台集线器(HUB)级联多台主机组成的计算机网络。该计算机网络中的所有主机就处于一个冲突域中,当主机 A 向主机 B 发送数据时,主机 E 不能向主机 D 发送数据。

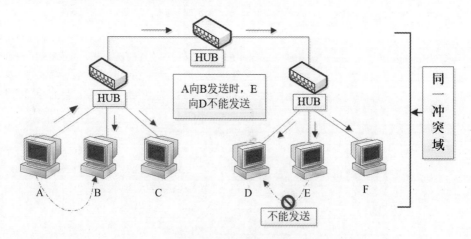

图 2-1 计算机网络中的冲突域示例(集线器)

　　与集线器不同,交换机可以隔离冲突域。交换机的每个端口形成一个单独冲突域,如图 2-2 所示。当主机 A 向主机 B 发送数据时,不影响主机 E 向主机 D 发送数据,4 台主机分属不同的冲突域。

　　广播域也是计算机网络中一组设备的集合,把同一广播数据帧能到达的所有设备组成的集合称为一个广播域。集线器既不能隔离冲突域,也不能隔离广播域。交换机可以隔离冲突域,但不能隔离广播域,即同一个交换机连接的设备属于一个广播域。

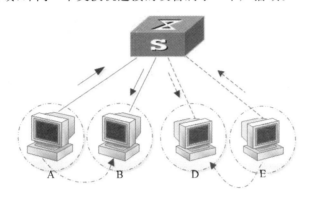

图 2-2　计算机网络中的冲突域示例(交换机)

2.1.2　MAC 地址表维护

　　交换机转发数据依赖设备维护的 MAC 地址表。当交换机刚启动时,MAC 地址表的表项是空的,图 2-3 中的 MAC 地址表就是交换机刚启动时的 MAC 地址表。从图中可以看出,表中并没有任何的表项,当设备(如主机)接入交换机时,交换机开始学习 MAC 地址。

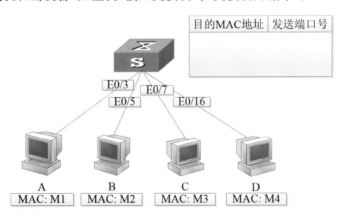

图 2-3　交换机刚启动时的 MAC 地址表

　　交换机学习 MAC 地址的方式是基于源地址学习的机制。假设主机 A 向主机 D 发送数据,在从端口 E0/3 接收到的数据帧到达交换机后,交换机解析该数据帧并获取源 MAC 地址 M1,这时就会在 MAC 地址表中添加一条相应表项,如图 2-4 所示。同理,在交换机收到主机 B、C、D 的数据后也学习到它们的 MAC 地址,然后写入 MAC 地址表中。最终,交换机会把连接的所有设备的 MAC 地址都学习到,从而构建出完整的地址表,如图 2-5 所示。

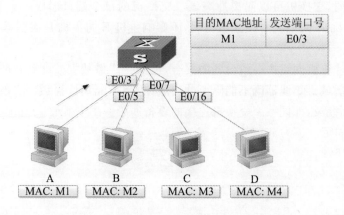

目的MAC地址	发送端口号
M1	E0/3

图 2-4　交换机学习主机 A 的 MAC 地址

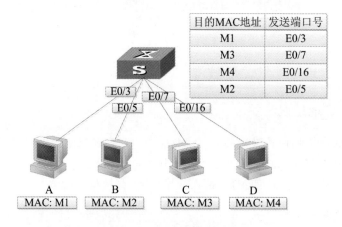

目的MAC地址	发送端口号
M1	E0/3
M3	E0/7
M4	E0/16
M2	E0/5

图 2-5　交换机学习到完整的 MAC 地址表

随着接入交换机设备的更迭,MAC 地址也是动态变化的,这类 MAC 地址有老化的时间。MAC 地址的老化时间越短,说明交换机对周边的网络变化越敏感,则适应于网络拓扑变化比较快的环境中;MAC 地址的老化时间越长,则适应于网络拓扑比较稳定的环境中。

2.1.3　数据帧转发

如图 2-5 所示,假设主机 A 向主机 D 发送单播数据帧,交换机在收到该单播数据帧后,先解析数据帧并获取目的 MAC 地址 M4,再查询 MAC 地址表,发现 MAC 地址 M4 对应的端口是 E0/16,然后会把数据帧转发到端口 E0/16,不在交换机的其他端口上进行转发。假设交换机查询 MAC 地址表,未发现 M4 对应的表项,则数据帧将被转发到除端口 E0/3 以外的所有端口上,这样也能保证主机 D 收到数据帧。

当收到广播数据帧时,交换机向除发送端口外的所有其他端口进行转发。假设主机 A 发送的是广播数据帧,交换机收到广播帧后,分别向端口 E0/7、E0/16 和 E0/5 转发。

2.2　交换机端口绑定实验

假设某公司财务经理经常需要处理和发布一些涉及公司商业机密的财务信息,为保证发布内容的安全性,需要限定发布信息的位置,端口和 MAC 地址绑定技术可以满足上述需求。端口与 MAC 地址绑定其实是交换机端口的安全功能之一,目的是让用户配置一个端口,只允许一台或者几台固定设备的数据通过该端口进入交换机。当未批准的 MAC 地址试图访问端口时,交换机会忽略此访问或者禁用该端口等。

2.2.1　实验内容

交换机端口与 MAC 地址绑定的网络实验拓扑图如图 2-6 所示,此实验可以验证交换机端口与 MAC 地址绑定后的数据帧传输过程,在此过程中观察 MAC 地址表变化。

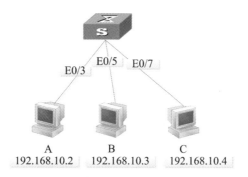

图 2-6　交换机端口与 MAC 地址绑定的网络实验拓扑图

按照实验拓扑配置实验环境,保证主机 A、B 和 C 之间可以相互 ping 通,观察交换机的 MAC 地址表。

通过配置,绑定主机 A 的 MAC 地址和对应端口,如图 2-6 所示的 E0/3 端口。测试主机 A、B 和 C 之间连通情况,观察交换机的 MAC 地址表。

将主机 A 和主机 B 的连接端口互换,以实验图 2-6 为例,主机 A 连接端口 E0/5,主机 B 连接端口 E0/3。测试主机 A、B 和 C 之间连通情况,观察交换机 MAC 地址表。

2.2.2　实验目的

(1)了解交换机的端口绑定功能;
(2)理解端口和 MAC 地址绑定后,对交换机各端口间通信的影响;
(3)掌握交换机端口和 MAC 地址绑定方法。

2.2.3　关键命令解析

1.显示 MAC 地址表

[Huawei] display mac-address

display mac-address 是系统视图下的命令,用来显示交换机的 MAC 地址表(转发表)的表项。

2. 绑定 MAC 地址与交换机端口

［Huawei］mac－address static 5489－980E－0DB9 GigabitEthernet 0/0/1 vlan 1

mac－address static 5489－980E－0DB9 GigabitEthernet 0/0/1 vlan 1 是系统视图下的命令,用来将 MAC 地址 5489－980E－0DB9 与交换机的端口 GigabitEthernet 0/0/1 绑定在一起。

3. 解绑 MAC 地址与交换机端口

［Huawei］undo mac－address static 5489－980E－0DB9 GigabitEthernet 0/0/1 vlan 1

undo mac－address static 5489－980E－0DB9 GigabitEthernet 0/0/1 vlan 1 是系统视图下的命令,用来解除 MAC 地址 5489－980E－0DB9 与交换机的端口 GigabitEthernet 0/0/1 之间的绑定。

4. 禁止端口学习功能

［Huawei］int GigabitEthernet 0/0/2

［Huawei－GigabitEthernet0/0/2］mac－address learning disable

int GigabitEthernet 0/0/2 是系统视图下的命令,成功执行后,交换机进入端口 GigabitEthernet 0/0/2 的视图。mac－address learning disable 是接口视图下的命令,用来禁止端口 GigabitEthernet 0/0/2 的学习功能。

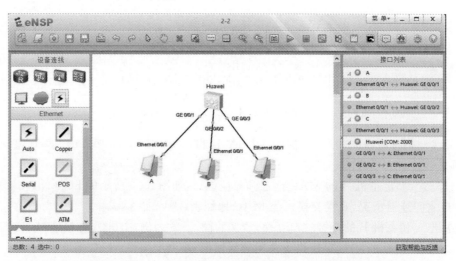

图 2-7 完成设备连接后的 eNSP 界面

2.2.4 实验步骤

(1)启动华为 eNSP,按照图 2-6 所示的实验拓扑图连接设备后启动所有设备,eNSP 的界面如图 2-7 所示。

(2)按照实验拓扑图所示,配置主机 A 的 IP 地址和子网掩码。双击主机 A 图标,得到如图 2-8 所示的配置界面,配置其 IP 地址为 192.168.10.2,子网掩码为 255.255.255.0,然后点击"应用"按钮。同样,配置主机 B 和主机 C 的 IP 地址/子网掩码,分别为 192.168.10.3/255.255.255.0,192.168.10.4/255.255.255.0,然后点击"应用"按钮。

(3)配置完成后,在主机 A 的命令行下执行 ping 命令,可以 ping 通主机 B 和主机 C,结果如图 2-9 所示。在主机 B 和主机 C 上执行 ping 命令的结果类似。

（4）成功执行步骤（3）以后，交换机中的 MAC 地址就建立起来了。在交换机的系统视图下执行查看 MAC 地址表的命令，即可看到如图 2-10 所示的结果。主机 A 的 MAC 地址为 5489-980E-0DB9，连接到端口 GE0/0/1；主机 B 的 MAC 地址为 5489-98C2-51CE，连接到端口 GE0/0/2；主机 C 的 MAC 地址为 5489-98D5-1753，连接到端口 GE0/0/3。

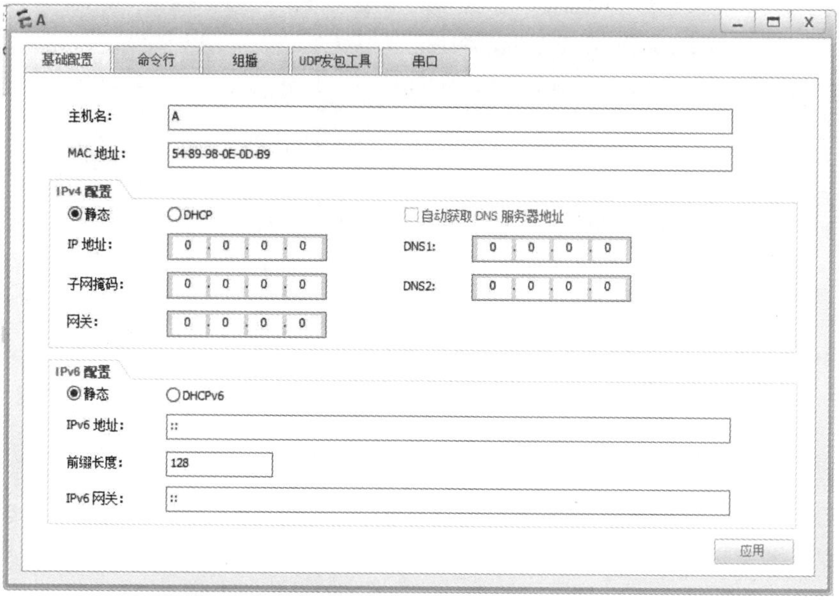

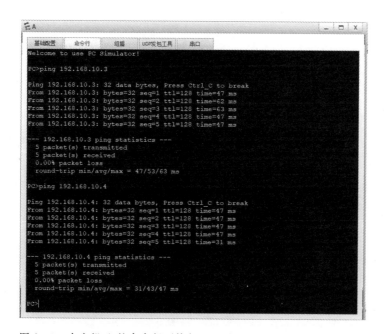

图 2-8　主机 A 的 IP 地址和 MAC 地址配置界面

图 2-9　在主机 A 的命令行下执行 ping 主机 B 和主机 C 命令的结果

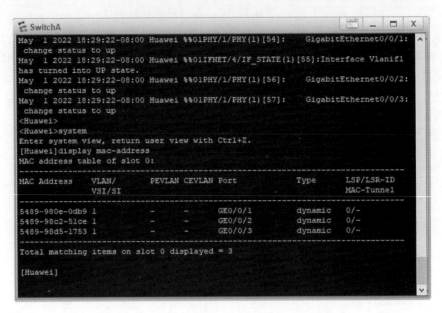

图 2-10　实验拓扑图所示的交换机的 MAC 地址表

（5）端口和 MAC 地址的绑定分两步执行，先禁止待绑定端口的 MAC 地址学习功能，然后再将主机的 MAC 地址与交换机被禁止学习功能的端口绑定。欲将主机 A 的 MAC 地址与端口 GE0/0/1 绑定在一起，需先在端口 GE0/0/1 的视图下，执行禁止端口的 MAC 地址学习命令 mac-address learning disable，然后再执行绑定命令 mac-address static 5489-980E-0DB9 GigabitEthernet 0/0/1 vlan 1，命令执行界面如图 2-11 所示。需要声明的是，不同类型交换机的命令可能存在差异。

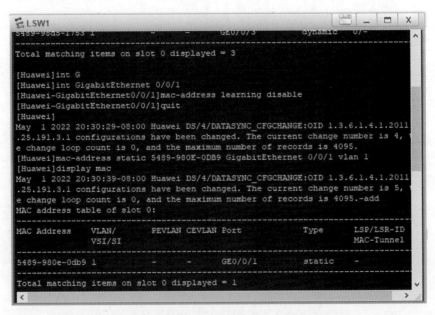

图 2-11　将主机 A 与端口 GE0/0/1 绑定的命令

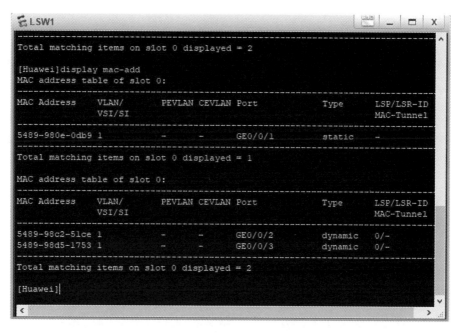

图 2-12　将主机 A 与端口 GE0/0/1 绑定后的 MAC 地址表

(6)绑定主机 A 的 MAC 地址与端口 GE0/0/1 的命令执行成功后,交换机的 MAC 地址表如图 2-12 所示。此时,主机 A 的 MAC 地址与端口 GE0/0/1 的关系类型变成 static,其他未变。

(7)在主机 A 上 ping 主机 B 和主机 C 的命令,均可成功执行,反之亦然。

(8)删除主机 A 和端口 GE0/0/1 之间连线以及主机 B 与端口 GE0/0/2 之间连线,建立主机 A 和端口 GE0/0/2 之间连线以及主机 B 与端口 GE0/0/1 之间连线,完成配置后的 eNSP 界面如图 2-13 所示。

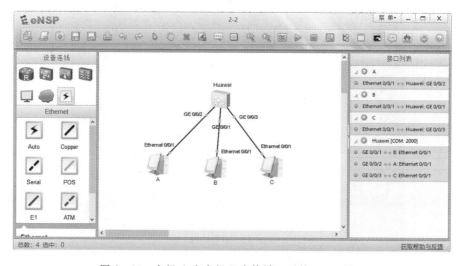

图 2-13　主机 A 和主机 B 交换端口后的 eNSP 界面

(9)在主机 A 上执行 ping 主机 B 和主机 C 的命令,均不能成功,结果如图 2-14 所示。

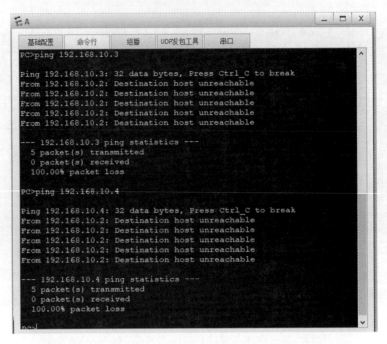

图 2-14　交换端口后在主机 A 上执行 ping 命令的结果

(10)在主机 C 上执行 ping 主机 A 和主机 B 的命令,结果如图 2-15 所示。主机 C ping 不通主机 A,但可以 ping 通主机 B。

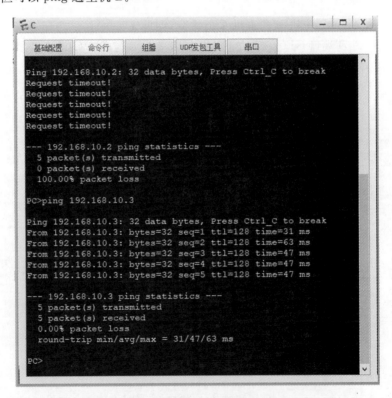

图 2-15　交换端口后在主机 C 上执行 ping 命令的结果

(11)在主机 B 上执行 ping 主机 A 和主机 C 的命令,结果如图 2-16 所示。主机 B ping 不通主机 A,但可以 ping 通主机 C。

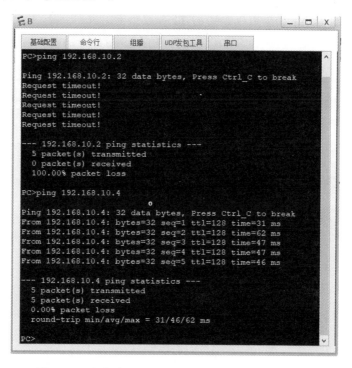

图 2-16　交换端口后在主机 B 上执行 ping 命令的结果

(12)交换机的 MAC 地址表的显示如图 2-17 所示。从表中可以发现,主机 A 的 MAC 地址 与端口 GE0/0/1 仍绑定在一起,关系类型为 static;主机 C 的 MAC 地址与端口 GE0/0/3 组合在 一起,关系类型为 dynamic;表中没有主机 B 的 MAC 地址与端口的对应关系,原因是主机 B 被连 接到端口 GE0/0/1 了,而该端口设置了禁止学习功能,因此表中未出现主机 B 的对应关系。

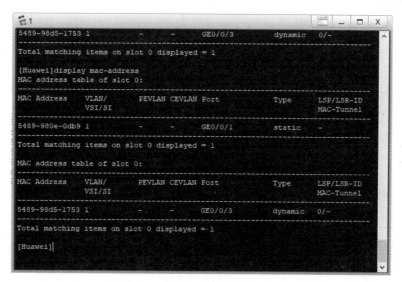

图 2-17　交换端口后的交换机的 MAC 地址表

(13)MAC 地址表中未见主机 B 的 MAC 地址,但主机 C 可以 ping 通主机 B,说明从主机 C 发出的 ping 命令被广播到交换机所有端口。为验证猜测,可以捕获主机 A 上的报文,结果如图 2-18 所示。从捕获的结果可以看到,主机 A 收到了主机 C ping 主机 B 的 ICMP 分组,因此验证了上述猜测。

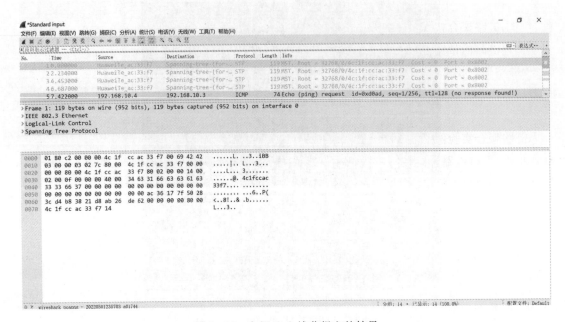

图 2-18　主机 A 上捕获报文的结果

2.2.5　设备配置命令

1. 交换机上的配置命令

＜Huawei＞system

[Huawei]display mac-address

[Huawei]interface GigabitEthernet 0/0/1

[Huawei-GigabitEthernet0/0/1]mac-address learning disable

[Huawei]mac-address static 5489-980E-0DB9 GigabitEthernet 0/0/1 vlan 1

2. 主机 A、主机 B 和主机 C 上的配置命令

主机上的配置分为两部分:①在配置窗口配置主机的 IP 地址和子网掩码;②在命令窗口执行 ping 命令。

2.2.6　思考与创新

(1)设计一个解绑 MAC 地址和端口绑定的实验。

(2)设计在一个交换机端口上绑定多个 MAC 地址的实验,并验证这些设备之间的连通性。

2.3 交换机链路聚合实验

在解决了限定发布信息的位置后,财务经理仍面临一个带宽问题。因为财务部门交换机带宽较低,所以每月汇总数据时带宽总是捉襟见肘。交换机的链路聚合技术可以解决上述带宽问题。链路聚合技术可以将多条物理链路汇聚在一起形成一个汇聚组,称为一条逻辑链路。多条物理链路的带宽之和就是逻辑链路的带宽。链路聚合技术还能提高逻辑链路的可靠性。因此,链路聚合技术可以提高交换机的逻辑链路的带宽,满足财务经理的需求。

2.3.1 实验内容

链路聚合实验网络拓扑图如图 2-19 所示,交换机 LSW1 和交换机 LSW2 通过三条物理链路相连,通过链路聚合技术可以将这三条物理链路聚合为一条逻辑链路,也称为 eth-trunk 链路。对交换机 LSW1 和交换机 LSW2 来讲,三条物理链路对应的三对交换机端口聚合为一对逻辑端口。在交换数据时,逻辑端口和物理端口具有相同的功能。

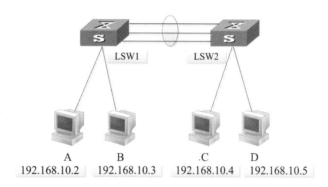

图 2-19 链接聚合实验网络拓扑图

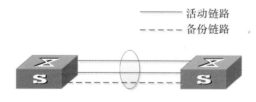

图 2-20 m:n 聚合模式示意图

在链路聚合组中,物理链路分为活动链路和备份链路,又称为 $m:n$ 模式,即 m 条活动链路与 n 条备份链路模式,可在 m 条链路中实现负载均衡。聚合模式示意图如图 2-20 所示,两台设备间有 2+1 条链路,聚合链路的流量分担在 2 条活动链路上,不通过备份链路转发。逻辑链路的实际带宽为 2 条活动链路的和,但能提供的最大带宽为 3 条链路带宽的总和。当 m 条活动链路中有 1 条出现故障时,可以从 n 条备份链路中寻找 1 条优先级高的可用链路来替换故障链路。此时逻辑链路的实际带宽还是 m 条链路的总和,但能提供的最大带宽则变为 $m+n-1$ 条链路的带宽总和。本次实验用来验证 2+1 链路聚合模式。

链路聚合技术主要有两种工作模式,分别是手工模式和链路聚合控制协议(Link Aggregation Control Protocol,LACP)模式。

2.3.2　实验目的

(1)了解链路聚合控制协议;

(2)理解 $m:n$ 链路聚合模式;

(3)掌握链路聚合配置方式。

2.3.3　关键命令解析

1. 创建 eth-trunk 接口

[Huawei] interface eth-trunk 1

interface eth-trunk 1 是系统视图下的命令,用来创建编号为 1 的 eth-trunk 接口。

2. 配置 eth-trunk 接口工作模式

[Huawei-Eth-Trunk1] mode lacp-static

mode lacp-static 是 eth-trunk 接口视图下的命令,用来将 eth-trunk 接口的工作模式指定为 LACP 静态模式。eth-trunk 接口工作模式包括手工模式(manual)、LACP 静态模式(lacp-static)和 LACP 动态模式。在 eNSP v1.3 版本中,eth-trunk 接口工作模式仅支持前两种工作模式。

[Huawei-Eth-Trunk1] mode manual load-balance

mode manual load-balance 是 eth-trunk 接口视图下的命令,用来将 eth-trunk 接口的工作模式指定为人工模式。

3. 配置决定 eth-trunk 接口带宽的物理接口数量上限

[Huawei-Eth-Trunk1] max bandwidth-affected-linknumber 3

max bandwidth-affected-linknumber 3 是 eth-trunk 接口视图下的命令,用来将 eth-trunk接口带宽的物理接口数量的上限值设置为 3。

4. 配置活动链路数目的上限

[Huawei-Eth-Trunk1] mode lacp-static

[Huawei-Eth-Trunk1] max active-linknumber 3

max active-linknumber 3 是 eth-trunk 工作在 LACP 静态模式下的接口视图命令,用来将指定 eth-trunk 接口的活动链路数目的上限设置为 3。需要注意的是,在未指定工作模式或人工模式下,该命令无效。

5. 配置负载均衡方式

[Huawei-Eth-Trunk1] load-balance src-dst-mac

load-balance src-dst-mac 是 eth-trunk 接口视图下的命令,用来将负载均衡方式指定为 src-dst-mac,该方式根据数据帧的源和目的 MAC 地址来分配传输数据帧的物理链路。常见的负载均衡方式及其含义如表 2-1 所示。

表 2-1　负载均衡方式及其含义

负载均衡	含义描述
dst-ip	根据目的 IP 地址分配
dst-mac	根据目的 MAC 地址分配
src-dst-ip	根据源和目的 IP 地址分配
src-dst-mac	根据源和目的 MAC 地址分配
src-ip	根据源 IP 地址分配
src-mac	根据源 MAC 地址分配

6.向聚合端口 eth-trunk 中加入物理端口

［Huawei］interface GigabitEthernet0/0/1

［Huawei-GigabitEthernet0/0/1］eth-trunk 1

［Huawei-GigabitEthernet0/0/1］quit

eth-trunk 1 是接口视图下的命令,用来将指定交换机端口(如 GigabitEthernet0/0/1)加入编号为 1 的 eth-trunk 逻辑聚合接口中。

7.显示聚合端口 eth-trunk 信息

［Huawei］display eth-trunk

display eth-trunk 是系统视图下的命令,用来显示聚合端口的信息。

2.3.4　实验步骤

(1)启动华为 eNSP,按照如图 2-19 所示实验拓扑图连接设备,完成设备连接并启动所有设备后的 eNSP 界面如图 2-21 所示。

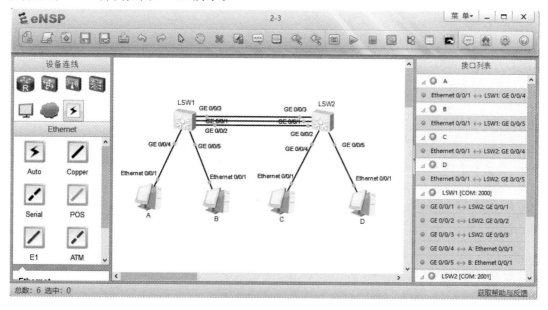

图 2-21　完成链路聚合实验设备连接后的 eNSP 界面

(2)在交换机 LSW1 上执行如下命令,创建 eth-trunk 接口,其配置参数如表 2-2 所示。

<Huawei> sys

[Huawei] int eth-trunk 1

[Huawei-Eth-Trunk1] mode lacp-static

[Huawei-Eth-Trunk1] max active-linknumber 2

[Huawe-Eth-Trunk1] load-balance src-dst-mac

[Huawei-Eth-Trunk1] quit

[Huawei] interface GigabitEthernet 0/0/1

[Huawei-GigabitEthernet0/0/1] eth-trunk 1

[Huawei-GigabitEthernet0/0/1] quit

[Huawei]interface GigabitEthernet 0/0/2

[Huawei-GigabitEthernet0/0/2] eth-trunk 1

[Huawei-GigabitEthernet0/0/2] quit

[Huawei] interface GigabitEthernet 0/0/3

[Huawei-GigabitEthernet0/0/3] eth-trunk 1

[Huawei-GigabitEthernet0/0/3] quit

表 2-2 交换机 LSW1 的配置表

序 号	配置指标	配置参数
1	eth-trunk 编号	1
2	工作模式	lacp-static
3	活动端口上限值	2
4	负载均衡方式	src-dst-mac
5	聚合物理端口	GE0/0/1 ~ GE0/0/3

(3)显示交换机 LSW1 上编号为 1 的 eth-trunk 聚合端口的信息。虽然其由物理端口 GE0/0/1 ~ GE0/0/3 组成,但因该 eth-trunk 逻辑端口的另一端还未配置完成,活动物理端口的数目为 0,3 个物理端口状态均为 Unselect,如图 2-22 所示。

(4)参照表 2-2 中的配置参数,在交换机 LSW2 上创建编号为 1 的 eth-trunk 逻辑端口,分别显示交换机 LSW1 和 LSW2 上的 eth-trunk 逻辑端口,如图 2-23 和图 2-24 所示。比较图 2-22 和图 2-23 不难发现,eth-trunk 逻辑端口两端的配置完成后,活动端口数量变为 2,端口 GE0/0/1 和 GE0/0/2 的状态变为 Selected,LSW2 上的 eth-trunk 的状态信息与 LSW1 上的 eth-trunk 的状态信息相同。因为交换机 LSW1 和 LSW2 上 eth-trunk 的活动端口最大数量设置为 2,所以即使 eth-trunk 由 3 个端口组成,GE0/0/3 的状态仍为 Unselect。

```
May  3 2022 14:15:09-08:00 Huawei DS/4/DATASYNC_CFGCHANGE:OID 1.3.6.1.4.1.2011
.25.191.3.1 configurations have been changed. The current change number is 9,
e change loop count is 0, and the maximum number of records is 4095.1
Eth-Trunkl's state information is:
Local:
LAG ID: 1                     WorkingMode: STATIC
Preempt Delay: Disabled       Hash arithmetic: According to SA-XOR-DA
System Priority: 32768        System ID: 4clf-ccf3-6dc3
Least Active-linknumber: 1    Max Active-linknumber: 2
Operate status: down          Number Of Up Port In Trunk: 0
--------------------------------------------------------------------------------
ActorPortName           Status   PortType PortPri PortNo PortKey PortState Weig
GigabitEthernet0/0/1    Unselect 1GE      32768   2      305     10100010  1
GigabitEthernet0/0/2    Unselect 1GE      32768   3      305     10100010  1
GigabitEthernet0/0/3    Unselect 1GE      32768   4      305     10100010  1

Partner:
--------------------------------------------------------------------------------
ActorPortName           SysPri   SystemID        PortPri PortNo PortKey PortSta
GigabitEthernet0/0/1    0        0000-0000-0000  0       0      0       1010001
GigabitEthernet0/0/2    0        0000-0000-0000  0       0      0       1010001
GigabitEthernet0/0/3    0        0000-0000-0000  0       0      0       1010001

[Huawei-Eth-Trunkl]
```

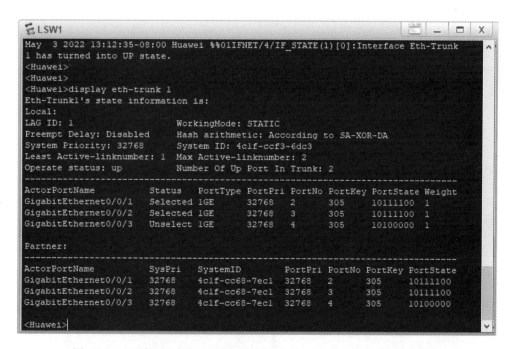

图 2-22　交换机 LSW1 配置完成后 eth－trunk 1 的逻辑端口信息

```
May  3 2022 13:12:35-08:00 Huawei %%01IFNET/4/IF_STATE(1)[0]:Interface Eth-Trunk
1 has turned into UP state.
<Huawei>
<Huawei>
<Huawei>display eth-trunk 1
Eth-Trunkl's state information is:
Local:
LAG ID: 1                     WorkingMode: STATIC
Preempt Delay: Disabled       Hash arithmetic: According to SA-XOR-DA
System Priority: 32768        System ID: 4clf-ccf3-6dc3
Least Active-linknumber: 1    Max Active-linknumber: 2
Operate status: up            Number Of Up Port In Trunk: 2
--------------------------------------------------------------------------------
ActorPortName           Status   PortType PortPri PortNo PortKey PortState Weight
GigabitEthernet0/0/1    Selected 1GE      32768   2      305     10111100  1
GigabitEthernet0/0/2    Selected 1GE      32768   3      305     10111100  1
GigabitEthernet0/0/3    Unselect 1GE      32768   4      305     10100000  1

Partner:
--------------------------------------------------------------------------------
ActorPortName           SysPri   SystemID        PortPri PortNo PortKey PortState
GigabitEthernet0/0/1    32768    4clf-cc68-7ecl  32768   2      305     10111100
GigabitEthernet0/0/2    32768    4clf-cc68-7ecl  32768   3      305     10111100
GigabitEthernet0/0/3    32768    4clf-cc68-7ecl  32768   4      305     10100000

<Huawei>
```

图 2-23　两端配置完成后交换机 LSW1 上 eth－trunk 1 的逻辑端口信息

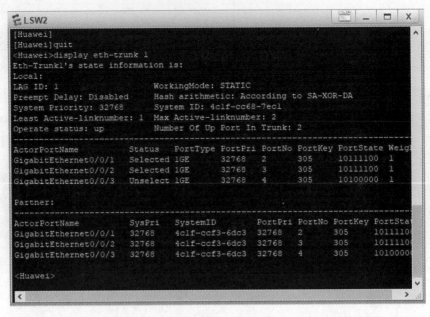

图 2-24 两端配置完成后交换机 LSW2 上 eth－trunk 1 的逻辑端口信息

(5)按照如图 2-19 所示的网络实验拓扑图,为主机 A、主机 B、主机 C 和主机 D 配置 IP 地址和子网掩码。在主机 A 上分别 ping 主机 B、主机 C 和主机 D,均可成功。查看交换机 LSW1 和 LSW2 的 MAC 地址表,分别如图 2－25 和图 2－26 所示。在交换机 LSW1 上,主机 C 和主机 D 对应的端口是逻辑端口 eth－trunk 1,也就是主机 C 和主机 D 的 MAC 地址与 eth －trunk 1 端口绑定。对于 LSW2 中的 MAC 地址表,说明主机 A 和主机 B 的 MAC 地址与 eth－trunk 1 端口绑定。

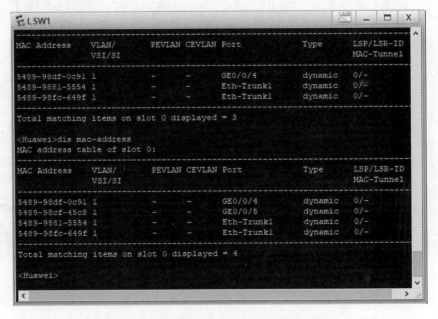

图 2-25 交换机 LSW1 的 MAC 地址表

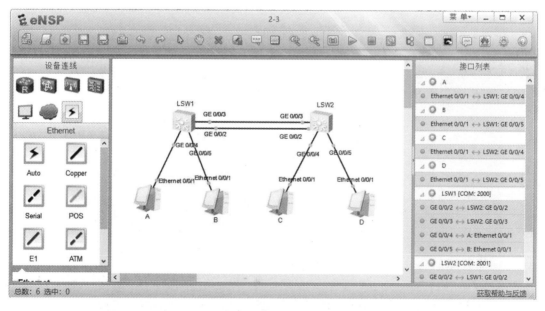

```
MAC Address        VLAN/          PEVLAN CEVLAN Port          Type       LSP/LSR-ID
                   VSI/SI                                                MAC-Tunnel
------------------------------------------------------------------------------------
5489-98df-0c91 1      -        -       Eth-Trunk1    dynamic    0/-
5489-9881-5554 1      -        -       GE0/0/4       dynamic    0/-
5489-98fc-649f 1      -        -       GE0/0/5       dynamic    0/-

Total matching items on slot 0 displayed = 3

[Huawei]dis mac-address
MAC address table of slot 0:

MAC Address        VLAN/          PEVLAN CEVLAN Port          Type       LSP/LSR-ID
                   VSI/SI                                                MAC-Tunnel
------------------------------------------------------------------------------------
5489-98df-0c91 1      -        -       Eth-Trunk1    dynamic    0/-
5489-9881-5554 1      -        -       GE0/0/4       dynamic    0/-
5489-98fc-649f 1      -        -       GE0/0/5       dynamic    0/-
5489-98cf-45c8 1      -        -       Eth-Trunk1    dynamic    0/-

Total matching items on slot 0 displayed = 4

[Huawei]
```

图 2-26　交换机 LSW2 的 MAC 地址表

（6）分别删除交换机 LSW1 与 LSW2 之间由端口 GE0/0/1 连接的物理链路，删除该物理链路后的 eNSP 界面如图 2-27 所示。

图 2-27　删除一条物理链路后的实验拓扑图

（7）分别显示交换机 LSW1 和 LSW2 上编号为 1 的 eth-trunk 逻辑端口信息，如图 2-28 和图 2-29 所示。原来的活动端口 GE0/0/1 不再是活动端口，由于编号为 1 的 eth-trunk 端口对应的聚合组的活动端口数目的上限值为 2，所以端口 GE0/0/3 由不活动端口转换为活动端口,以此保证编号为 1 的 eth−trunk 端口中存在 2 个活动端口。

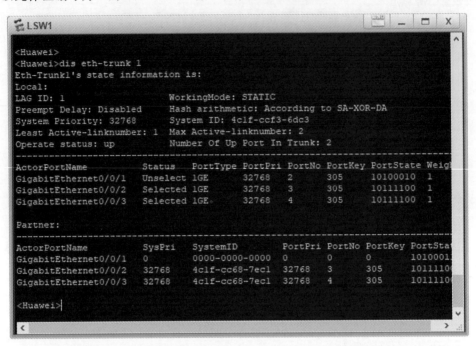

图 2−28　删除一条物理链路后 LSW1 的 eth−trunk 逻辑端口信息

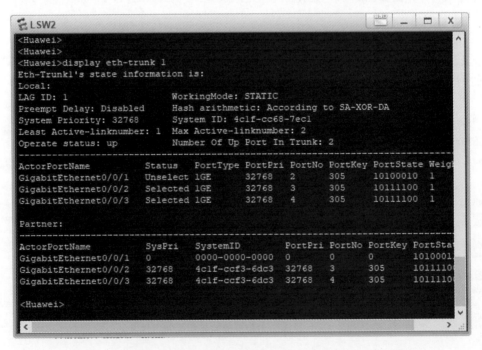

图 2−29　删除一条物理链路后 LSW2 的 eth−trunk 逻辑端口信息

　　(8)在主机 A 上,分别 ping 主机 B、主机 C 和主机 D,均可以成功。此时,显示交换机 LSW1 和 LSW2 的 MAC 地址表,未发现任何变化。

2.3.5　设备配置命令

1. 交换机 LSW1 和 LSW2 的配置命令

＜Huawei＞ sys

［Huawei］int eth－trunk 1

［Huawei－Eth－Trunk1］mode lacp－static

［Huawei － Eth － Trunk1］max active－linknumber 2

［Huawe － Eth－ Trunk1］load－balance src－dst－mac

［Huawei－ Eth－Trunk1］quit

［Huawei］interface GigabitEthernet 0/0/1

［Huawei－GigabitEthernet0/0/1］eth－trunk 1

［Huawei－GigabitEthernet0/0/1］quit

［Huawei］interface GigabitEthernet 0/0/2

［Huawei－GigabitEthernet0/0/2］eth－trunk 1

［Huawei－GigabitEthernet0/0/2］quit

［Huawei］interface GigabitEthernet 0/0/3

［Huawei－GigabitEthernet0/0/3］eth－trunk 1

［Huawei－GigabitEthernet0/0/3］quit

［Huawei］display eth－trunk 1

［Huawei］display mac－address

2.3.6　思考与创新

(1)如何验证聚合端口的负载平衡方式？

(2)什么情形下,聚合端口会起到分流作用？

2.4　交换机端口隔离实验

假设某财务经理需要在其部门内实现部分主机之间的隔离,以保证数据安全。虽然可将需要隔离的主机加入不同的 VLAN,但这样会浪费 VLAN 资源。交换机的端口隔离技术也可满足上述需求。只需将端口加入到隔离组中,就可实现组内端口之间数据的隔离。端口隔离功能可为用户提供更安全、更灵活的组网方案。

2.4.1　实验内容

端口隔离实验拓扑图如图 2－30 所示,设备包括 1 台交换机和 3 台主机。

本次实验要求隔离主机 A 和主机 B,但主机 A 和主机 C、主机 B 和主机 C 之间可以相互通信。

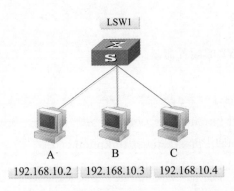

A　　　　　　B　　　　　　C
192.168.10.2　192.168.10.3　192.168.10.4

图 2-30　端口隔离实验拓扑图

2.4.2　实验目的

(1)了解端口隔离技术;

(2)掌握端口隔离配置方法。

2.4.3　关键命令解析

1. 设置交换机隔离模式

[Huawei] port-isolate mode l2

port-isolate mode l2 是系统视图下的命令,用来将隔离模式设置为二层隔离,隔离端口之间的三层通信正常。另外一种隔离模式是全隔离(all),隔离设备之间二、三层通信。

2. 使能端口隔离

[Huawei-GigabitEthernet0/0/1] port-isolate enable group 1

port-isolate enable group 1 是端口视图下的命令,用来将端口加入隔离组 1 中,隔离组内各端口不能相互通信。

3. 显示端口隔离组的配置

[Huawei] display port-isolate group 1

display port-isolate group 1 是系统视图下的命令,用来显示隔离组 1 的配置。利用命令 display port-isolate group all 可以显示所有隔离组的配置情况。

2.4.4　实验步骤

(1)启动华为 eNSP,按照如图 2-30 所示实验拓扑图连接设备,完成设备连接并启动所有设备后的 eNSP 界面如图 2-31 所示。

(2)设置交换机 LSW1 的隔离模式为二层隔离(L2)。进入端口 GE0/0/1 视图,将该端口加入到编号为 1 的隔离组中。进入端口 GE0/0/2 视图,将该端口加入编号为 1 的隔离组中。显示编号为 1 的隔离组配置情况,如图 2-32 所示,在该隔离组中有两个端口 GE0/0/1 和 GE0/0/2,对应主机分别为主机 A 和主机 B。

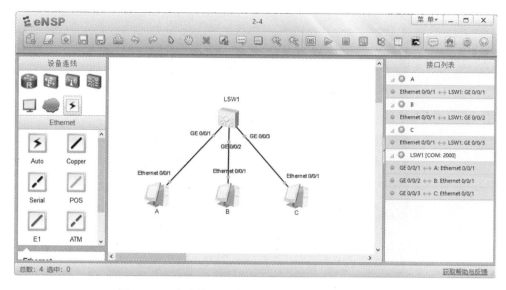

图 2-31　完成端口隔离实验设备连接后的 eNSP 界面

图 2-32　交换机 LSW1 中编号为 1 的隔离组配置情况

（3）在主机 A 上分别 ping 主机 B 和主机 C，结果如图 2-33 所示。主机 A 不能 ping 通主机 B，但可以 ping 通主机 C，说明隔离组内端口之间不能通信。

（4）在主机 C 上分别 ping 主机 A 和主机 B，结果如图 2-34 所示，两台主机均可以 ping 通，说明隔离组外的端口可正常与隔离组内的端口通信。

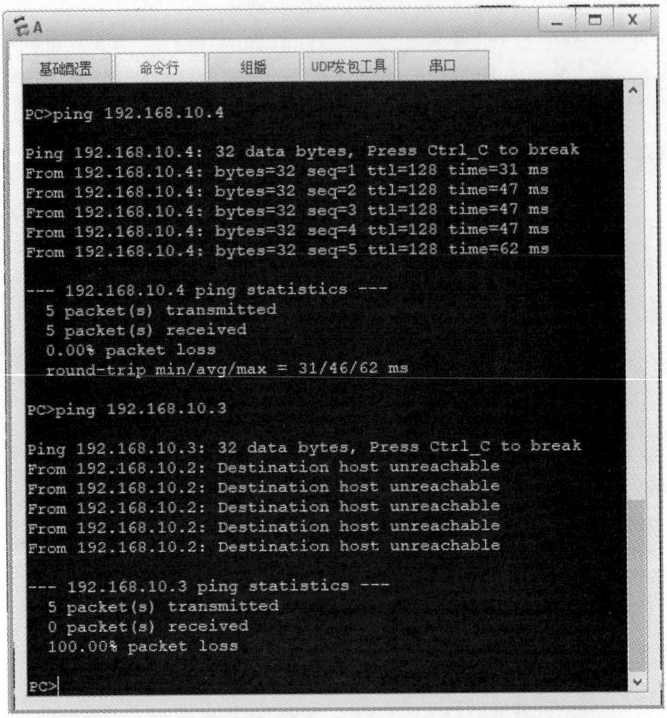

图 2-33　在主机 A 上执行 ping 命令的结果

图 2-34　在主机 C 上执行 ping 命令的结果

2.4.5　设备配置命令

交换机 LSW1 上的配置命令

＜Huawei＞ system

［Huawei］port－isolate mode l2

［Huawei］int GigabitEthernet 0/0/1

［Huawei－GigabitEthernet0/0/1］port－isolate enable group 1

［Huawei－GigabitEthernet0/0/1］quit

［Huawei］int GigabitEthernet 0/0/2

［Huawei－GigabitEthernet0/0/2］port－isolate enable group 1

［Huawei－GigabitEthernet0/0/2］quit

［Huawei］dis port－isolate group 1

2.4.6　思考与创新

设计一个综合实验,将本章交换机端口实验涉及的三项技术融合到一起。

第3章 虚拟局域网实验

虚拟局域网(Virtual Local Area Network,VLAN)是将一个物理的局域网(Local Area Network,LAN)在逻辑上划分成多个广播域的通信技术。每个 VLAN 是一个广播域,VLAN 内的各个设备之间可以相互通信,而 VLAN 间的设备则不能直接通信。设置 VLAN 的方法有基于设备 MAC 地址的设置方法、基于交换机端口的设置方法、基于设备 IP 地址的设置方法等。VLAN 可以提高计算机网络的通信性能、安全性、健壮性和组网灵活性。

3.1 虚拟局域网的工作原理

3.1.1 VLAN 简介

以太网是一种基于带碰撞检测的载波监听多路访问(CSMA/CD)的数据网络通信技术。CSMA/CD 是一种争用型的介质访问控制协议。当接入设备的数目较多时会导致冲突严重、广播泛滥、性能显著下降等问题。虽然利用局域网络技术可以解决冲突严重的问题,但仍然不能隔离广播报文和提升网络性能。在这种情况下出现了 VLAN 技术,可把一个 LAN 划分成多个逻辑 VLAN。每个 VLAN 是一个广播域,一个 VLAN 内的设备间的通信与在一个 LAN 内一样,而 VLAN 间则不能直接通信,广播报文被限制在一个 VLAN 内。如图 3-1 所示,在划分 VLAN 前,交换机级联的所有主机处于一个广播域中。在交换机未学习到主机 PC5 的 MAC 地址前,假设主机 PC6 要向主机 PC5 发送数据帧,该数据帧会被广播到整个广播域内的所有设备。当如图 3-1 所示的网络被划分为两个 VLAN 时,主机 PC6 发出的数据帧仅在 VLAN20 范围内进行广播,可明显减少数据帧被无效广播的次数,从而提升计算机网络性能。

因此,VLAN 具备以下优点。

(1)限制广播域:广播域被限制在一个 VLAN 内,既可以节省带宽,又能提高网络性能。

(2)增强网络安全性:不同 VLAN 内设备之间相互隔离,即一个 VLAN 内的设备不能和其他 VLAN 内的设备直接通信。

(3)提高网络健壮性:故障被限制在一个 VLAN 内,一个 VLAN 内的故障不会影响其他 VLAN 的正常工作。

(4)组网和维护更灵活:用 VLAN 可以把用户划分到不同的工作组,同一组内的用户也不必局限于某一固定的物理范围,网络构建和维护更方便、更灵活。

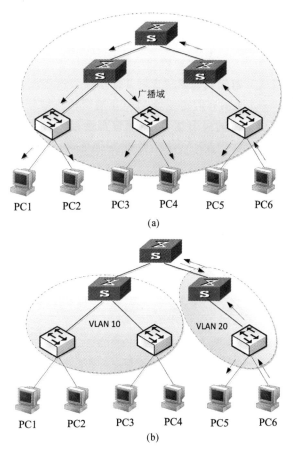

图 3-1　VLAN 划分前后的数据传输范围对比

(a)划分 VLAN 前；(b)划分 VLAN 后

3.1.2　VLAN 设置

常见 VLAN 的划分方法包括基于端口的划分方法、基于 MAC 地址的划分方法和基于 IP 地址的划分方法等。

基于端口的 VLAN 划分方法,顾名思义,就是明确指定各端口属于哪个 VLAN 的设置方法,如图 3-2 所示。

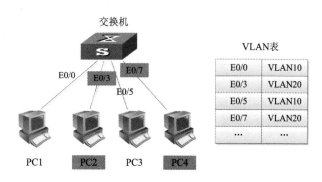

图 3-2　基于端口的 VLAN 划分方法

因为需要逐个端口地进行设置,所以当网络中的设备数目较多时(比如数百台),设置操作就会变得烦杂。此外,当设备每次变更连接端口时,须更改设备连接的新端口所属 VLAN 的设置。显然,该方法不适合拓扑结构变化频繁的场景。

基于 MAC 地址的 VLAN 划分就是通过查询并记录端口所连设备的 MAC 地址来决定端口的所属的 VLAN,如图 3-3 所示。假定地址 MAC1 被交换机划分为 VLAN10,那么不论地址 MAC1 对应的设备连在交换机的哪个端口,该端口都会被划分到 VLAN10 中。当设备连在端口 E0/1 时,端口 E0/1 属于 VLAN10;当设备连在端口 E0/2 时,端口 E0/2 属于 VLAN10。

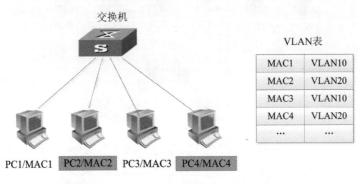

图 3-3 基于 MAC 地址的 VLAN 划分方法

由于划分 VLAN 是基于设备 MAC 地址的,所以在划分前必须调查清楚所有设备的 MAC 地址。如果设备更换了网络适配器,则需要更改 VLAN 的设置。

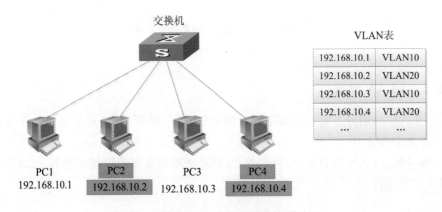

图 3-4 基于 IP 地址的 VLAN 划分方法

基于 IP 地址的 VLAN 划分方法通过所连设备的 IP 地址来决定端口所属的 VLAN。即使设备更换了网络适配器或连接端口,只要其 IP 地址不变,仍可以加入原先设定的 VLAN,如图 3-4 所示。假设主机 PC2 的 IP 地址不变,无论它更换网络适配器还是更换连接端口,PC2 始终属于 VLAN20。因此,与基于 MAC 地址或端口的 VLAN 划分方法相比,此方法更容易改变网络结构。

总之,需要决定端口所属 VLAN 时,所用信息在 OSI 中的层次越高,则越适用于网络结构易变的场景。

3.1.3　VLAN 通信原理

为使交换机能够分辨不同 VLAN 的报文,需要在报文中添加标识 VLAN 信息的字段。IEEE 802.1Q 协议,即 Virtual Bridged Local Area Networks 协议,规定在以太网数据帧中的源地址之后加入 4 个字节的 VLAN 标签(又称 VLANTag,简称 Tag),用以标识 VLAN 信息,如图 3-5 所示。

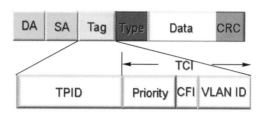

图 3-5　带有 802.1Q 标签的以太网帧

802.1Q 标签包含了 2 个字节的标签协议标识(Tag Protocol Identifier,TPID)和 2 个字节的标签控制信息(Tag Control Information,TCI)。TPID 是 IEEE 定义的新类型,表明这是一个加了 802.1Q 标签的数据帧。在 TCI 中,Priority 字段指明帧的优先级,主要用于当交换机发生阻塞时,需求优先发送的数据帧;CFI 是标准格式指示位,表示 MAC 地址在不同的传输介质中是否以标准格式进行封装。在以太网中,CFI 的值为 0;VLAN ID 表示该数据帧所属 VLAN 的编号。

图 3-6 展示了一个典型的 VLAN 通信示例。在 VLAN 网络中,以太网数据帧主要包括无标签帧和有标签帧。无标签帧,即未加入 4 字节 VLAN 标签的帧;有标签帧,即加入了 4 字节 VLAN 标签的帧。交换机内部处理的数据帧均带有 VLAN 标签,而与交换机连接的部分设备只收发不带 VLAN 标签的以太网数据帧。因此,与这些设备进行交互,需要交换机能够识别不带 VLAN 标签的数据帧,并在收发时给数据帧添加/剥除 VLAN 标签。

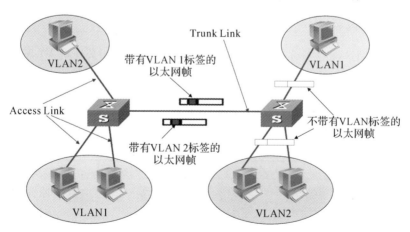

图 3-6　VLAN 通信机制图例

在实际组网时,属于同一个 VLAN 的设备可能会被连接到不同的交换机上,且跨越交换机的 VLAN 可能不止一个。如果要保证这些设备之间相互通信,就需要交换机能够同时收发多个 VLAN 的数据帧。根据接口连接对象以及对收发数据帧处理的不同,VLAN 接口分为多种类型,常见的类型包括 Access、Trunk 和 Hybrid。需要注意的是,不同厂商对 VLAN 接口类型的定义可能不同。

1. Access 接口

Access 接口一般用来连接不能识别 VLAN 标签的边缘设备,如图 3-6 所示的处于网络边缘的主机,或者连接不需要区分 VLAN 成员的设备。当该类接口收到无 VLAN 标签的数据帧时,需要给数据帧添加接口所属 VLAN 的标签;当该类接口收到带有标签的帧,并且帧中 VID 与接口所属 VID 相同时,此种接口接收并处理该帧。在向网络边缘设备发送带有标签的帧前,Access 接口会剥离 VLAN 标签。

2. Trunk 接口

Trunk 接口一般用于连接网络中间设备,如交换机、路由器等,可收发带有标签的帧和不带标签的帧。允许多个 VLAN 的数据帧从该类接口上通过。当 Trunk 接口收到不带 VLAN 标签的数据帧时,会为该数据帧打上缺省 VLAN 对应的标签。

3. Hybrid 接口

Hybrid 接口既可连接不能识别 VLAN 标签的网络边缘设备,也可连接网络中间设备。它可以允许多个 VLAN 的帧通过,且允许从该类接口发出的数据帧根据需要配置某些 VLAN 的帧带 Tag(即不剥除 Tag)、某些 VLAN 的帧不带 Tag(即剥除 Tag)。Hybrid 接口可视为 Access 接口和 Trunk 接口的组合体。

3.2　单交换机 VLAN 配置实验

假设某公司的财务部位于一个楼层,计算机数量有限,只需要一台交换机即可满足组网需求。财务部门内部有多个独立的工作小组,为保证工作组内部发布内容的安全性,需要限定发布信息的范围,在工作组之间进行信息隔离。把不同工作组的计算机划分到不同 VLAN 内可以满足需求,VLAN 之间是广播数据隔离的,也就隔离了 VLAN 之间的通信。

3.2.1　实验内容

单交换机 VLAN 配置实验网络拓扑图如图 3-7 所示,验证交换机 VLAN 配置完成前后各主机之间的通信情况变化。

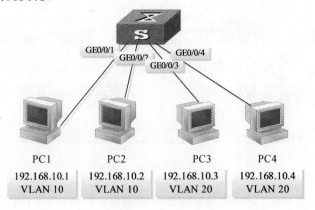

图 3-7　单交换机 VLAN 配置实验拓扑图

　　按照实验拓扑图配置实验环境,保证主机 PC1、PC2、PC3、PC4 之间可以相互 ping 通,观察交换机的 MAC 地址表。

　　通过配置 VLAN,将主机 PC1 和主机 PC2 划分到 VLAN10,将主机 PC3 和主机 PC4 划分到 VLAN20。测试主机 PC1、PC2、PC3、PC4 之间的连通情况,观察交换机的 MAC 地址表。

3.2.2　实验目的

(1)了解 VLAN 的工作原理;
(2)理解划分 VLAN 后对交换机各端口间通信的影响;
(3)掌握单交换机 VLAN 配置方法。

3.2.3　关键命令解析

1. 设置 VLAN

[Huawei] vlan 10

vlan 10 是系统视图下的命令,用于在交换机上创建编号为 10 的 VLAN。

2. 将交换机端口加入 VLAN

[Huawei-GigabitEthernet0/0/1] port default vlan 10

port default vlan 10 是端口视图下的命令,用于将交换机端口 GigabitEthernet 0/0/1 加入 VLAN10 中。

3.2.4　实验步骤

(1)启动华为 eNSP,按照如图 3-7 所示实验拓扑连接设备,并启动所有设备,完成设备连接后的 eNSP 界面如图 3-8 所示。

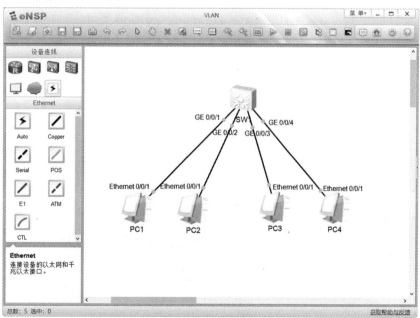

图 3-8　完成设备连接后的 eNSP 界面

(2)按照实验拓扑图配置主机 PC1 的 IP 地址和子网掩码。双击主机 PC1 图标,可以看到如图 3-9 所示界面,配置其主机名为 PC1,IP 地址为 192.168.10.1,子网掩码为 255.255.255.0,然后点击"应用"按钮。同样,配置其他主机的 IP 地址/子网掩码分别为:PC2(192.168.10.2/255.255.255.0)、PC3(192.168.10.3/255.255.255.0)、PC4(192.168.10.4 /255.255.255.0),然后点击"应用"按钮。

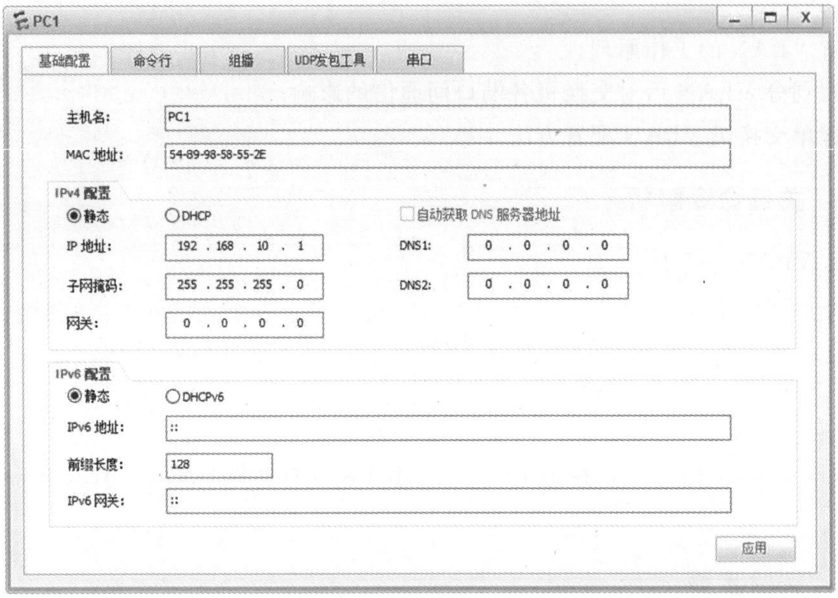

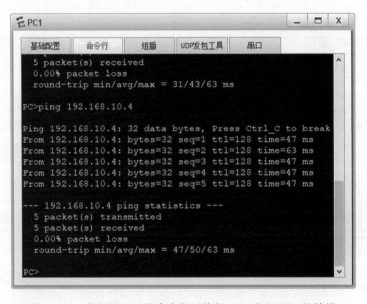

图 3-9　主机 PC1 的 IP 地址和 MAC 地址配置界面

(3) 配置完成后,在主机 PC1 的命令行下执行 ping 命令,可以 ping 通主机 PC2、PC3 和 PC4,结果如图 3-10 所示。在其他主机上执行 ping 命令的结果类似。

图 3-10　在主机 PC1 的命令行下执行 ping 主机 PC4 的结果

（4）成功执行步骤（3）以后，交换机中的 MAC 地址就建立起来了。在交换机系统视图下执行 display mac－address 查看 MAC 地址表的命令，即可看到如图 3－11 所示的结果。主机 PC1 的 MAC 地址为 5489－9858－552e，连接到端口 GE0/0/1；主机 PC2 的 MAC 地址为 5489－9832－7c69，连接到端口 GE0/0/2；主机 PC3 的 MAC 地址为 5489－98ae－01f3，连接到端口 GE0/0/3；主机 PC4 的 MAC 地址为 5489－98ba－52eb，连接到端口 GE0/0/4。

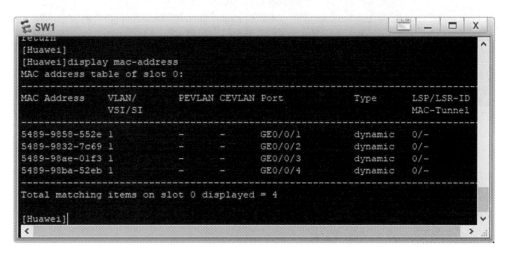

图 3－11　实验拓扑图中交换机的 MAC 地址表

（5）建立 VLAN。在交换机的系统视图下，输入下列命令分别创建 VLAN10 和 VLAN20，如图 3－12 所示。

［Huawei］vlan 10

［Huawei－vlan10］vlan 20

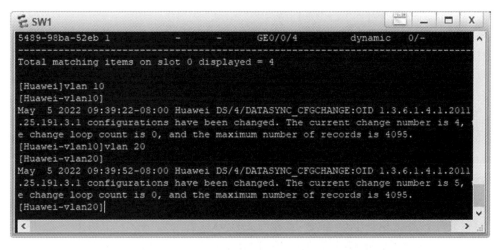

图 3－12　建立 VLAN10 和 VLAN20 的命令

如果不需要显示告警信息，可以执行 quit 命令退至用户视图下，然后再执行 undo terminal monitor 命令关闭信息显示，如图 3－13 所示。

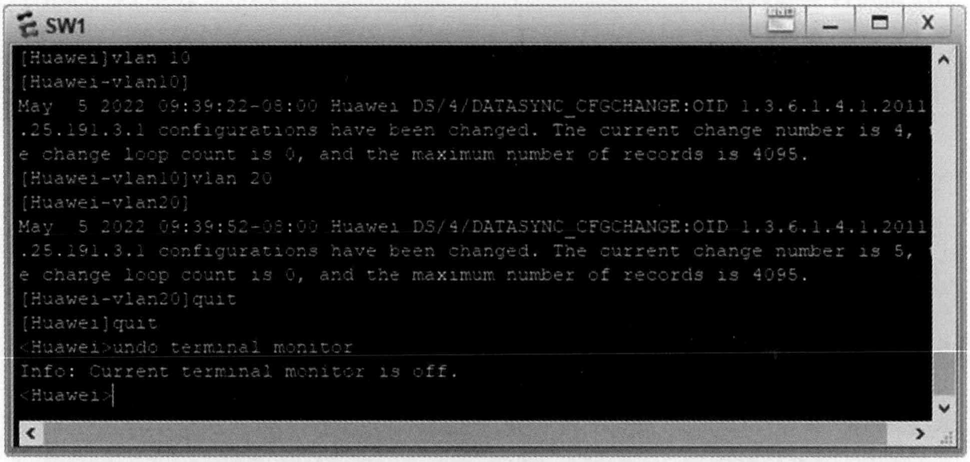

图 3-13 关闭交换机告警信息

(6)将端口加入 VLAN 中。执行下列命令,将端口 GE0/0/1 和 GE0/0/2 加入 VLAN10,将端口 GE0/0/3 和 GE0/0/4 加入 VLAN20。需要注意的是,在将端口加入 VLAN 之前,需要先执行 port link-type access 命令,指定端口类型为 access。

[Huawei] int g0/0/1

[Huawei-GigabitEthernet0/0/1] port link-type access

[Huawei-GigabitEthernet0/0/1] port default vlan 10

[Huawei-GigabitEthernet0/0/1] int g0/0/2

[Huawei-GigabitEthernet0/0/2] port link-type access

[Huawei-GigabitEthernet0/0/2] port default vlan 10

[Huawei-GigabitEthernet0/0/2] int g0/0/3

[Huawei-GigabitEthernet0/0/3] port link-type access

[Huawei-GigabitEthernet0/0/3] port default vlan 20

[Huawei-GigabitEthernet0/0/3] int g0/0/4

[Huawei-GigabitEthernet0/0/4] port link-type access

[Huawei-GigabitEthernet0/0/4] port default vlan 20

执行 display current-configuration 命令,显示当前配置,如图 3-14 所示。

(7)在主机 PC1 上执行 ping 命令,查看与主机 PC2 的连通情况。主机 PC1 与 PC2 同在 VLAN10 中,应该可以 ping 通,如图 3-15 所示即为正确。

(8)在主机 PC1 上执行 ping 命令,查看与主机 PC3 的连通情况。主机 PC1 与 PC3 分别在 VLAN10 和 VLAN20 中,不在同一个 VLAN 中,因此不能互相通信,如图 3-16 所示。

(9)在主机 PC4 上执行 ping 命令,查看与主机 PC3 的连通情况。主机 PC4 与 PC3 在同一个 VLAN 中,因此可以互相通信,如图 3-17 所示。

(10)设置 VLAN 后交换机的 MAC 地址表如图 3-18 所示。从表中可以发现,主机 PC1 和 PC2 的 MAC 地址与端口 GE0/0/1、GE0/0/2 处于 VLAN10 中,主机 PC3 和 PC4 的 MAC 地址与端口 GE0/0/3 、GE0/0/4 处于 VLAN20 中。

图 3-14　交换机的当前配置

```
[Huawei-GigabitEthernet0/0/4]display current-configuration
sysname Huawei
#
vlan batch 10 20
#
cluster enable
ntdp enable
ndp enable
#
drop illegal-mac alarm
#
diffserv domain default
#
drop-profile default
#
aaa
 authentication-scheme default
 authorization-scheme default
 accounting-scheme default
 domain default
 domain default_admin
 local-user admin password simple admin
 local-user admin service-type http
#
interface Vlanif1
#
interface MEth0/0/1
#
interface GigabitEthernet0/0/1
 port link-type access
 port default vlan 10
#
interface GigabitEthernet0/0/2
 port link-type access
 port default vlan 10
#
interface GigabitEthernet0/0/3
 port link-type access
 port default vlan 20
#
interface GigabitEthernet0/0/4
 port link-type access
 port default vlan 20
```

图 3-15　主机 PC1 可以 ping 通主机 PC2

基础配置　　命令行　　组播　　UDP发包工具　　串口

```
PC>ping 192.168.10.2

Ping 192.168.10.2: 32 data bytes, Press Ctrl_C to break
From 192.168.10.2: bytes=32 seq=1 ttl=128 time=62 ms
From 192.168.10.2: bytes=32 seq=2 ttl=128 time=47 ms
From 192.168.10.2: bytes=32 seq=3 ttl=128 time=47 ms
From 192.168.10.2: bytes=32 seq=4 ttl=128 time=62 ms
From 192.168.10.2: bytes=32 seq=5 ttl=128 time=63 ms

--- 192.168.10.2 ping statistics ---
 5 packet(s) transmitted
 5 packet(s) received
 0.00% packet loss
 round-trip min/avg/max = 47/56/63 ms

PC>
```

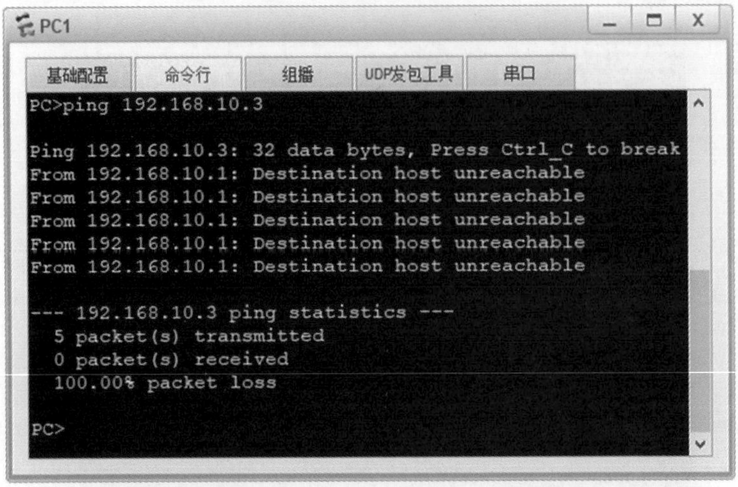

图 3-16 主机 PC1 和主机 PC3 之间无法互相通信

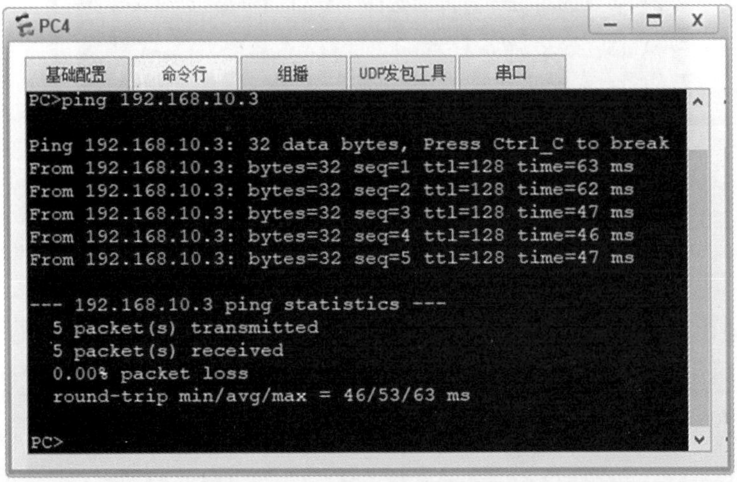

图 3-17 主机 PC4 和主机 PC3 之间可以互相通信

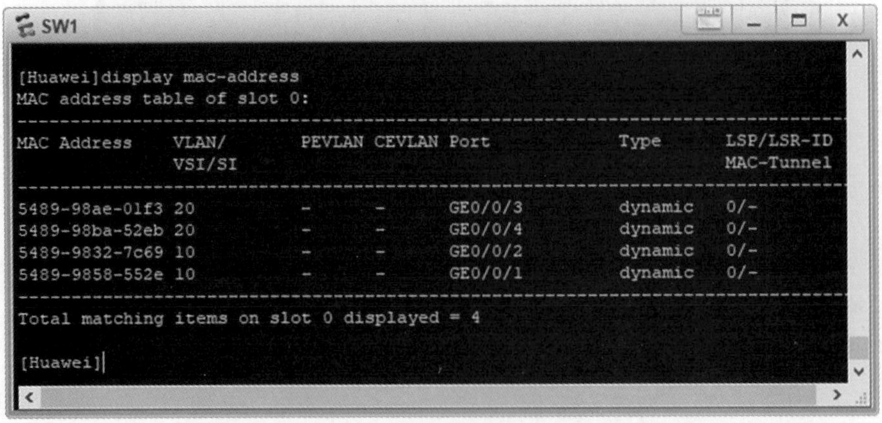

图 3-18 设置 VLAN 后交换机 SW1 的 MAC 地址表

（11）如果执行显示 MAC 地址表的命令后无显示，这是因为 MAC 地址是动态学习的，长时间不进行通信，地址会老化并被系统从 MAC 地址表中删除。但主机 PC1 可以 ping 通主机 PC2，说明从主机 PC1 发出的 ping 命令被广播到所在 VLAN 的所有端口。为验证猜测，可以捕获主机 PC2 上的报文，结果如图 3-19 所示。从捕获结果可以看到，主机 PC2 收到了 PC1 发布的 ARP 广播报文，验证了上述猜测。

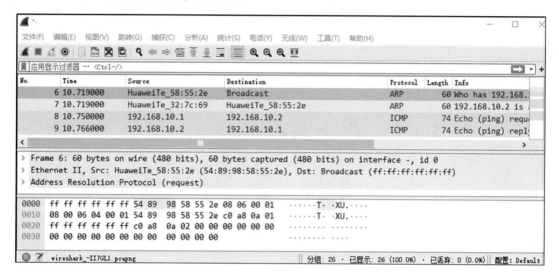

图 3-19　在主机 PC2 上捕获的广播报文

3.2.5　设备配置命令

1. 交换机上的配置命令

［Huawei］vlan 10

［Huawei-vlan10］quit

［Huawei］vlan 20

［Huawei-vlan20］quit

［Huawei］int g0/0/1

［Huawei-GigabitEthernet0/0/1］port link-type access

［Huawei-GigabitEthernet0/0/1］port default vlan 10

［Huawei-GigabitEthernet0/0/1］int g0/0/2

［Huawei-GigabitEthernet0/0/2］port link-type access

［Huawei-GigabitEthernet0/0/2］port default vlan 10

［Huawei-GigabitEthernet0/0/2］int g0/0/3

［Huawei-GigabitEthernet0/0/3］port link-type access

［Huawei-GigabitEthernet0/0/3］port default vlan 20

［Huawei-GigabitEthernet0/0/3］int g0/0/4

［Huawei-GigabitEthernet0/0/4］port link-type access

［Huawei-GigabitEthernet0/0/4］port default vlan 20

2. 主机 PC1、PC2、PC3、PC4 上的配置命令

主机上的配置命令可分为两部分:①在配置窗口配置主机的 IP 地址和子网掩码;②在命令行窗口执行 ping 命令。

3.2.6 思考与创新

(1)简述 VLAN 产生的原因以及作用。

(2)画出 VLAN 的帧格式。

(3)设计一个基于 MAC 地址划分 VLAN 的实验,改变设备连接的交换机端口,观察其对主机间通信的影响。

3.3 交换机之间的 VLAN 互通实验

假设某公司财务部的两个工作组混杂于两个楼层,要求工作组内部可以正常通信,工作组之间需要进行信息隔离。先将同一楼层的计算机接入同一台交换机,并在此交换机上设置两个 VLAN,把不同工作组的计算机划分到不同 VLAN 内,然后在另一楼层作相同的设置,最后将两台交换机连接起来就可以满足需求。

3.3.1 实验内容

交换机之间的 VLAN 互通实验拓扑图如图 3-20 所示,验证交换机 VLAN 配置完成前后主机之间的通信情况变化。

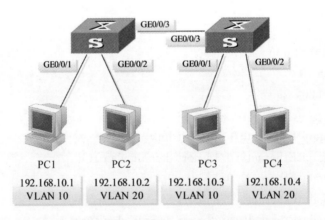

图 3-20 交换机之间的 VLAN 互通实验拓扑图

按照实验拓扑图配置实验环境,保证主机 PC1、PC2、PC3、PC4 之间可以相互 ping 通,观察交换机的 MAC 地址表。

通过配置 VLAN,将主机 PC1 和主机 PC3 划分到 VLAN10,将主机 PC2 和主机 PC4 划分到 VLAN20,将交换机互相连接的端口设置为 Trunk 类型并允许 VLAN10 和 VLAN20 的数据帧通过。测试主机 PC1、PC2、PC3、PC4 之间连通情况,观察交换机的 MAC 地址表。

3.3.2　实验目的

(1)了解交换机端口类型对 VLAN 的影响;

(2)掌握交换机之间 VLAN 连通配置方法。

3.3.3　关键命令解析

1. 设置端口类型

[SW1－GigabitEthernet0/0/3] port link－type trunk

port link－type trunk 是端口视图下的命令,用来设置当前端口为 trunk 类型。

2. 允许 VLAN 数据帧通过

[SW1－GigabitEthernet0/0/3] port trunk allow－pass vlan all

[SW1－GigabitEthernet0/0/3] port trunk allow－pass vlan 10 20

port trunk allow－pass vlan all(10 20)是端口视图下的命令,用来设置允许指定的 VLAN 数据帧通过。

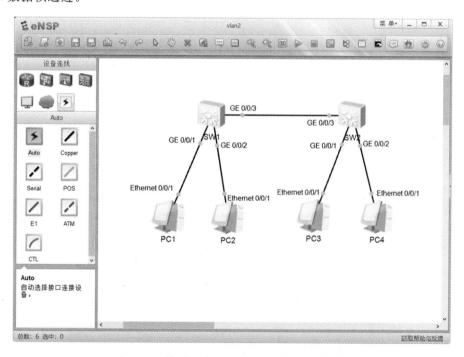

图 3-21　完成设备连接后的 eNSP 工作区界面

3.3.4　实验步骤

(1)启动华为 eNSP,按照如图 3-20 所示的实验拓扑图连接设备,然后启动所有的设备,工作区界面如图 3-21 所示。

(2)按照实验拓扑图配置主机 PC1 的 IP 地址和子网掩码。双击主机 PC1 图标,得到如图 3-22 所示的界面,配置其主机名为 PC1,IP 地址为 192.168.10.1,子网掩码为 255.255.255.0,然后点击"应用"按钮。同样,配置其他主机的 IP 地址/子网掩码分别为 PC2(192.168.10.

2/255.255.255.0)、PC3(192.168.10.3/255.255.255.0)、PC4(192.168.10.4 /255.255.255.0),然后点击"应用"按钮。

图 3-22 主机 PC1 的 IP 地址和 MAC 地址配置界面

(3)配置完成后,在主机 PC1 的命令行下执行 ping 命令,可以 ping 通主机 PC2、PC3 和 PC4,结果如图 3-23 所示。在其他主机上执行 ping 命令的结果类似。

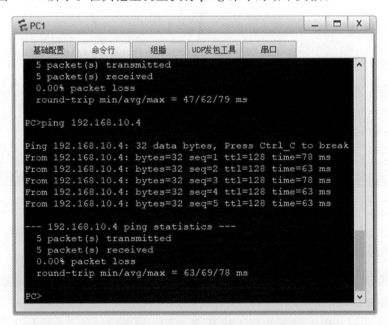

图 3-23 在主机 PC1 命令行下执行 ping 主机 PC4 的结果

(4)成功执行步骤(3)以后,交换机中的 MAC 地址表就建立起来了。在交换机 SW1 的系统视图下执行 display mac—address 查看 MAC 地址表的命令,即可看到如图 3-24 所示的结果。主机 PC1 的 MAC 地址为 5489-9858-552e,连接到端口 GE0/0/1;主机 PC2 的 MAC 地址为 5489-9832-7c69,连接到端口 GE0/0/2;主机 PC3 的 MAC 地址为 5489-98ae-01f3,主机 PC4 的 MAC 地址为 5489-98ba-52eb,连接的端口与 PC3 相同,都是 GE0/0/3,这是因为主机 PC3 和 PC4 的 MAC 地址都是从交换机 SW2 的 GE0/0/3 端口传递过来的。

```
F SW1                                                          _  □  X
[SW1]display mac-address
MAC address table of slot 0:
------------------------------------------------------------------
MAC Address      VLAN/        PEVLAN CEVLAN Port         Type      LSP/LSR-ID
                 VSI/SI                                            MAC-Tunnel
------------------------------------------------------------------
5489-9858-552e 1              -      -      GE0/0/1      dynamic   0/-
5489-9832-7c69 1              -      -      GE0/0/2      dynamic   0/-
5489-98ae-01f3 1              -      -      GE0/0/3      dynamic   0/-
5489-98ba-52eb 1              -      -      GE0/0/3      dynamic   0/-
------------------------------------------------------------------
Total matching items on slot 0 displayed = 4

[SW1]
```

图 3-24　实验拓扑图中交换机 SW1 的 MAC 地址表

在交换机 SW2 的系统视图下执行 display mac—address 查看 MAC 地址表的命令,即可看到如图 3-25 所示的结果。图中没有显示出 PC2 的 MAC 地址信息,这是因为只在 PC1 上执行了 ping 命令,PC2 的信息没有出现在交换机 SW2 上。要想让 PC2 的 MAC 地址出现在交换机 SW2 的地址表中,只需要在 PC3 或者 PC4 上 ping 一下 PC2 即可。

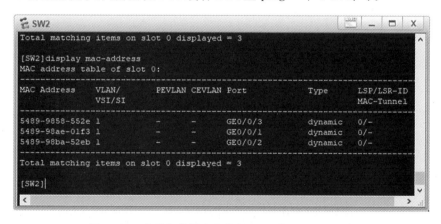

```
F SW2                                                          _  □  X
Total matching items on slot 0 displayed = 3

[SW2]display mac-address
MAC address table of slot 0:
------------------------------------------------------------------
MAC Address      VLAN/        PEVLAN CEVLAN Port         Type      LSP/LSR-ID
                 VSI/SI                                            MAC-Tunnel
------------------------------------------------------------------
5489-9858-552e 1              -      -      GE0/0/3      dynamic   0/-
5489-98ae-01f3 1              -      -      GE0/0/1      dynamic   0/-
5489-98ba-52eb 1              -      -      GE0/0/2      dynamic   0/-
------------------------------------------------------------------
Total matching items on slot 0 displayed = 3

[SW2]
```

图 3-25　实验拓扑图中交换机 SW2 的 MAC 地址表

(5)在交换机 SW1 上执行以下命令。

1)关闭告警信息显示,避免提示信息影响命令输入。执行 quit 命令,退至用户视图下,执行 undo terminal monitor 命令,关闭信息显示,如图 3-26 所示。

```
<Huawei>undo terminal monitor
Info: Current terminal monitor is off.
```

图 3-26　关闭交换机告警信息

2)设置交换机名。执行 sysname SW1 命令,将交换机名称设置为 SW1。

3)建立 VLAN,输入下列命令,如图 3-27 所示。

[SW1] vlan 10

[SW1-vlan10] vlan 20

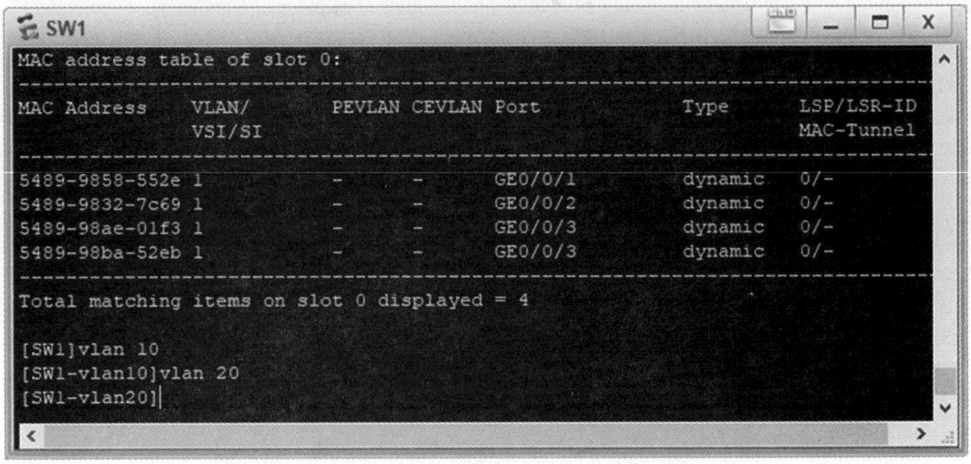

图 3-27 建立 VLAN10 和 VLAN20

4)将端口加入 VLAN 中。执行下列命令,将端口 GE0/0/1 加入 VLAN10,将端口 GE0/0/2 加入 VLAN20。需要注意的是,在将端口加入 VLAN 之前,需要先执行 port link-type access 命令,指定端口类型为 access。

[SW1] interface g0/0/1

[SW1-GigabitEthernet0/0/1] port link-type access

[SW1-GigabitEthernet0/0/1] port default vlan 10

[SW1-GigabitEthernet0/0/1] interface g0/0/2

[SW1-GigabitEthernet0/0/2] port link-type access

[SW1-GigabitEthernet0/0/2] port default vlan 20

5)设置 trunk 端口,允许 VLAN 通过。

[SW1-GigabitEthernet0/0/2] int g0/0/3

[SW1-GigabitEthernet0/0/3] port link-type trunk

[SW1-GigabitEthernet0/0/3] port trunk allow-pass vlan all

6)执行 display current-configuration 命令,显示当前配置,如图 3-28 所示。

(6)在交换机 SW2 上执行步骤(5)的命令,将交换机名称设置为 SW2。执行 display current-configuration 命令,显示当前配置,如图 3-28 所示即为正确配置。

(7)在主机 PC1 上执行 ping 命令,查看与主机 PC2 的连通情况。主机 PC1 与 PC2 不在同一个 VLAN 中,不能 ping 通,如图 3-29 所示。

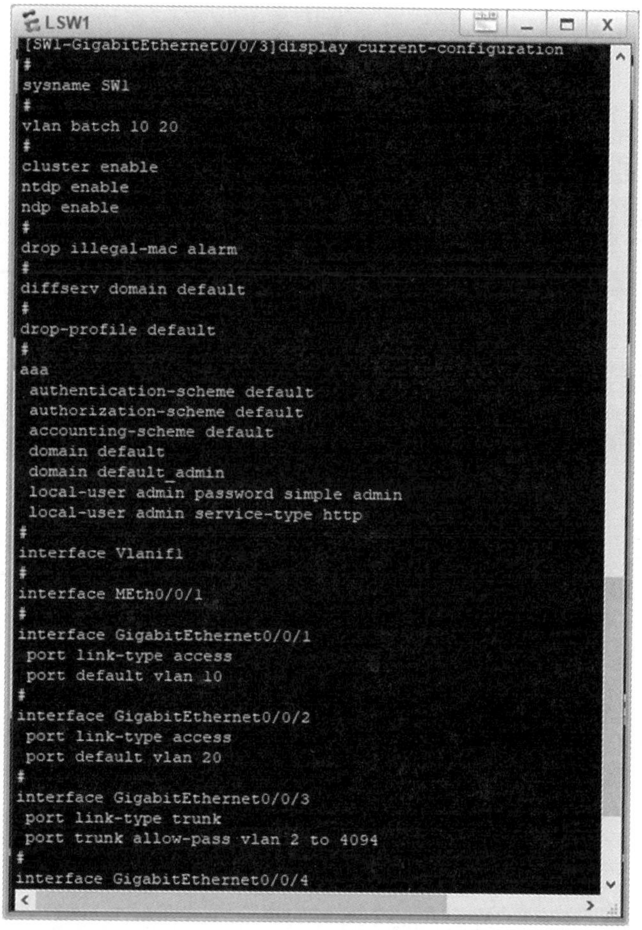

图 3-28 交换机 SW1 的当前配置

图 3-29 主机 PC1 不能 ping 通主机 PC2

(8)在主机 PC1 上执行 ping 命令,查看与主机 PC3 的连通情况。主机 PC1 与 PC3 同在 VLAN10 中,因此可以互相通信,如图 3-30 所示。

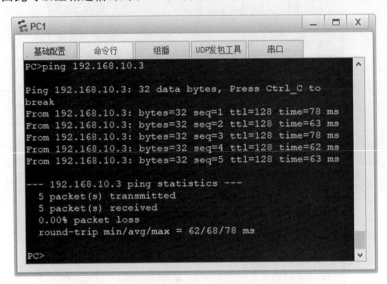

图 3-30　主机 PC1 和主机 PC3 之间可以互相通信

(9)在主机 PC2 上执行 ping 命令,查看与主机 PC4 的连通情况。主机 PC2 与 PC4 都在 VLAN20 中,因此可以互相通信,如图 3-31 所示。

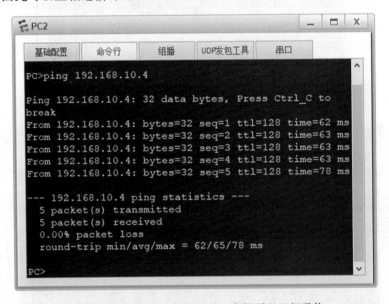

图 3-31　主机 PC2 和主机 PC4 之间可以互相通信

(10)在交换机 SW1 上执行命令显示交换机 SW1 的 MAC 地址表,如图 3-32 所示。从表中可以发现,主机 PC1 和 PC3 的 MAC 地址处于 VLAN10 中,主机 PC2 和 PC4 的 MAC 地址处于 VLAN20 中。主机 PC1 和 PC2 的端口分别是 GE0/0/1 和 GE0/0/2,而主机 PC3 和 PC4 的端口相同,都是 GE0/0/3,这是因为这两个主机的地址都来自于与交换机 SW2 连接的端口 GE0/0/3。

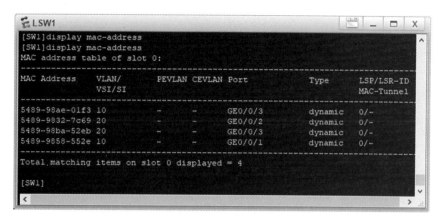

图 3 - 32　交换机 SW1 上的 MAC 地址表

（11）如果执行显示 MAC 地址表命令后无显示，这是因为 MAC 地址是动态学习的，长时间不进行通信，地址会老化并被系统从 MAC 地址表中删除。但主机 PC1 仍然可以 ping 通主机 PC3，说明从主机 PC1 发出的 ping 命令被广播到所在 VLAN 的所有端口。为验证猜测，可以捕获主机 PC3 上的报文，结果如图 3 - 33 所示。从捕获结果可以看到，主机 PC3 收到了 PC1 发布的 ARP 广播报文，验证了上述猜测。

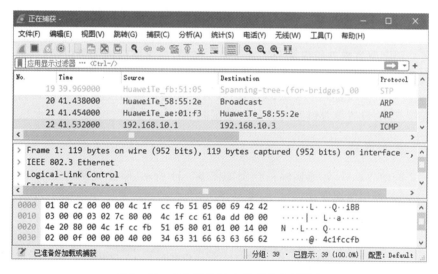

图 3 - 33　在主机 PC3 上捕获的广播报文

3.3.5　设备配置命令

1. 交换机 SW1 上的配置命令

<Huawei> undo terminal monitor

<Huawei>system

［Huawei］sysname SW1

［SW1］vlan 10

[SW1-vlan10] vlan 20

[SW1-vlan20] quit

[SW1] interface g0/0/1

[SW1-GigabitEthernet0/0/1] port link-type access

[SW1-GigabitEthernet0/0/1] port default vlan 10

[SW1-GigabitEthernet0/0/1] interface g0/0/2

[SW1-GigabitEthernet0/0/2] port link-type access

[SW1-GigabitEthernet0/0/2] port default vlan 20

[SW1-GigabitEthernet0/0/2] int g0/0/3

[SW1-GigabitEthernet0/0/3] port link-type trunk

[SW1-GigabitEthernet0/0/3] port trunk allow-pass vlan all

交换机 SW2 上执行命令一样,不同点是交换机名称设置为 SW2。

2. 主机 PC1、PC2、PC3、PC4 上的配置命令

主机上的配置命令可分为两部分:①在配置窗口配置主机的 IP 地址和子网掩码;②在命令行窗口执行 ping 命令。

3.3.6　思考与创新

设计一个跨越 4 台交换机的 VLAN 内互通实验,需要 4 台交换机和 12 台 PC 机。

3.4　VLAN 之间的互通实验

假设某公司的财务部和销售部分别处于两个楼层,要求部门内部可以通信,部门之间需要进行广播信息隔离,但是可以通信而且需要高带宽连接。先将同一楼层的计算机接入同一台交换机,在此交换机上设置一个 VLAN,然后在另一楼层作相同设置,最后将两台交换机通过两条链路连接起来,设置聚合链路可满足高带宽需求。

3.4.1　实验内容

交换机之间的 VLAN 互通实验拓扑图如图 3-34 所示,验证交换机上 VLAN 配置完成前后,主机之间的通信情况变化。

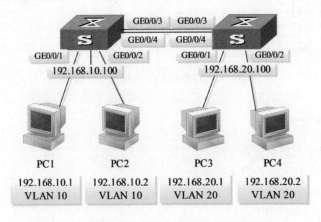

图 3-34　交换机之间的 VLAN 互通实验拓图

按照实验拓扑图配置实验环境。将主机 PC1 和主机 PC2 划分到 VLAN10,将与主机 PC3 和主机 PC4 划分到 VLAN20。将交换机之间互相连接的两个端口添加进聚合组并允许 VLAN 数据帧通过。测试主机 PC1、PC2、PC3、PC4 之间连通情况,观察交换机的 MAC 地址表。观察三层交换机路由表。

3.4.2　实验目的

(1)了解三层交换机的工作原理;

(2)掌握 VLAN 间互通的配置方法。

3.4.3　关键命令解析

1. 设置聚合组

[SW1] interface eth－trunk 1

[SW1－Eth－Trunk1] trunkport g0/0/3

[SW1－Eth－Trunk1] trunkport g0/0/4

[SW1－Eth－Trunk1] port link－type trunk

[SW1－Eth－Trunk1] port trunk allow－pass vlan all

interface eth－trunk 1 是系统视图下创建聚合组的命令,用来在交换机上创建编号为 1 的链路聚合组。trunkport g0/0/3 命令是将端口 g0/0/3 加入聚合组,port link－type trunk 命令是将聚合组虚拟端口设置为 trunk 类型,port trunk allow－pass vlan all 命令则用来允许指定的 VLAN 数据帧通过。

2. 启动 RIP 路由协议

[SW1－Vlanif10] rip

[SW1－rip－1] network 192.168.10.0

[SW1－rip－1] network 192.168.30.0

RIP 命令用于启动三层交换机的 RIP 协议,network 192.168.10.0 命令用于在 192.168.10.0 网段使 RIP 协议生效。network 192.168.30.0 命令用于在 198.168.30.0 网段使 RIP 协议生效。

3.4.4　实验步骤

(1)启动华为 eNSP,按照如图 3-34 所示的实验拓扑图连接设备,然后启动所有的设备,工作区界面如图 3-35 所示。

(2)按照实验拓扑图配置主机 PC1 的 IP 地址和子网掩码。双击主机 PC1 图标,得到如图 3-36 所示界面,配置其主机名为 PC1,IP 地址为 192.168.10.1,子网掩码为 255.255.255.0,网关为 192.168.10.100。同样,配置其他主机的 IP 地址/子网掩码/网关分别为 PC2(192.168.10.2/255.255.255.0/192.168.10.100)、PC3(192.168.20.1/255.255.255.0/192.168.20.100)、PC4(192.168.20.2/255.255.255.0/192.168.20.100)。

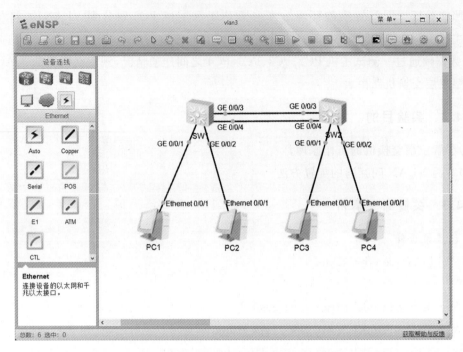

图 3-35　完成设备连接后的 eNSP 界面

图 3-36　主机 PC1 的 IP 地址和 MAC 地址配置界面

（3）配置完成后,在主机 PC1 的命令行下执行 ping 命令,可以 ping 通主机 PC2,无法 ping 通主机 PC3 和 PC4,结果如图 3-37 所示,这是因为主机 PC1 和 PC2 在同一个 192.168. 10.0 网段,而主机 PC3 和 PC4 同处于另一个 192.168.20.0 网段,与主机 PC1 不在同一个网段。不同网段之间在没有路由的情况下无法通信。

在主机 PC2 的命令行下分别 ping 主机 PC3 和 PC4;在主机 PC3 的命令行下分别 ping 主机 PC1 和 PC2;在主机 PC4 的命令行下分别 ping 主机 PC1 和 PC2,这样做的目的是使这些主机的 MAC 地址都能出现在交换机的 MAC 地址表中。

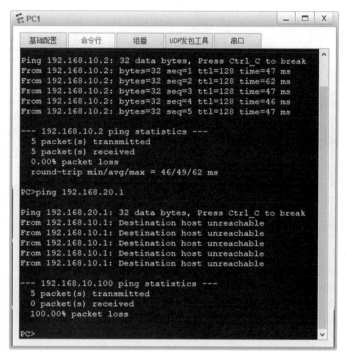

图 3-37　在主机 PC1 命令行下执行 ping 主机 PC2、PC3 的结果

(4)成功执行步骤(3)以后,交换机中的 MAC 地址表就建立起来了。在交换机 SW1 的系统视图下执行 display mac-address 查看 MAC 地址表的命令,即可看到如图 3-38 所示的结果。主机 PC1 的 MAC 地址为 5489-9822-1ee4,连接到端口 GE0/0/1;主机 PC2 的 MAC 地址为 5489-98cd-44a4,连接到端口 GE0/0/2。主机 PC3 和 PC4 的 MAC 地址显示都连接到端口 GE0/0/3,是从与交换机 SW2 连接端口学习到的。

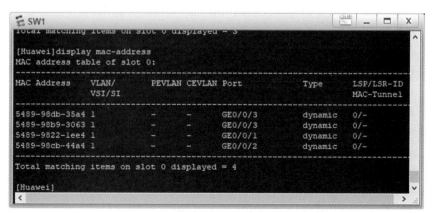

图 3-38　实验拓扑图中交换机 SW1 的 MAC 地址表

在交换机 SW2 的系统视图下执行 display mac－address 查看 MAC 地址表的命令,即可看到如图 3－39 所示的结果。

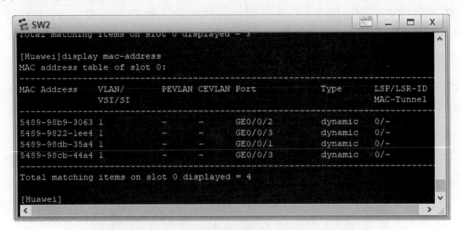

图 3－39 实验拓扑图中交换机 SW2 的 MAC 地址表

(5)在交换机 SW1 上执行以下命令。

1)关闭告警信息显示,避免提示信息影响命令输入。执行 quit 命令,退至用户视图下,执行 undo terminal monitor 命令,关闭信息显示,如图 3－40 所示。

```
<Huawei>undo terminal monitor
Info: Current terminal monitor is off.
```

图 3－40 关闭交换机告警信息

2)设置交换机名。执行 system－view 命令进入系统视图,在此视图下执行 sysname SW1 命令,将交换机的名称设置为 SW1。

3)建立 VLAN,输入下列命令:

[SW1] vlan 10

[SW1－vlan10] vlan 30

[SW1－vlan30] quit

4)将端口加入 VLAN 中。执行下列命令,将端口 GE0/0/1 和 G0/0/2 加入 VLAN10。在将端口加入 VLAN 之前,需要先执行 port link－type access 命令,指定端口类型为 access。

[SW1] interface g0/0/1

[SW1－GigabitEthernet0/0/1] port link－type access

[SW1－GigabitEthernet0/0/1] port default vlan 10

[SW1－GigabitEthernet0/0/1] interface g0/0/2

[SW1－GigabitEthernet0/0/2] port link－type access

[SW1－GigabitEthernet0/0/2] port default vlan 10

5)建立链路聚合组 1,将端口 g0/0/23 和 g0/0/24 加入聚合组 1。配置 Eth－Trunk 1 为 trunk 类型,并允许所有 vlan 数据帧通过。

[SW1－GigabitEthernet0/0/2] interface Eth－Trunk 1

[SW1－Eth－Trunk1] trunkport g0/0/3

[SW1－Eth－Trunk1] trunkport g0/0/4

〔SW1－Eth－Trunk1〕port link－type trunk

〔SW1－Eth－Trunk1〕port trunk allow－pass vlan all

6)配置 VLAN10 和 VLAN30 接口的 IP 地址,其中 VLAN10 虚拟接口 Vlanif10 的 IP 地址也就是主机 PC1 和 PC2 的网关地址。启动 RIP 路由协议。

〔SW1－Eth－Trunk1〕interface vlan 10

〔SW1－Vlanif10〕ip address 192.168.10.100 24

〔SW1－Vlanif10〕int vlan 30

〔SW1－Vlanif30〕ip address 192.168.30.1 24

〔SW1－Vlanif10〕rip

〔SW1－rip－1〕network 192.168.10.0

〔SW1－rip－1〕network 192.168.30.0

7)执行 display current－configuration 命令,显示当前配置,如图 3－41 所示。

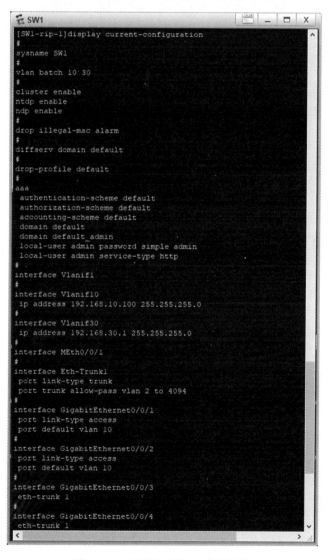

图 3-41　交换机 SW1 的当前配置

6)在交换机 SW2 上执行步骤(5)的命令,不同点在于将交换机名称设置为 SW2,VLAN 设置为 VLAN20 和 VLAN30,VLAN20 虚拟接口的 IP 地址设置为 192.168.20.100,VLAN30 虚拟接口的 IP 地址设置为 192.168.30.2,将 RIP 协议网络使能命令 network 作用于 192.168.20.0 和 192.168.30.0 网段上,其余命令相同。执行 display current-configuration 命令,显示当前配置,如图 3-42 所示即为配置正确。

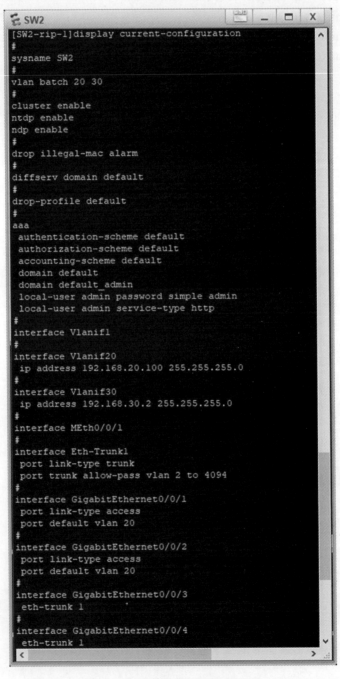

图 3-42 交换机 SW2 的当前配置

（7）在交换机 SW2 上输入 display ip routing－table 命令显示路由表，如图 3－43 所示，在 Proto 列下面出现 RIP 协议，表示路由协议启动正确。

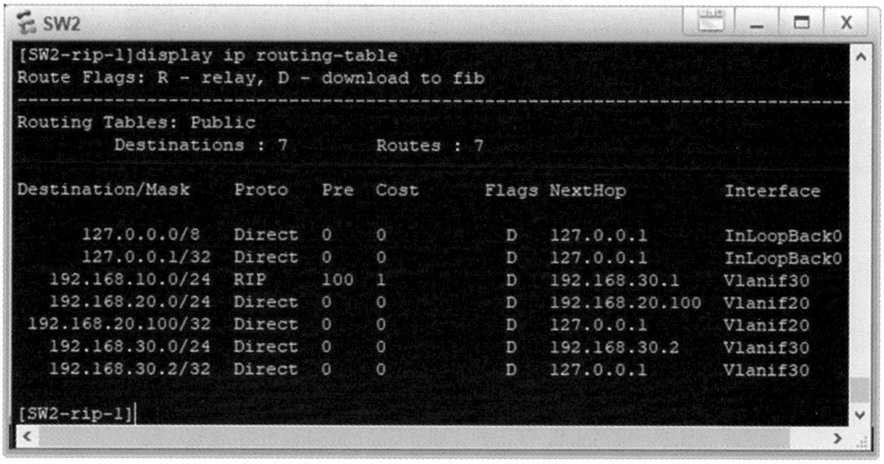

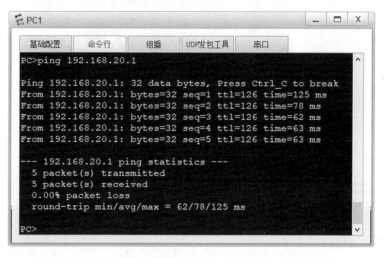

图 3－43　交换机 SW2 的路由表

（8）在主机 PC1 上执行 ping 命令，查看其与主机 PC3 的连通情况。主机 PC1 与 PC3 不在同一个 VLAN 中，但是通过三层路由可以实现互通，如图 3－44 所示。

图 3－44　主机 PC1 可以 ping 通主机 PC3

（9）在主机 PC4 上执行 ping 命令，查看其与主机 PC2 的连通情况。主机 PC4 与 PC2 不在同一个 VLAN 中，但是通过三层路由可以实现互通，如图 3－45 所示。实际上随着路由协议的启动，此网络下所有主机之间都可以通信。

（10）在交换机 SW2 上执行 display mac－address 命令，如图 3－46 所示。从图中可以发现，主机 PC3 和 PC4 的 MAC 地址处于 VLAN20 中，Eth－Trunk1 虚拟端口的 MAC 地址处于 VLAN30 中，通过聚合链路与交换机 SW1 相连。

（11）启动 Wireshark，可以捕获任一主机上的报文。捕获结果如图 3－47 所示，主机 PC2 收到了源地址为 192.168.20.100 发布的 RIPv1 广播报文。

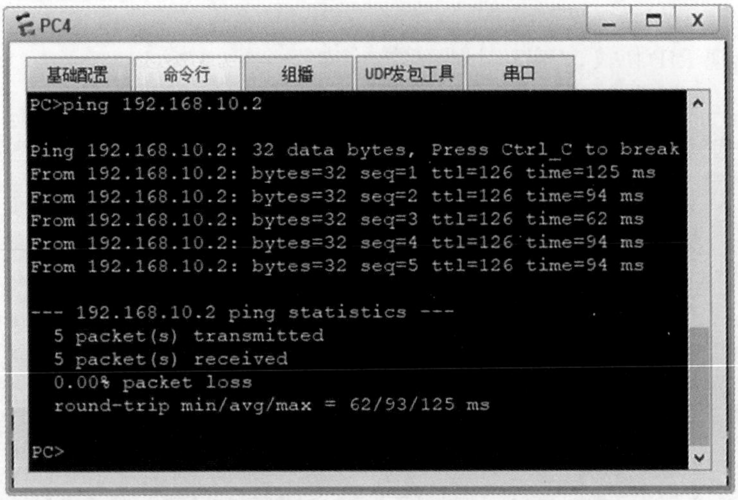

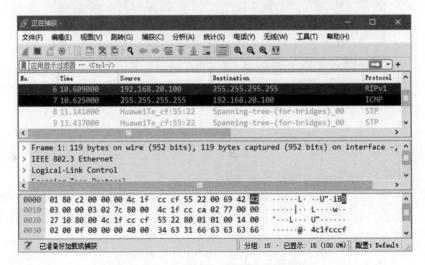

图 3-45 主机 PC4 和主机 PC2 之间可以互相通信

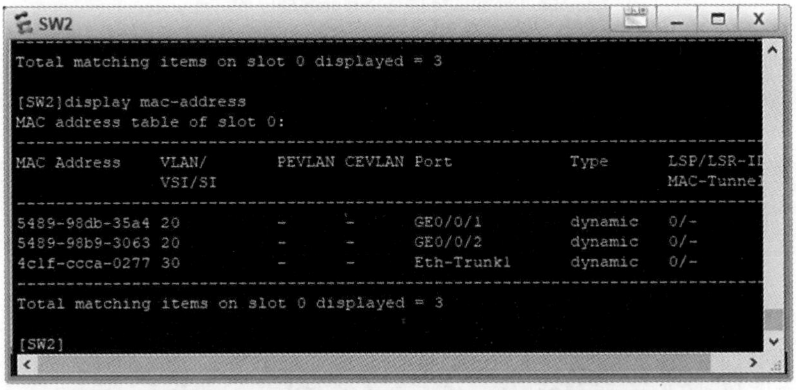

图 3-46 交换机 SW2 上的 MAC 之间地址表

图 3-47 在主机 PC2 上捕获的广播报文

3.4.5　设备配置命令

1. 交换机 SW1 上的配置命令

＜Huawei＞ undo terminal monitor

＜Huawei＞system－view

［Huawei］sysname SW1

［SW1］vlan 10

［SW1－vlan10］vlan 30

［SW1－vlan30］quit

［SW1］interface g0/0/1

［SW1－GigabitEthernet0/0/1］port link－type access

［SW1－GigabitEthernet0/0/1］port default vlan 10

［SW1－GigabitEthernet0/0/1］interface g0/0/2

［SW1－GigabitEthernet0/0/2］port link－type access

［SW1－GigabitEthernet0/0/2］port default vlan 10

［SW1－GigabitEthernet0/0/2］interface Eth－Trunk 1

［SW1－Eth－Trunk1］trunkport g0/0/3

［SW1－Eth－Trunk1］trunkport g0/0/4

［SW1－Eth－Trunk1］port link－type trunk

［SW1－Eth－Trunk1］port trunk allow－pass vlan all

［SW1－Eth－Trunk1］interface vlan 10

［SW1－Vlanif10］ip address 192.168.10.100 24

［SW1－Vlanif10］int vlan 30

［SW1－Vlanif30］ip address 192.168.30.1 24

［SW1－Vlanif30］rip

［SW1－rip－1］network 192.168.10.0

［SW1－rip－1］network 192.168.30.0

2. 交换机 SW2 上的配置命令

＜Huawei＞ undo terminal monitor

＜Huawei＞ system－view

［Huawei］sysname SW2

［SW2］vlan 20

［SW2－vlan20］vlan 30

［SW2－vlan30］quit

［SW2］interface g0/0/1

［SW2－GigabitEthernet0/0/1］port link－type access

［SW2－GigabitEthernet0/0/1］port default vlan 20

［SW2－GigabitEthernet0/0/1］interface g0/0/2

［SW2－GigabitEthernet0/0/2］port link－type access

[SW2—GigabitEthernet0/0/2] port default vlan 20

[SW2—GigabitEthernet0/0/2] interface Eth—Trunk 1

[SW2—Eth—Trunk1] trunkport g0/0/3

[SW2—Eth—Trunk1] trunkport g0/0/4

[SW2—Eth—Trunk1] port link—type trunk

[SW2—Eth—Trunk1] port trunk allow—pass vlan all

[SW2—Eth—Trunk1] interface vlan 20

[SW2—Vlanif20] ip address 192.168.20.100 24

[SW2—Vlanif20] int vlan 30

[SW2—Vlanif30] ip address 192.168.30.2 24

[SW2—Vlanif30] rip

[SW2—rip—1] network 192.168.20.0

[SW2—rip—1] network 192.168.30.0

3. 主机 PC1、PC2、PC3、PC4 上的配置命令

主机上的配置命令可分为两部分:①在配置窗口配置主机的 IP 地址和子网掩码;②在命令行窗口执行 ping 命令。

3.4.6 思考与创新

设计一个跨多个部门的 VLAN 间互通实验,要求 VLAN 间主机可以互相通信,但要能隔离广播数据。

第4章 生成树协议实验

在组建二层网络时,为提高网络可靠性,通常在交换机之间建立多条冗余链路,但这种组建网络的方式会的产生一个严重问题,也就是交换机之间会产生物理环路。然而,以太网的转发机制不能适应存在环路网络的环境,因为一旦网络存在环路,则会产生广播风暴和MAC地址震荡,广播帧或未知目的MAC地址的单播帧等就会被无休止在环路上传播,从而降低交换机的性能,甚至不能提供正常的交换服务。生成树协议(Spanning Tree Protocol,STP)可应用于存在环路的计算机网络中,通过阻塞端口消除环路,建立树形拓扑结构,并达到备份链路的目的。

4.1 生成树协议的工作原理

生成树协议解决物理环路问题的基本思路是通过将部分冗余端口设置为阻塞状态,将环型网络结构修剪成树形网络结构,消除逻辑环路。当处于转发状态的端口不可用时,生成树协议可重新配置网络,激活备用端口,恢复网络的连通性。

广义的生成树协议包括 IEEE 802.1d 中定义的 STP、IEEE 802.1w 中定义的快速生成树协议(Rapid Spanning Tree Protocol,RSTP)以及 IEEE 802.1s 中定义的多生成树协议(Multiple Spanning Tree Protocol,MSTP)。

4.1.1 生成树协议

在理解 STP 前,需要掌握协议中涉及的基本概念:桥接协议数据单元、根桥、根端口、指定桥和指定端口。需要注意的是,网桥是交换机的前身,STP 是基于网桥开发的,目前以交换机为主的网络中仍沿用了已有的术语,因此此处网桥也被视为交换机。

(1)桥接协议数据单元(Bridge Protocol Data Unit,BPDU)。BPDU 是互连冗余局域网内的交换机之间交换的信息单元。

(2)根桥。在 STP 中,只有一个设备是根桥,它是整个网络拓扑的逻辑中心,也就是生成树的根。在选择根桥时,通常选择性能好的交换设备作为根桥。根桥会随着网络拓扑图的变化而改变。

(3)根端口。根端口是非根桥上的一个端口,负责向根桥方向转发数据。在一台交换设备上所有使能 STP 的端口中,去往根桥路径开销最小的被选为根端口。一个非根桥设备有且只有一个根端口。

(4)指定桥。指定桥是与本设备(如主机)直接相连并且负责向本设备转发配置消息的交换设备。

(5)指定端口。指定端口是指定桥向本网段设备(如主机)转发配置消息的端口。在网段上抑制其他端口发送 BPDU 报文。根桥的所有端口都是指定端口。

STP 基本概念示意图如图 4-1 所示,图中展示了一个由三台交换机组成的网络拓扑图。假设交换机 LSW1 被选定为根桥,其分别通过端口 E1/0/1 和 E1/0/2 与交换机 LSW2 和 LSW3 相连,那么 LSW1 对 LSW2 和 LSW3 来讲就是指定桥,端口 E1/0/1 和 E1/0/2 分别是交换机 LSW2 和 LSW3 的指定端口。交换机 LSW2 只能通过端口 E2/0/1 与根桥 LSW1 转发数据且无其他路径,则端口 E2/0/1 是交换机 LSW2 的根端口。同理,端口 E3/0/1 是交换机 LSW3 的根端口。从主机 PC1 到根桥 LSW1 存在冗余链路,假设通过 LSW2 的代价较小,则 LSW2 是主机 PC1 的指定桥,端口 E2/0/2 是指定端口,而端口 E3/0/2 是主机 PC1 的非指定端口(阻塞端口)。

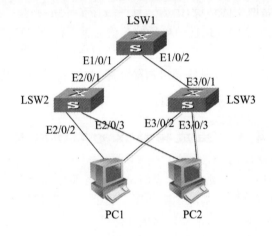

图 4-1 STP 基本概念示意图

STP 协议的细节比较复杂,详细步骤可参考 IEEE 802.1d,但其过程可归纳为以下三个步骤。

(1)选择根桥。选择根桥的依据是交换设备的 ID,设备 ID 由 16 位的设备优先级和 48 位的 MAC 地址组成的。设备优先级是可以配置的,取值范围是 0~65 535,默认值为 32 768。按照协议规定,值越小优先级越高。因此,在选择根桥时,先比较交换设备的优先级,优先级高的被选为根桥;如果优先级相同,则选择 MAC 地址小的为根桥。

交换设备启动后就进入创建生成树的过程。最初,每台设备均默认自己是根桥且所有的端口都为指定端口,BPDU 报文通过所有端口转发出去。对端设备在收到 BPDU 报文后,会比较 BPDU 中的根桥 ID 和自己的桥 ID。假设收到的桥 ID 优先级低,接收者会继续通告自己的配置 BPDU 报文给邻居设备;假设收到的桥 ID 优先级高,则修改自己的 BPDU 报文的根桥 ID,宣告新的根桥。

(2)在非根桥上选择根端口。STP 在非根桥上选择根端口时,会考虑该端口的根路径开销、对端的设备 ID(Bridge ID,BID)、对端的端口 ID(Port ID,PID)和本地的端口 PID 等因素。

交换设备的每个端口都有一个端口开销,默认情况下与其带宽有关,带宽越高,开销越小。通常情况下,从一个非根桥到根桥有多条路径,每条路径有个总开销,此值是该路径上所有端口的开销总和,称为路径开销。非根桥通过对比多条路径的开销,选出到达根桥的最短路径,该路径的开销被称为根路径开销(Root Path Cost,RPC)。根桥的根路径开销是 0。

交换设备的每个端口都有一个端口 ID,该值由优先级和端口号组成。端口优先级取值范围是 0 到 240,步长为 16,也就是说取值必须是 16 倍数,缺省情况下,端口优先级是 128。

在选择根端口时,先比较设备端口的 RPC,开销小的为根端口。当 RPC 相同时,比较对端 BID,BID 小的作为根端口。当对端 BID 也相同时,选择对端 PID 小的为根端口。如果对端 PID(两个端口通过 Hub 连接到同一台交换机的同一个端口上)也相同,则选择本地 PID 值小的为根端口。

(3)选择指定端口。选择指定端口的方法与选择根端口方法类似。首先,在一个网段上,选择根路径开销最小的为指定端口;当根路径开销相同时,比较端口所在设备的 BID,选择 BID 小的为指定端口;当 BID 也相同时,选择 PID 值小的为指定端口。

在成功选择根桥、根端口和指定端口后,树形拓扑就建立完毕了,逻辑环路也就消除了。在拓扑稳定后,只有根端口和指定端口转发流量。非根端口、非指定端口处于阻塞状态,只接收协议报文而不转发用户报文。

运行 STP 前后的网络拓扑对比图如图 4-2 所示,图中说明了 STP 的实现过程。在未运行 STP 前,网络中的三台交换机组成环路,三台交换机的 ID 分别为 1、2 和 3,三条链路的路径代价分别为 4、6 和 11。运行 STP 后,首先,三台交换机通过交换信息,选举 ID 最小的 LSW 1 为根桥,然后,交换机 LSW 2 发现通过端口 E2/0/1 到根桥的路径代价最小,所以选端口 E2/0/1 为根端口。同理,LSW 3 选择端口 E3/0/3 为根端口。根桥 LSW 1 的端口均为指定端口,与 LSW 3 相连的 LSW 2 的端口 E2/0/3 为 LSW 3 的指定端口,LSW 3 的端口 E3/0/1 为阻塞端口。至此,网络的环路就被清除了。假设交换机 LSW 1 的端口 E1/0/1 出现问题,就会激活端口 E1/0/2 和 E3/0/1 之间的链路,保持网络的连通。

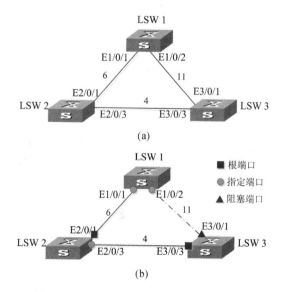

图 4-2　运行 STP 前后的网络拓扑对比图
(a)运行 STP 前;(b)运行 STP 后

4.1.2 RSTP、MSTP 与 STP 的差异

STP 是基础的生成树协议,能解决环路的问题,但其缺点也很明显,即拓扑的收敛速度慢。

(1)在 STP 中,交换设备从初始状态到收敛状态至少需要等待两个转发延时(forward delay)。等待第一个转发延时的时候,为避免路由环路,必须等待足够长的时间,确保 BPDU 能同步到各个设备。等待第二个转发延时的时候,在进入转发状态前,交换设备要根据收到的用户数据构建 MAC 地址表,等待计时器超时后才可进入转发状态。

(2)在 STP 中,阻塞端口进入转发状态等待时间较长。假设失能链路的一端与阻塞端口在同一台设备上,阻塞端口先从阻塞状态(Blocking)转为学习状态(Learning),再转为转发状态(Forwarding),需要等待两个转发延时。假设失能链路的任何一端均不与阻塞端口在同一台设备上,则需再多等待一个 BPDU 老化时间。

(3)在 STP 中,交换设备上连接终端设备(如主机)的端口进入转发状态也需等待两个转发延时。通常情况下,从交换设备到终端的链路是不会出现环路的,这类端口不用参与 STP 计算,可直接进入转发状态。

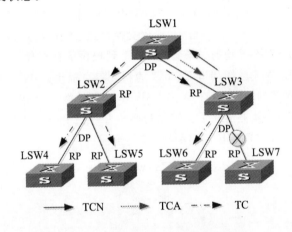

图 4-3 STP 中的一个拓扑变更示例

(4)当网络拓扑图发生变化时,下游设备会不间断地向上游设备发送拓扑变化通知(Topology Change Notification,TCN)BPDU 报文。STP 中的一个拓扑变更示例如图 4-3 所示。假设交换机 LSW3 和 LSW7 之间链路出现故障,交换机 LSW3 向 LSW1 发送 TCN 报文。上游设备(见图 4-3 中的 LSW1)收到 TCN 报文后,指定端口处理 TCN 报文,把报文中的 TCA(Topology Change Acknowledgment)位置 1,发送给下游设备(LSW3),告知停发 TCN 报文,同时复制一份 TCN 报文,发向根桥方向设备。重复上述步骤,直到根桥收到 TCN 报文。根桥把 BPDU 报文中的 TC 位置 1 后发送给下游设备,通知其删除 MAC 地址表项。

针对上述问题,RSTP 对 STP 作了一些改进,体现在以下几个方面:

(1)RSTP 定义了两种新的端口,即备份端口(Backup Port,BP)和预备端口(Alternate Port,AP)。备份端口是指定端口的备份,提供了一条从根节点到指定桥的备份路径;而预备端口是根端口的备份,提供了从指定桥到根的一条备份路径。此外,将 STP 中的 3 种状态 Disabled、Blocking 和 Listening 合并为一种状态 Discarding。端口状态因此由 5 种精简为

3 种。

(2)引入 Proposal/Agreement(P/A)机制,使一个指定端口尽快进入 Forwarding 状态。事实上,STP 选择指定端口也可很快完成,但为避免环路,须等待全网的端口状态确定后,端口才能进行转发。

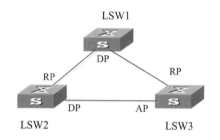

图 4-4 一个存在物理环路的局域网示例

针对 STP 启动时收敛速度慢的问题,以图 4-4 为例阐明了 RSTP 解决方法。假设各设备的优先级顺序是 LSW1>LSW2>LSW3。在设备启动时,三台设备均自认为自己是根桥,向其他设备发送 P 置位的 BPDU 报文,发送 P 消息的端口置为指定端口,状态为 Discarding。当收到低优先级 LSW2 或 LSW3 的 P 消息时,LSW1 会放弃该消息。LSW2 和 LSW3 在收到 LSW1 的 P 消息后,认同 LSW1 是根桥,并回复 A 消息,发送端口变成根端口,状态为 Forwarding。根据 P/A 协商机制,LSW1 与 LSW2、LSW1 与 LSW3 的协商不需再等待两个转发延时。在根桥确定后,LSW2 和 LSW3 的 P/A 协商就切换为 STP 协商模式,但由于链路一端处于 Discarding 状态,不会影响数据业务转发。

(3)引入替换端口快速切换机制,使一个替换端口尽快进入 Forwarding 状态。如图 4-4 所示,当 LSW1 和 LSW3 之间的链路出现故障时,RSTP 可使 LSW3 上的替换端口(AP)迅速切换为根端口(RP)并进入 Forwarding 状态。当 LSW1 和 LSW2 之间的链路出现故障时,RSTP 可使 LSW3 上的替换端口(AP)迅速切换为指定端口(DP)并进入 Forwarding 状态。

(4)引入边缘端口机制,交换设备上连接终端设备的端口被设置为边缘端口后,可不参与生成树的计算,立即进入 Forwarding 状态。

(5)RSTP 优化了拓扑变更机制。在感知到拓扑变化后,交换设备的所有非边缘指定端口启动一个 TC While 计时器。在该时间段内,交换设备清空状态发生变化的端口上学习到的 MAC 地址。同时,由这些端口向外发送 TC 置位的 RST BPDU 报文。在定时器超时后,停止发送 RST BPDU 报文。在其他设备接收到 RST BPDU 报文后,清空除收到 RST BPDU 报文端口外的其他端口学习到的 MAC 地址。然后,为自己所有的非边缘指定端口和根端口启动 TC While 定时器,重复上述过程。局域网内就会产生 RST BPDU 报文泛洪,拓扑变更消息被快速扩散和更新。

虽然 RSTP 可以实现网络拓扑的快速收敛,但还面临着另一个问题:所有 VLAN 共享一棵生成树,不能按 VLAN 阻塞冗余链路。如图 4-5 所示,假设在一个网络中存在两个

VLAN,左边展示了物理拓扑,右边则是 STP 或 RSTP 创建的一个生成树,两个 VLAN 共享一个生成树。当 LSW1 和 LSW3、LSW1 和 LSW4 之间链路出现故障时,会导致 VLAN 内部不能正常通信。

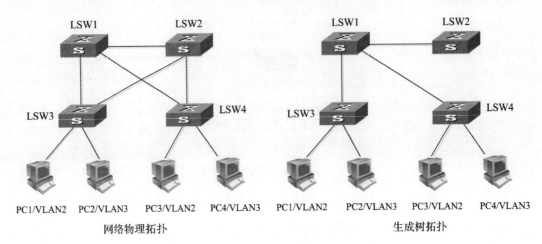

图 4-5 RSTP 和 STP 存在问题的示例

为解决此类问题,MSTP 把 VLAN 和生成树实例联系起来,设置了 VLAN 和生成树实例的对应关系表。在一个网络内可创建多棵彼此独立的生成树实例。在数据转发过程中,MSTP 可提供冗余路径来实现 VLAN 数据的负载均衡。如图 4-6 所示,MSTP 为 VLAN2和 VLAN3 创建各自的生成树,其中虚线是备份链路。由此可见,一个生成树的链路可以是另外一个生成树的备份链路,当某条链路出现故障时,备份链路被激活,保证网络的连通性。

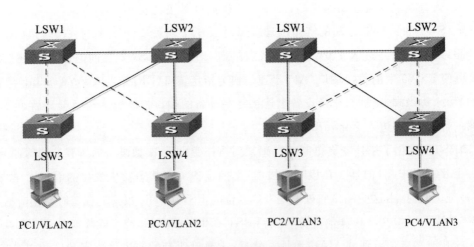

图 4-6 MSTP 创建的生成树示例

在三种生成树协议中,MSTP 兼容 RSTP、STP,RSTP 兼容 STP。详细的 MSTP 和RSTP 实现细节可参见协议 IEEE 802.1s 和 IEEE 802.1w。三种生成树协议的比较如表4-1 所示。

表 4 - 1　三种生成树协议的比较

生成树协议	特点	应用场景
STP	(1)检测和消除网络中逻辑环路,解决广播风暴并实现冗余备份; (2)收敛速度较慢	无需区分用户或业务流量,所有的 VLAN 共享一棵生成树
RSTP	(1)检测和消除网络中逻辑环路,解决广播风暴并实现冗余备份; (2)收敛速度快	
MSTP	(1)形成多棵生成树,解决广播风暴并实现冗余备份; (2)收敛速度快; (3)多棵生成树在 VLAN 间实现负载均衡,不同 VLAN 的数据按照不同的路径转发	需要区分用户或业务流量,并实现负载分担。不同的 VLAN 通过不同的生成树转发流量,生成树之间相互独立

注. 本表摘自"张艳琳. 什么是 STP? https://info. support. huawei. com/info - finder/encyclopedia/zh/STP. html, 2021 -10-09."

4.2　基本生成树协议实验

假设某公司的财务部在组建部门网络时,为提高网络可用性,计划在交换机之间建立备份链路,目的是当交换机之间的一条链路出现故障时,备份链路可以保障网络连通。然而,在交换机间建立多条物理冗余链路并启动设备后,发现交换机端口的指示灯不停闪烁,网络几乎处于瘫痪状态。其实,在交换机间建立冗余链路后,在网络拓扑中就形成了逻辑环路,产生MAC 震荡和广播风暴,导致交换机不能正常工作。生成树协议可以消除逻辑环路,保证交换机在存在物理环路情形下也可以正常工作。

4.2.1　实验内容

STP 实验网络拓扑图如图 4 - 7 所示,用三条链路把两台交换机连接起来,每台交换机再各连接一台主机。

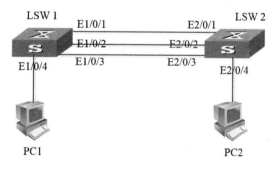

图 4 - 7　STP 实验网络拓扑图

按如图 4-7 所示网络拓扑图连接并启动设备,用主机 PC1 ping 主机 PC2,观察通信状态,观察交换机 LSW1 的 MAC 地址表和各个端口状态。

在交换机上启动 STP 协议,再用主机 PC1 ping 主机 PC2,观察通信状态,观察交换机 LSW1 的端口状态。

4.2.2 实验目的

(1)了解 STP 的作用;
(2)理解 STP 的工作原理;
(3)掌握 STP 的配置方法。

4.2.3 关键命令解析

1.在交换机上启动 STP 协议

[Huawei] stp enable

stp enable 是系统视图下的命令,用来在交换机上启动 STP 协议。

2.在交换机上停止 STP 协议

[Huawei] stp disable

stp disable 是系统视图下的命令,用来在交换机上停止 STP 协议。

3.显示交换机各端口状态

<Huawei> display stp brief

display stp brief 是用户视图和系统视图下的命令,用来显示交换机各端口的状态。

4.2.4 实验步骤

(1)启动华为 eNSP,按照如图 4-7 所示的 STP 实验拓扑图连接设备,并启动所有设备,eNSP 的界面如图 4-8 所示。

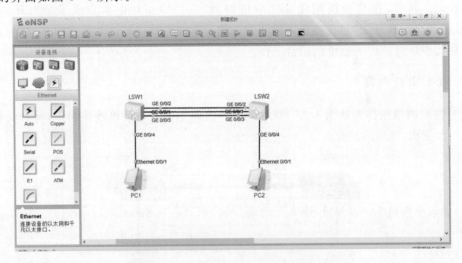

图 4-8 完成设备连接后的 eNSP 界面

(2)配置主机 PC1 的 IP 地址和子网掩码。双击主机 PC1 图标,得到如图 4-9 所示的界面,配置其主机名为 PC1,IP 地址为 192.168.10.1,子网掩码为 255.255.255.0,并点击"应用"按钮。同样,配置主机 PC2 的 IP 地址为 192.168.10.2,子网掩码为 255.255.255.0,并点击"应用"按钮。

图 4-9　主机 PC1 的 IP 地址和 MAC 地址配置界面

　　(3)在建立实验拓扑时,选用了交换机 S5700。在 eNSP 中,该型号交换机默认启动 STP 协议。为了验证逻辑环路带来的严重问题,先要停止交换机 LSW1 和 LSW2 上的 STP 协议,如图 4-10 所示。

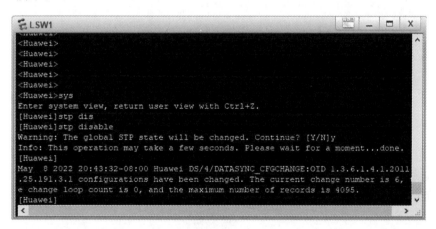

图 4-10　在交换机 LSW1 上停止 STP 协议

　　(4)显示交换机 LSW1 和 LSW2 上的端口状态,确认交换机上的 STP 被停止,结果如图 4-11 所示。

　　(5)在主机 PC1 上 ping 主机 PC2,结果如图 4-12 所示,表示目的主机不可达。

　　(6)显示交换机 LSW1 的 MAC 地址表,如图 4-13 所示。主机 PC2 的 MAC 地址在 LSW1 的 MAC 地址表中,表示从 PC1 发出的 ping 数据在传输过程中被丢弃了。

　　(7)在主机 PC2 上 ping 主机 PC1,与在主机 PC1 上 ping 主机 PC2 的结果相同。

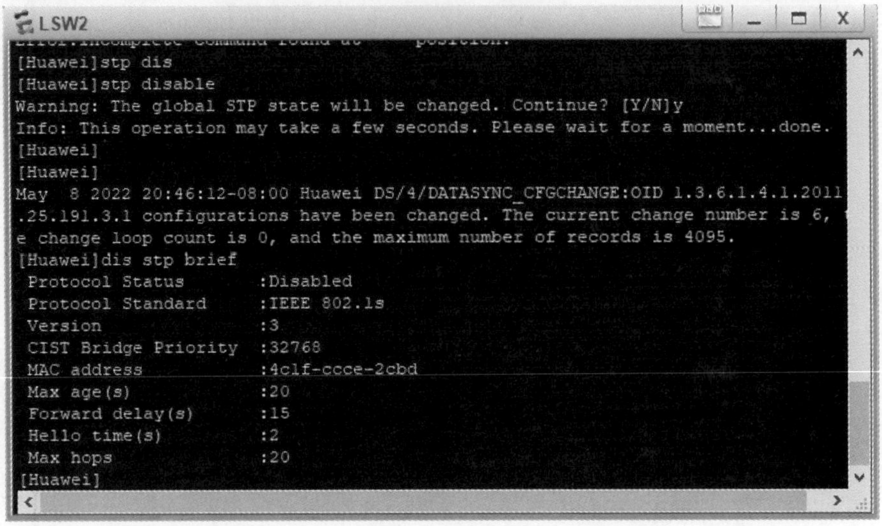

图 4 - 11　交换机 LSW2 上的 STP 协议状态

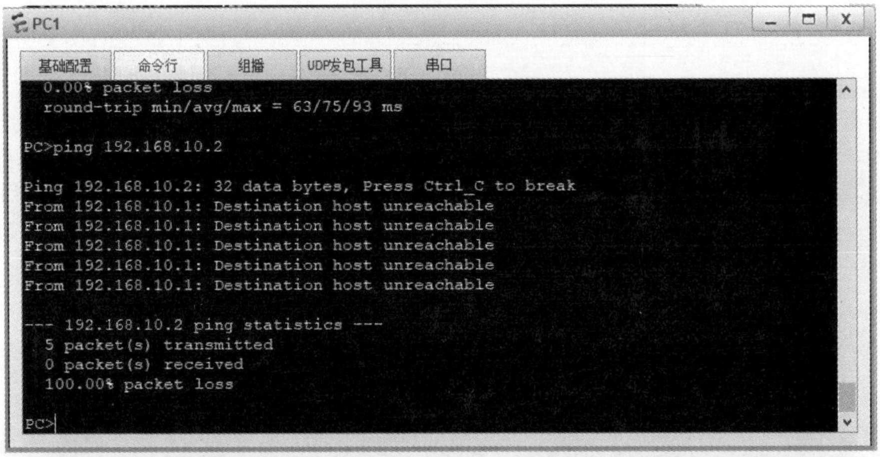

图 4 - 12　在主机 PC1 上 ping 主机 PC2 的结果

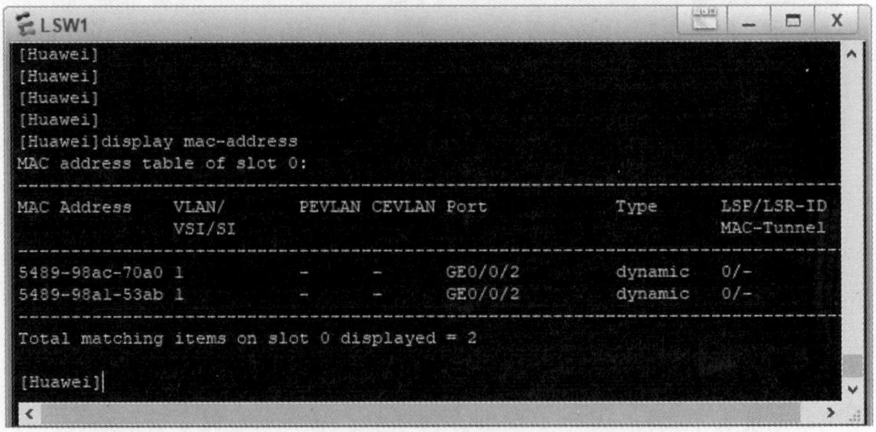

图 4 - 13　交换机 LSW1 的 MAC 地址表

（8）在交换机 LSW1 和 LSW2 上分别启动 STP 协议，如图 4-14 所示。

（9）在主机 PC1 上 ping 主机 PC2，结果如图 4-15 所示。在启动 STP 协议后，这两个主机之间可以正常通信。

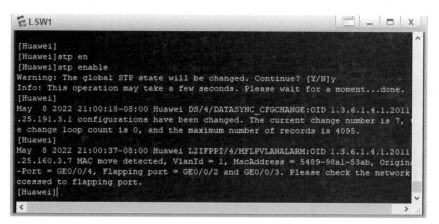

图 4-14　在交换机 LSW1 上启动 STP 协议命令

图 4-15　交换机启动 STP 协议后在主机 PC1 上 ping 主机 PC2 的结果

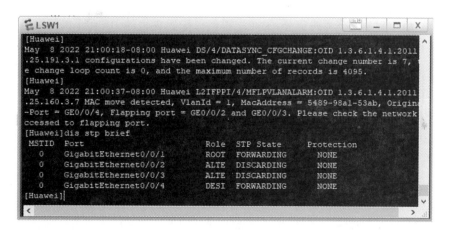

图 4-16　交换机 LSW1 的各个端口状态

(10)显示交换机 LSW1 上各个端口的状态,如图 4-16 所示。端口 GE0/0/2 和端口 GE0/0/3 被阻塞,只有端口 GE0/0/1 和端口 GE0/0/4 处于转发状态,也就是两台交换机间的冗余链路在逻辑上仅保留了一条。

(11)显示交换机 LSW2 的各个端口状态,如图 4-17 所示。尽管所有的端口均处于转发状态,但是由于交换机 LSW2 的两条冗余链路处于阻塞状态,所以不能形成逻辑环路,交换机可以正常工作。

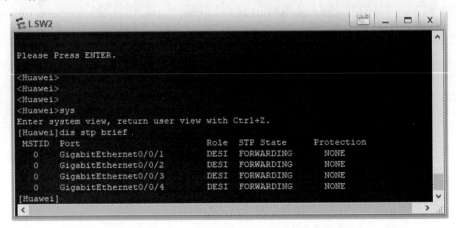

图 4-17　交换机 LSW2 的各个端口状态

4.2.5　设备配置命令

1. 交换机 LSW1 和 LSW2 上的配置命令

＜Huawei＞ sys

［Huawei］ stp disable

［Huawei］ display stp brief

［Huawei］ display mac—address

［Huawei］stp enable

［Huawei］ display stp brief

2. 主机 PC1 和主机 PC2 上的配置命令

主机上的配置命令可分为两部分:①在配置窗口配置主机的 IP 地址和子网掩码;②在命令窗口执行 ping 命令。

4.2.6　思考与创新

按照如图 4-7 所示实验拓扑图先执行链路聚合实验,还会导致广播风暴吗? 如果会,请思考原因;如果不会,请考虑在什么情况下,可以利用链路聚合来解决逻辑环路问题?

4.3　指定根桥的生成树协议实验

假设某公司的财务部在利用 STP 消除网络拓扑中的逻辑环路时,发现充当根桥角色的交换机并非本部门性能最优的交换机,影响了财务部门网络的整体性能。为此,网络管理员想指定性能最优的交换机为根桥,性能次优的交换机作为根桥的备份。为验证网络管理员想法的可行性,设计了指定根桥的 STP 实验。

4.3.1 实验内容

指定根桥的 STP 实验网络拓扑图如图 4 - 18 所示,把四台交换机用五条链路连接起来,交换机 LSW2 和 LSW3 再分别连接主机 PC1 和 PC2。

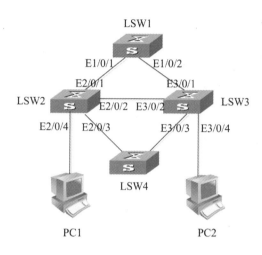

图 4 - 18 指定根桥的 STP 实验网络拓扑图

按如图 4 - 18 所示网络拓扑图连接并启动设备,在主机 PC1 上 ping 主机 PC2,观察通信状态,观察各个交换机的 MAC 地址表和各个端口状态。

在交换机上启动 STP 协议,指定交换机 LSW1 为根桥,交换机 LSW2 为备份根桥,再用主机 PC1 ping 主机 PC2,观察通信状态,观察交换机端口状态。

停止交换机 LSW1,用主机 PC1 ping 主机 PC2,观察通信状态,观察交换机的端口状态。

4.3.2 实验目的

(1)了解 STP 的作用;
(2)掌握指定根桥的 STP 配置方法。

4.3.3 关键命令解析

1. 指定交换机为根桥

[Huawei] stp root primary

stp root primary 是系统视图下的命令,用来指定交换机为根桥。

2. 指定交换机为备份根桥

[Huawei] stp root secondary

stp root secondary 是系统视图下的命令,用来指定交换机为备份根桥。

4.3.4 实验步骤

(1)启动华为 eNSP,按照如图 4 - 18 所示的实验拓图扑连接设备,然后启动所有设备,完成启动后的 eNSP 的界面如图 4-19 所示。

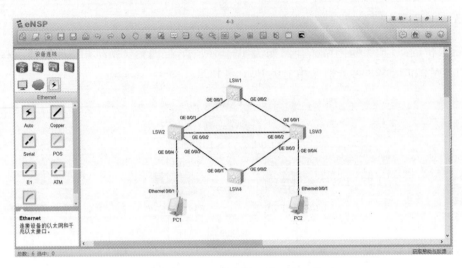

图 4-19 完成设备连接后的 eNSP 界面

(2)配置主机 PC1 的 IP 地址和子网掩码。双击主机 PC1 图标,得到如图 4-20 所示的界面,配置其主机名为 PC1,IP 地址为 192.168.10.1,子网掩码为 255.255.255.0,并点击"应用"按钮。同样,配置主机 PC2 的 IP 地址为 192.168.10.2,子网掩码为 255.255.255.0,并点击"应用"按钮。

图 4-20 主机 PC1 的 IP 地址和 MAC 地址配置界面

(3)在建立实验拓扑时,选用了交换机 S5700。在 eNSP 中,该型号交换机默认启动 STP 协议,先停止交换机上的 STP 协议,如图 4-21 所示。

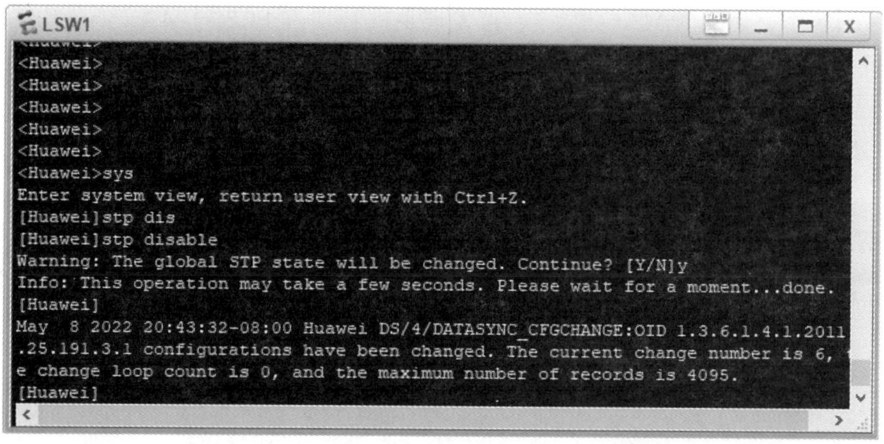

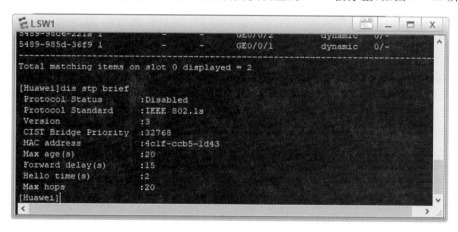

图 4-21　在交换机 LSW1 上停止 STP 协议

(4)显示交换机 LSW1 的端口状态,确认该交换机上的 STP 被停止,如图 4-22 所示。

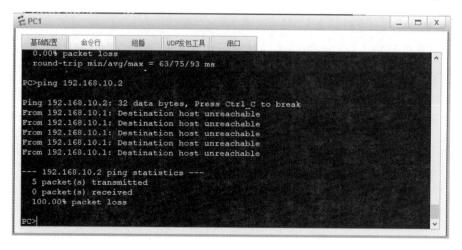

图 4-22　交换机 LSW1 上的 STP 协议状态

(5)在主机 PC1 上 ping 主机 PC2,结果如图 4-23 所示,表明主机 PC2 不可达。

图 4-23　在主机 PC1 上 ping 主机 PC2 的结果

(6)显示各个交换机的 MAC 地址表,可发现主机 PC1 和 PC2 的 MAC 地址均在交换机的 MAC 地址表中。交换机 LSW1 的 MAC 地址表如图 4-24 所示,在主机 PC1 上 ping 主机 PC2 失败表明从主机 PC1 发出的 ping 数据在传输过程中被丢弃了。此时,在实验拓扑中已形成逻辑环路,导致严重的数据丢失。

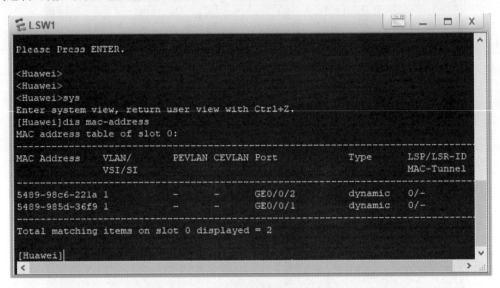

图 4-24　交换机 LSW1 的 MAC 地址表

(7)在主机 PC2 上 ping 主机 PC1,与在主机 PC1 上 ping 主机 PC2 的结果相同。

(8)在交换机 LSW1 上启动 STP 协议,并配置其为根桥,如图 4-25 所示。

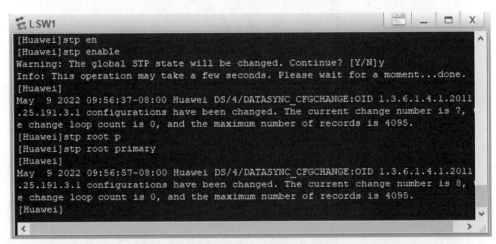

图 4-25　在交换机 LSW1 上启动 STP 并配置其为根桥

(9)在交换机 LSW2 上启动 STP 协议,并配置其为备份根桥,如图 4-26 所示。

(10)分别在交换机 LSW3 和 LSW4 上启动 STP 协议,图 4-27 显示了 LSW3 启动 STP 的命令配置,LSW4 上的命令配置与图 4-27 类似。

(11)在主机 PC1 上 ping 主机 PC2,结果如图 4-28 所示。在启动 STP 协议后,主机之间可以正常通信。

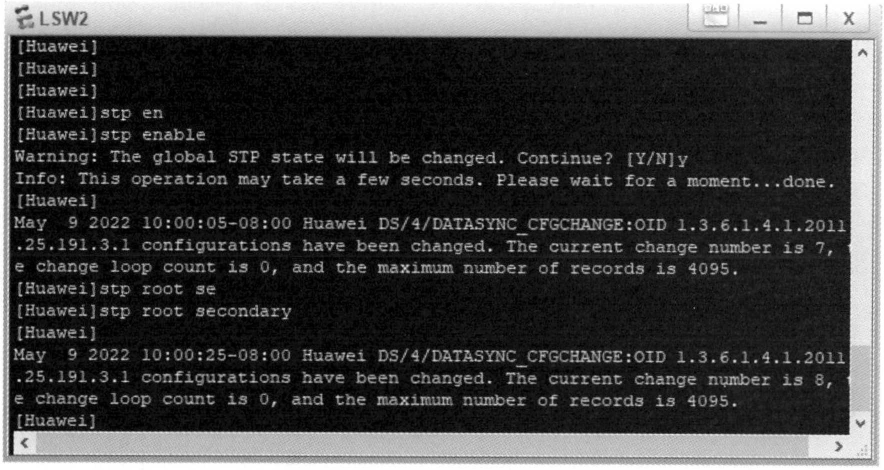

图 4-26　在交换机 LSW2 上启动 STP 并配置其为备份根桥

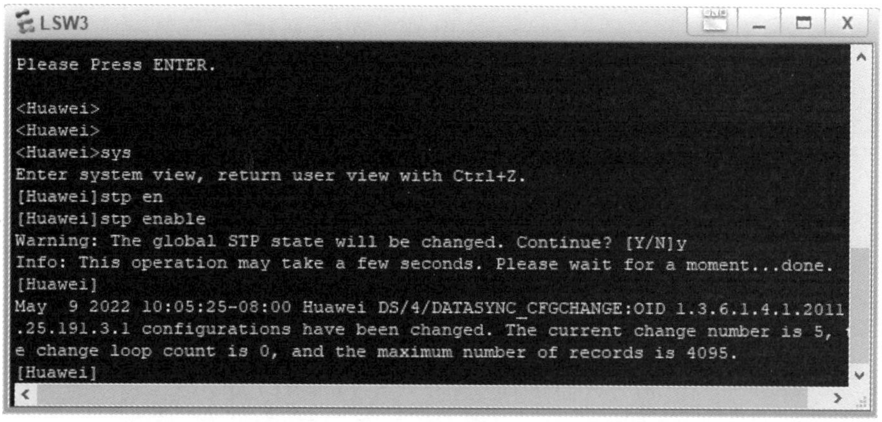

图 4-27　在交换机 LSW3 上启动 STP

图 4-28　交换机启动 STP 协议后在主机 PC1 上 ping 主机 PC2 的结果

(12)显示交换机 LSW1 的端口状态,如图 4-29 所示。因交换机 LSW1 是根桥,所以其所有端口均处于转发状态,且均是指定端口。

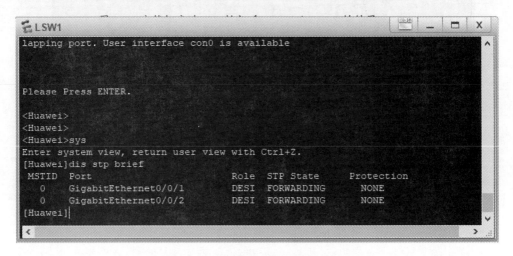

图 4-29　交换机 LSW1 的端口状态

(13)显示交换机 LSW2 的端口状态,如图 4-30 所示。交换机 LSW2 是非根桥,与根桥连接的端口 GE0/0/1 是根端口,其余端口均处于转发状态,且均是指定端口。

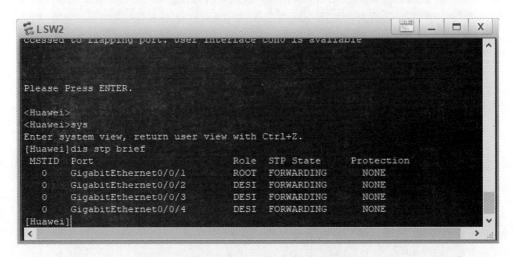

图 4-30　交换机 LSW2 的各个端口状态

(14)显示交换机 LSW3 的端口状态,如图 4-31 所示。交换机 LSW3 是非根桥,与根桥连接的端口 GE0/0/1 是根端口,与交换机 LSW2 相连的端口 GE0/0/2 被阻塞,其余端口均处于转发状态,且均是指定端口。

(15)显示交换机 LSW4 的端口状态,如图 4-32 所示。交换机 LSW4 是非根桥,与交换机 LSW1 连接的端口 GE0/0/1 是根端口,与交换机 LSW3 相连的端口 GE0/0/2 被阻塞。

(16)至此,图 4-18 中显示的实验拓扑图在运行 STP 协议后,变成了如图 4-33 所示的逻辑拓扑图,消除了逻辑环路。

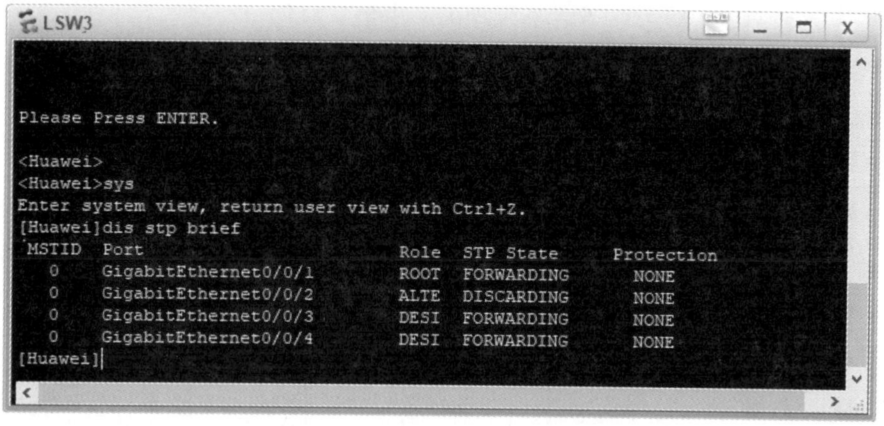

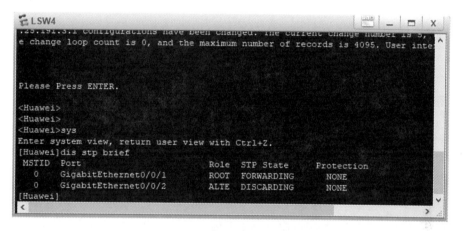

图 4 - 31　交换机 LSW3 的各个端口状态

图 4 - 32　交换机 LSW4 的各个端口状态

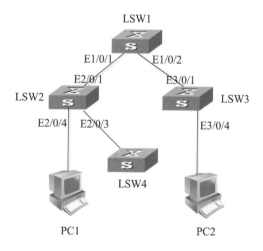

图 4 - 33　运行 STP 协议后的逻辑拓扑图

(17)停止交换机 LSW1。在交换机图标上点击鼠标右键,再选择"停止"按钮即可,如图 4-34 所示。

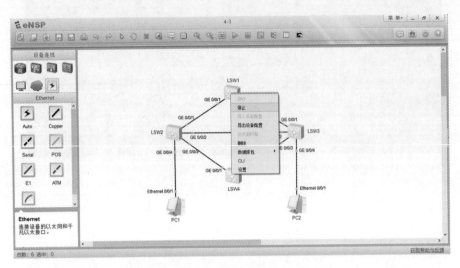

图 4-34 停止交换机 LSW1

(18)在主机 PC1 上 ping 主机 PC2,仍可 ping 通,如图 4-28 所示。

(19)显示交换机 LSW2 的端口状态,如图 4-35 所示。交换机 LSW2 所有端口均处于转发状态,且均是指定端口,这表明交换机 LSW2 已从备份根桥变换为根桥。

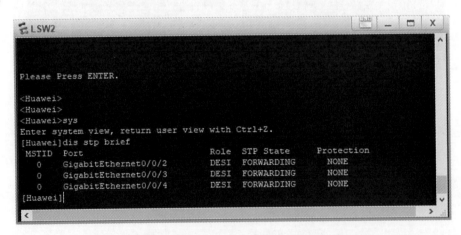

图 4-35 停止交换机 LSW1 后交换机 LSW2 的端口状态

(20)显示交换机 LSW3 的端口状态,如图 4-36 所示。与交换机 LSW2 连接的端口 GE0/0/2 成为根端口,与交换机 LSW4 连接的端口 GE0/0/3 被阻塞,与主机 PC2 相连的端口 GE0/0/4 为指定端口。

(21)显示交换机 LSW4 的端口状态未发生变化,如图 4-32 所示。

(22)至此,图 4-18 显示的实验拓扑图在停止交换机 LSW1 和运行 STP 协议后,变成了如图 4-37 所示的逻辑拓扑图。交换机 LSW2 接替交换机 LSW1 成为根桥,且拓扑图中不存在逻辑环路。

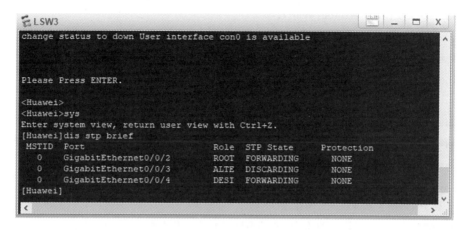

图 4-36　停止交换机 LSW1 后交换机 LSW3 的端口状态

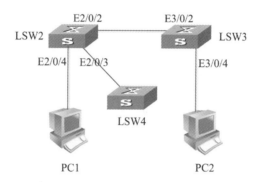

图 4-37　停止交换机 LSW1 后运行 STP 协议后的逻辑拓扑图

4.3.5　设备配置命令

1. 交换机 LSW1 上的配置命令

＜Huawei＞ sys

［Huawei］stp disable

［Huawei］display stp brief

［Huawei］display mac—address

［Huawei］stp enable

［Huawei］stp root primary

［Huawei］display stp brief

2. 交换机 LSW2 上的配置命令

＜Huawei＞ sys

［Huawei］stp disable

［Huawei］display stp brief

［Huawei］display mac—address

［Huawei］stp enable

［Huawei］stp root secondary

［Huawei］display stp brief

3. 交换机 LSW3 和 LSW4 上的配置命令

＜Huawei＞ sys

［Huawei］stp disable

［Huawei］display stp brief

［Huawei］display mac－address

［Huawei］stp enable

［Huawei］display stp brief

4. 主机 PC1 和主机 PC2 上的配置命令

主机上的配置命令可分为两部分：①在配置窗口配置主机的 IP 地址和子网掩码；②在命令窗口执行 ping 命令。

4.3.6 思考与创新

在如图 4-18 所示实验拓扑图中，假设交换机 LSW2 被设置为根桥，交换机 LSW1 被设置为备份根桥，设想每步的实验结果会有什么变化？

4.4 快速生成树协议实验

假设某公司财务部的网络由两台汇聚交换机、两台接入交换机以及多台主机组成。为提高网络的可用性，四台交换机组成一个环形网络。为了防止网络中出现逻辑环路和加快网络收敛速度，网络管理员计划在这些交换机上运行快速生成树协议。为验证网络管理员想法的可行性，设计 RSTP 实验。

4.4.1 实验内容

RSTP 实验网络拓扑图如图 4-38 所示，交换机 LSW1 和 LSW2 是汇聚交换机，交换机 LSW3 和 LSW4 是接入交换机，HUB1 是一台集线器，七台设备按图示拓扑组成一个实验网络。

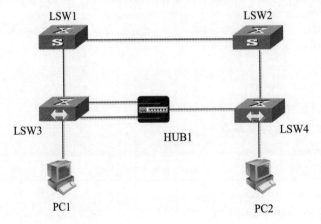

图 4-38 RSTP 实验网络拓扑图

连接并启动这些设备,在各个交换机上启动 RSTP 协议,用主机 PC1 ping 主机 PC2,观察通信状态,查看各个交换机的 STP 状态。

指定交换机 LSW1 为根桥,交换机 LSW2 为备份根桥,查看各个交换机的 STP 状态。

断开交换机 LSW3 和集线器 HUB1 之间的主链路,查看各个交换机的 STP 状态。

在交换机 LSW4 上配置边缘端口,查看交换机 LSW4 的端口状态。

关闭交换机 LSW2 上的根端口,查看交换机 LSW2 的端口状态。

4.4.2 实验目的

(1)了解 RSTP 的工作原理和作用;

(2)掌握 RSTP 的配置方法;

(3)理解备份端口、替换端口和边缘端口的作用;

(4)理解拓扑更新机制。

4.4.3 关键命令解析

1. 设置生成树模式为 RSTP

[Huawei] stp mode rstp

stp mode rstp 是系统视图下的命令,用来把生成树模式改为 RSTP。

2. 显示交换机的 STP 状态

[Huawei] display stp

display stp 是系统视图下的命令,用来显示交换机的 STP 状态。

3. 将端口设置为边缘端口

[Huawei-GE0/0/1] stp edged-port enable

stp edged-port enable 是端口视图下的命令,用来将端口配置为边缘端口。

4.4.4 实验步骤

(1)启动华为 eNSP,按照如图 4-38 所示的实验拓扑图连接设备,然后启动所有设备,eNSP 的界面如图 4-39 所示。

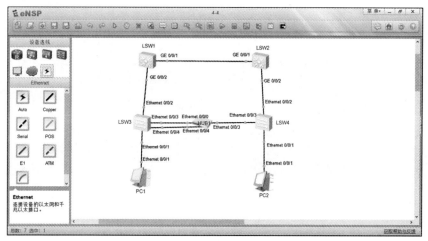

图 4-39 完成设备连接后的 eNSP 界面

(2)配置主机 PC1 的 IP 地址为 192.168.10.1,子网掩码为 255.255.255.0;配置主机 PC2 的 IP 地址为 192.168.10.2,子网掩码为 255.255.255.0。

(3)分别将交换机 LSW1、LSW2、LSW3 和 LSW4 的生成树协议切换成 RSTP,如图 4-40 所示。

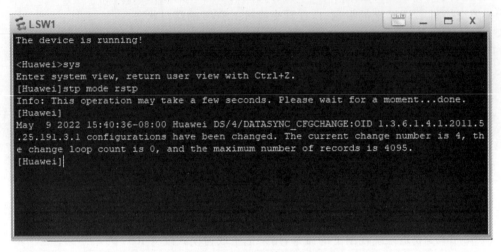

图 4-40 将交换机的生成树协议切换成 RSTP

(4)在主机 PC1 上 ping 主机 PC2,主机间可以正常通信。

(5)显示各个交换机的 STP 状态,如图 4-41~图 4-44 所示。从图中可以看出,4 台交换机的生成树协议均切换为 RSTP,交换机 LSW4 为根桥。

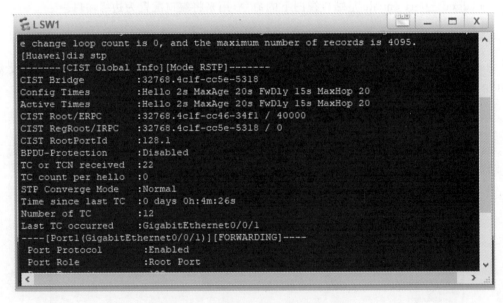

图 4-41 交换机 LSW1 的 STP 状态

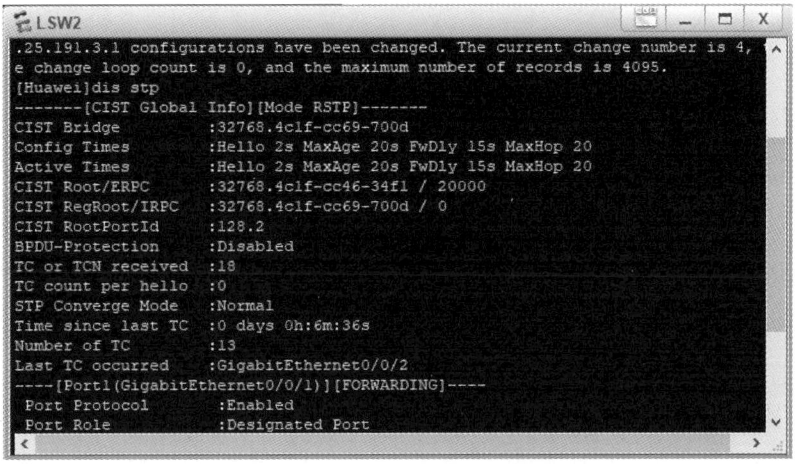

```
LSW2
.25.191.3.1 configurations have been changed. The current change number is 4,
e change loop count is 0, and the maximum number of records is 4095.
[Huawei]dis stp
-------[CIST Global Info][Mode RSTP]-------
CIST Bridge          :32768.4c1f-cc69-700d
Config Times         :Hello 2s MaxAge 20s FwDly 15s MaxHop 20
Active Times         :Hello 2s MaxAge 20s FwDly 15s MaxHop 20
CIST Root/ERPC       :32768.4c1f-cc46-34f1 / 20000
CIST RegRoot/IRPC    :32768.4c1f-cc69-700d / 0
CIST RootPortId      :128.2
BPDU-Protection      :Disabled
TC or TCN received   :18
TC count per hello   :0
STP Converge Mode    :Normal
Time since last TC   :0 days 0h:6m:36s
Number of TC         :13
Last TC occurred     :GigabitEthernet0/0/2
----[Port1(GigabitEthernet0/0/1)][FORWARDING]----
 Port Protocol        :Enabled
 Port Role            :Designated Port
```

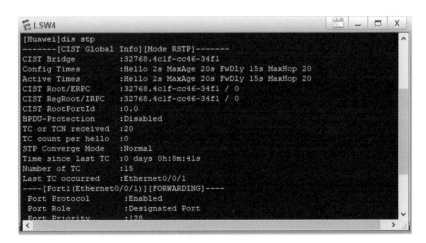

图 4－42　交换机 LSW2 的 STP 状态

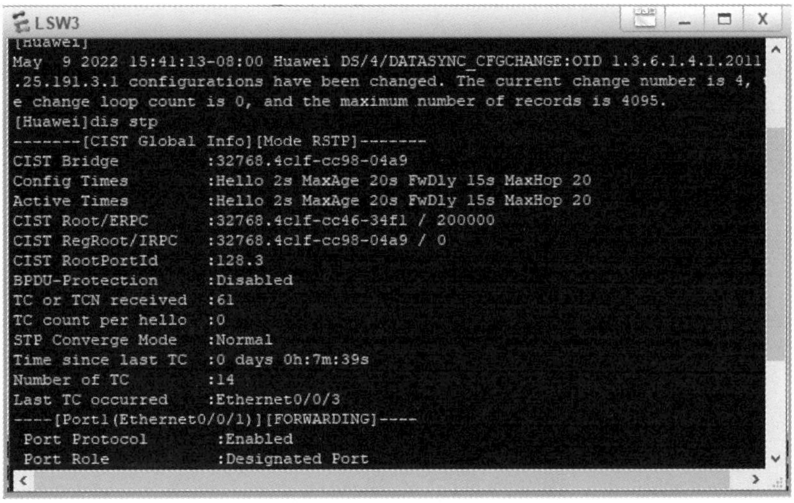

```
LSW3
[Huawei]
May  9 2022 15:41:13-08:00 Huawei DS/4/DATASYNC_CFGCHANGE:OID 1.3.6.1.4.1.2011
.25.191.3.1 configurations have been changed. The current change number is 4,
e change loop count is 0, and the maximum number of records is 4095.
[Huawei]dis stp
-------[CIST Global Info][Mode RSTP]-------
CIST Bridge          :32768.4c1f-cc98-04a9
Config Times         :Hello 2s MaxAge 20s FwDly 15s MaxHop 20
Active Times         :Hello 2s MaxAge 20s FwDly 15s MaxHop 20
CIST Root/ERPC       :32768.4c1f-cc46-34f1 / 200000
CIST RegRoot/IRPC    :32768.4c1f-cc98-04a9 / 0
CIST RootPortId      :128.3
BPDU-Protection      :Disabled
TC or TCN received   :61
TC count per hello   :0
STP Converge Mode    :Normal
Time since last TC   :0 days 0h:7m:39s
Number of TC         :14
Last TC occurred     :Ethernet0/0/3
----[Port1(Ethernet0/0/1)][FORWARDING]----
 Port Protocol        :Enabled
 Port Role            :Designated Port
```

图 4－43　交换机 LSW3 的 STP 状态

```
LSW4
[Huawei]dis stp
-------[CIST Global Info][Mode RSTP]-------
CIST Bridge          :32768.4c1f-cc46-34f1
Config Times         :Hello 2s MaxAge 20s FwDly 15s MaxHop 20
Active Times         :Hello 2s MaxAge 20s FwDly 15s MaxHop 20
CIST Root/ERPC       :32768.4c1f-cc46-34f1 / 0
CIST RegRoot/IRPC    :32768.4c1f-cc46-34f1 / 0
CIST RootPortId      :0.0
BPDU-Protection      :Disabled
TC or TCN received   :20
TC count per hello   :0
STP Converge Mode    :Normal
Time since last TC   :0 days 0h:8m:41s
Number of TC         :15
Last TC occurred     :Ethernet0/0/1
----[Port1(Ethernet0/0/1)][FORWARDING]----
 Port Protocol        :Enabled
 Port Role            :Designated Port
 Port Priority        :128
```

图 4－44　交换机 LSW4 的 STP 状态

(6)按照实验要求,将汇聚主交换机 LSW1 配置为根桥,汇聚次交换机 LSW2 配置为备份根桥。在交换机 LSW1 和 LSW2 上分别执行的命令如图 4-45 和图 4-46 所示。

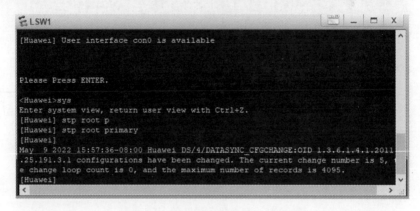

图 4-45　配置交换机 LSW1 为根桥

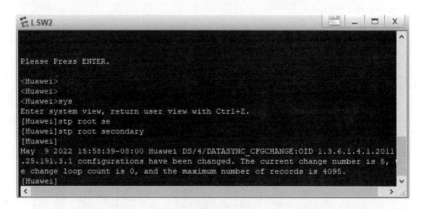

图 4-46　配置交换机 LSW2 为备份根桥

(7)显示交换机 LSW1 和 LSW2 的 STP 状态,如图 4-47 和图 4-48 所示。从图中可以看出,交换机 LSW1 的优先级由 32 768 改为 0,因此交换机 LSW1 的 ID 变为最小;交换机 LSW2 的优先级由 32 768 改为 4 096,因此交换机 LSW2 的 ID 变为次小,成为备份根桥。

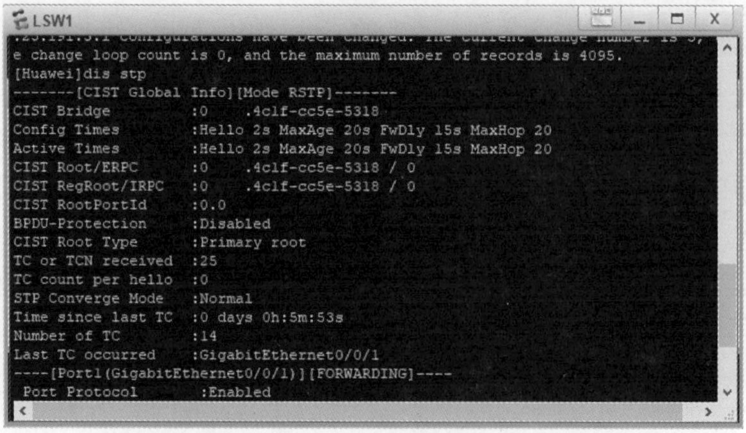

图 4-47　配置根桥后交换机 LSW1 的 STP 状态

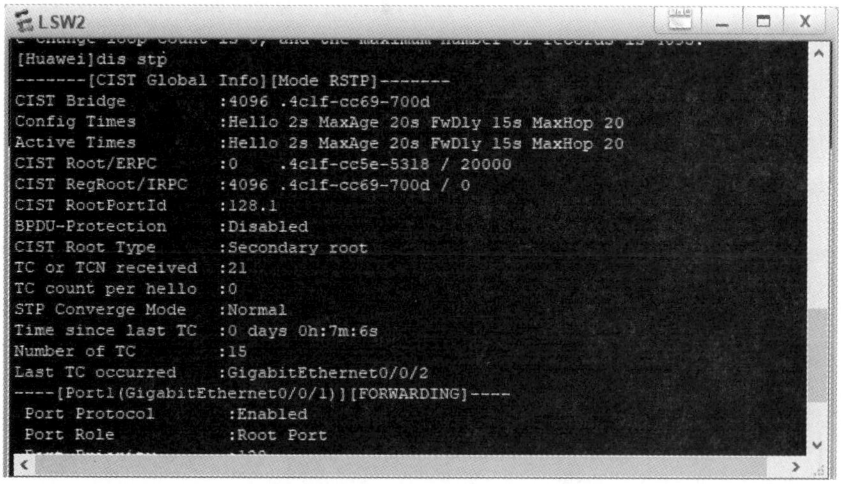

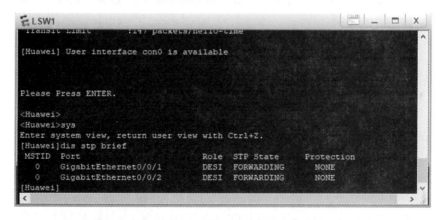

图 4 - 48　配置备份根桥后交换机 LSW2 的 STP 状态

(8)查看每台交换机上的端口状态,其中,交换机 LSW1 和 LSW3 的端口状态如图 4 - 49 和图 4 - 50 所示。根桥 LSW1 上无根端口,所有的端口均是指定端口。LSW3 的 端口 E 0/0/3 为指定端口,而其端口 E 0/0/4 则为备份端口。

图 4 - 49　交换机 LSW1 的端口状态

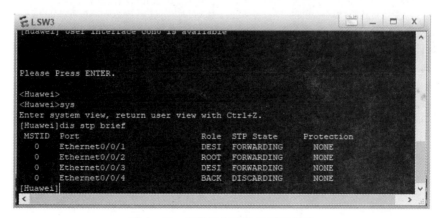

图 4 - 50　交换机 LSW3 的端口状态

(9)关闭交换机 LSW3 的端口 E0/0/3,并显示其端口状态,如图 4-51 所示。从图中可以观察到,交换机 LSW3 上的 E0/0/3 端口关闭后,E0/0/4 端口角色马上发生变化,由 BACK 状态变成 DESI 状态,成为指定端口。

(10)再次启用端口 E0/0/3,并显示其端口状态,发现端口状态恢复到如图 4-50 所示的状态。

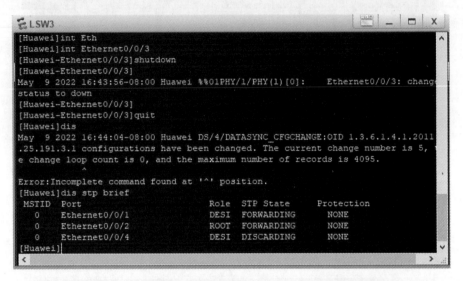

图 4-51 在交换机 LSW3 上关闭端口 E0/0/3 后的端口状态

(11)生成树的计算主要发生在交换机之间,连接 PC 的端口没有必要参与计算。为了降低生成树计算对边缘设备的影响,可将交换机上连接 PC 的端口配置为边缘端口。这样生成树的计算工作依然可以进行,但端口进入 Forwarding 转发状态无需等待 30s(默认的两个转发延时)。在交换机 LSW4 上的配置命令和配置后的端口状态如图 4-52 所示。

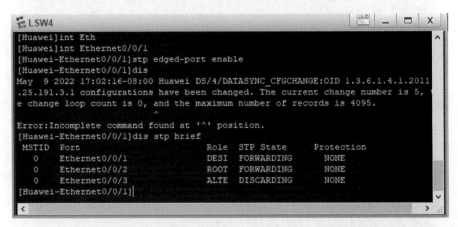

图 4-52 在交换机 LSW4 上配置边缘端口命令及其端口状态

(12)为验证 RSTP 的收敛速度,在交换机 LSW2 上关闭其根端口 GE0/0/1,然后显示交换机的端口状态,如图 4-53 所示。从图中可以发现,端口 GE0/0/2 的角色从指定端口转变为根端口。

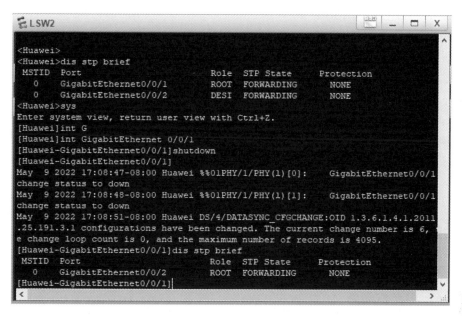

图 4 - 53 在交换机 LSW2 上关闭端口 GE0/0/1 及显示关闭后其他端口的状态

4.4.5 设备配置命令

1. 交换机 LSW1 上的配置命令

＜Huawei＞ sys

［Huawei］ stp mode rstp

［Huawei］ dis stp

［Huawei］ stp root primary

［Huawei］ dis stp

［Huawei］ dis stp brief

2. 交换机 LSW2 上的配置命令

＜Huawei＞ sys

［Huawei］ stp mode rstp

［Huawei］ dis stp

［Huawei］ stp root secondary

［Huawei］ dis stp

［Huawei］ int GigabitEthernet 0/0/1

［Huawei－ GigabitEthernet0/0/1］ shutdown

［Huawei－ GigabitEthernet0/0/1］ dis stp brief

3. 交换机 LSW3 上的配置命令

＜Huawei＞ sys

［Huawei］ stp mode rstp

［Huawei］ dis stp

　［Huawei］int Ethernet 0/0/3

　［Huawei－Ethernet0/0/3］shutdown

　［Huawei－Ethernet0/0/3］dis stp brief

4. 交换机 LSW4 上的配置命令

＜Huawei＞ sys

　［Huawei］stp mode rstp

　［Huawei］dis stp

　［Huawei］int Ethernet 0/0/1

　［Huawei－Ethernet0/0/1］stp edged－port enable

　［Huawei－Ethernet0/0/3］dis stp brief

5. 主机 PC1 和主机 PC2 上的配置命令

主机上的配置命令可分为两部分：①在配置窗口配置主机的 IP 地址和子网掩码；②在命令窗口执行 ping 命令。

4.3.6　思考与创新

查阅 STP 和 RSTP 资料，比较二者之间的详细差异。

4.5　多生成树协议实验

在一个局域网内存在多个 VLAN 的情况下，假设利用 STP 或 RSTP 消除网络中的逻辑环路，所有的 VLAN 共享一棵生成树，因此，不同的 VLAN 之间无法实现数据负载均衡。在某条链路被阻塞后，其将不承载任何流量，浪费链路资源，甚至引起部分 VLAN 的报文无法转发，而 MSTP 可解决这个问题，为每个 VLAN 单独生成一个树形拓扑。与 STP 和 RSTP 相比，MSTP 具有如下几个优点。

（1）数据负载均衡：不同 VLAN 的流量利用不同的逻辑网路来分担；

（2）隔离性：一个实例的拓扑发生变化，不会影响到其他实例。

4.5.1　实验内容

MSTP 实验网络由 4 台交换机和 4 台主机组成，其拓扑图如图 4－54 所示。主机 PC1 和主机 PC3 属于 VLAN2，主机 PC2 和主机 PC4 属于 VLAN3。

按照实验拓扑图配置交换机，使得与主机 PC1 和 PC3 连接的交换机端口为接入端口（Access Port）且属于 VLAN2，与主机 PC2 和 PC4 连接的交换机端口同样为接入端口（Access Port）且属于 VLAN3，其余连接端口为主干链路的端口（Trunk Port）。主干链路上允许 VLAN2 和 VLAN3 数据通过。

利用 MSTP 分别为两个 VLAN 建立各自的生成树，VLAN2 生成树的根节点为交换机 LSW1，VLAN3 生成树的根节点为交换机 LSW2。分析两棵生成树的结构，验证 VLAN 间负载均衡。

删除连接交换机 LSW1 和 LSW4 的链路，查看重新产生的生成树，验证生成树之间的容错机制。

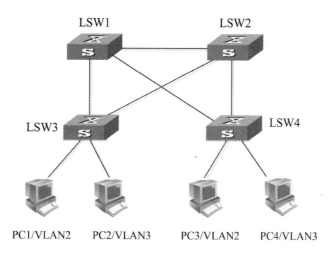

PC1/VLAN2   PC2/VLAN3   PC3/VLAN2   PC4/VLAN3

图 4 - 54 MSTP 实验网络拓扑图

4.5.2 实验目的

(1)了解 MSTP 的工作原理和作用;
(2)掌握 MSTP 的配置方法;
(3)验证生成树间的负载均衡;
(4)验证生成树间的容错机制。

4.5.3 关键命令解析

1. 设置生成树协议

[Huawei] stp mode mstp

stp mode mstp 是系统视图下的命令,用来将生成树模式改为 MSTP,基于 VLAN 建立生成树。

2. 进入 MST 域视图

[Huawei] stp region—configuration

stp region—configuration 是系统视图下的命令,用来进入 MST(Multiple Spanning Tree)域视图。一个 MST 域是由交换网络中的多台交换机以及它们之间的链路构成。一个局域网中可以存在多个 MST 域,各 MST 域之间在物理上直接或间接相连。

3. 为 MST 域指定域名

[Huawei—mst—region] region—name aaa

region—name aaa 是 MST 域视图下的命令,用来为 MST 域指定域名 aaa,域名最长为 32 个字符。

4. 绑定生成树实例和 VLAN

[Huawei—mst—region] instance 2 vlan 2

instance 2 vlan 2 是 MST 域视图下的命令,用来将编号为 2 的生成树实例与 VLAN2 绑定在一起,即基于 VLAN2 构建的生成树为编号为 2 的实例。

5. 激活 MST 域配置

[Huawei—mst—region] active region—configuration

active region－configuration 是 MST 域视图下的命令,用来激活 MST 域配置。

6.设置生成树实例的优先级

〔Huawei〕stp instance 2 priority 4096

stp instance 2 priority 4096 是系统视图下的命令,用来将交换机在构建编号为 2 的生成树实例时的优先级设置为 4096。

7.设置生成树实例的根桥

〔Huawei〕stp instance 2 root primary

stp instance 2 root primary 是系统视图下的命令,用来为编号为 2 的生成树实例指定根桥。

8.设置生成树实例的备份根桥

〔Huawei〕stp instance 2 root secondary

stp instance 2 root secondary 是系统视图下的命令,用来为编号为 2 的生成树实例指定备份根桥。

4.5.4　实验步骤

(1)启动华为 eNSP,按照如图 4－54 所示的实验拓扑图连接设备,然后启动所有设备,eNSP 的界面如图 4－55 所示。

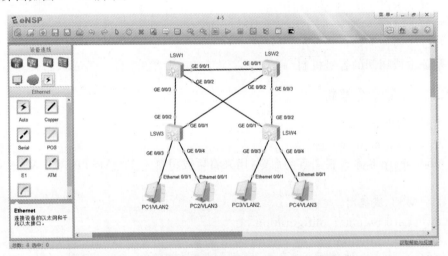

图 4－55　完成设备连接后的 MSTP 实验的 eNSP 界面

(2)按照如表 4－2 所示的参数配置各主机的 IP 地址和子网掩码,并确保主机之间可以正常通信。

表 4－2　主机 IP 和子网掩码对应关系

主　机	IP 地址	子网掩码
PC1	192.168.10.1	
PC2	192.168.10.2	255.255.255.0
PC3	192.168.10.3	
PC4	192.168.10.4	

(3)在交换机 LSW1 上,按照如下命令配置 VLAN2 和 VLAN3。

<Huawei> system—view

[Huawei] vlan batch 2 3

[Huawei] int GigabitEthernet 0/0/1

[Huawei—GigabitEthernet0/0/1] port link—type trunk

[Huawei—GigabitEthernet0/0/1] port trunk allow—pass vlan 2 3

[Huawei—GigabitEthernet0/0/1] quit

[Huawei] int GigabitEthernet 0/0/2

[Huawei—GigabitEthernet0/0/2] port link—type trunk

[Huawei—GigabitEthernet0/0/2] port trunk allow—pass vlan 2 3

[Huawei—GigabitEthernet0/0/2] quit

[Huawei] int GigabitEthernet 0/0/3

[Huawei—GigabitEthernet0/0/3] port link—type trunk

[Huawei—GigabitEthernet0/0/3] port trunk allow—pass vlan 2 3

[Huawei—GigabitEthernet0/0/3] quit

配置完成后,交换机 LSW1 的端口与 VLAN 的对应关系如图 4-56 所示。从图中可以看出,端口 GE0/0/1、GE0/0/2 和 GE0/0/3 均在 VLAN2 和 VLAN3 中。

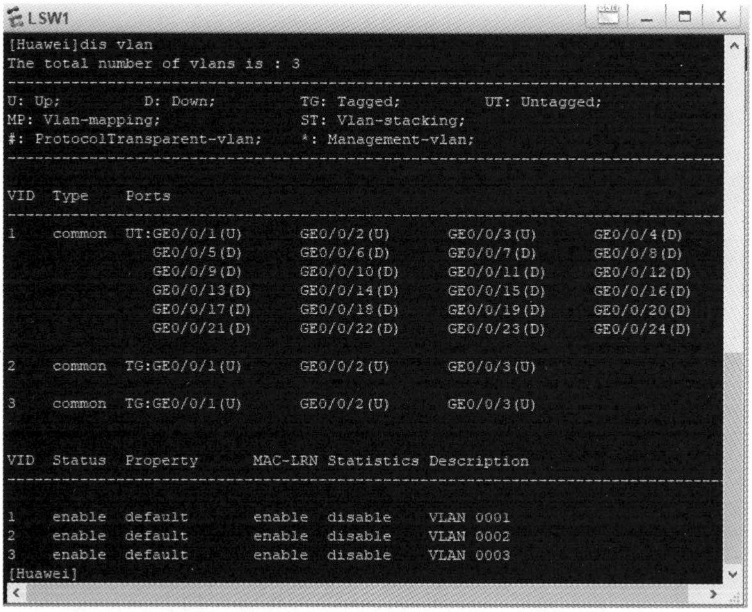

```
LSW1
[Huawei]dis vlan
The total number of vlans is : 3
--------------------------------------------------------------------------------
U: Up;         D: Down;         TG: Tagged;         UT: Untagged;
MP: Vlan-mapping;               ST: Vlan-stacking;
#: ProtocolTransparent-vlan;    *: Management-vlan;
--------------------------------------------------------------------------------

VID  Type    Ports
--------------------------------------------------------------------------------
1    common  UT:GE0/0/1(U)      GE0/0/2(U)      GE0/0/3(U)      GE0/0/4(D)
                GE0/0/5(D)      GE0/0/6(D)      GE0/0/7(D)      GE0/0/8(D)
                GE0/0/9(D)      GE0/0/10(D)     GE0/0/11(D)     GE0/0/12(D)
                GE0/0/13(D)     GE0/0/14(D)     GE0/0/15(D)     GE0/0/16(D)
                GE0/0/17(D)     GE0/0/18(D)     GE0/0/19(D)     GE0/0/20(D)
                GE0/0/21(D)     GE0/0/22(D)     GE0/0/23(D)     GE0/0/24(D)

2    common  TG:GE0/0/1(U)      GE0/0/2(U)      GE0/0/3(U)

3    common  TG:GE0/0/1(U)      GE0/0/2(U)      GE0/0/3(U)

VID  Status  Property      MAC-LRN Statistics Description
--------------------------------------------------------------------------------

1    enable  default       enable  disable    VLAN 0001
2    enable  default       enable  disable    VLAN 0002
3    enable  default       enable  disable    VLAN 0003
[Huawei]
```

图 4-56　交换机 LSW1 端口与 VLAN 对应关系

在交换机 LSW2 上执行与在交换机 LSW1 上相同的命令,配置 VLAN2 和 VLAN3。查看其端口和 VLAN 的对应关系,结果和交换机 LSW1 一致,如图 4-56 所示。

(4)在交换机 LSW3 上,执行如下命令配置 VLAN2 和 VLAN3。

<Huawei> system—view

[Huawei] vlan batch 2 3

[Huawei] int GigabitEthernet 0/0/1

[Huawei－GigabitEthernet0/0/1] port link－type trunk

[Huawei－GigabitEthernet0/0/1] port trunk allow－pass vlan 2 3

[Huawei－GigabitEthernet0/0/1] quit

[Huawei] int GigabitEthernet 0/0/2

[Huawei－GigabitEthernet0/0/2] port link－type trunk

[Huawei－GigabitEthernet0/0/2] port trunk allow－pass vlan 2 3

[Huawei－GigabitEthernet0/0/2] quit

[Huawei] int GigabitEthernet 0/0/3

[Huawei－GigabitEthernet0/0/3] port link－type access

[Huawei－GigabitEthernet0/0/3] port default vlan 2

[Huawei－GigabitEthernet0/0/3] quit

[Huawei] int GigabitEthernet 0/0/4

[Huawei－GigabitEthernet0/0/4] port link－type access

[Huawei－GigabitEthernet0/0/4] port default vlan 3

[Huawei－GigabitEthernet0/0/4] quit

配置完成后,交换机 LSW3 的端口与 VLAN 的对应关系如图 4－57 所示。从图中可以看出,端口 GE0/0/1、GE0/0/2 和 GE0/0/3 在 VLAN2 中,端口 GE0/0/1、GE0/0/2 和 GE0/0/4 在 VLAN3 中。

在交换机 LSW4 上执行与在交换机 LSW3 上相同的命令,配置 VLAN2 和 VLAN3。查看其端口和 VLAN 的对应关系,结果和交换机 LSW3 一致,如图 4－57 所示。

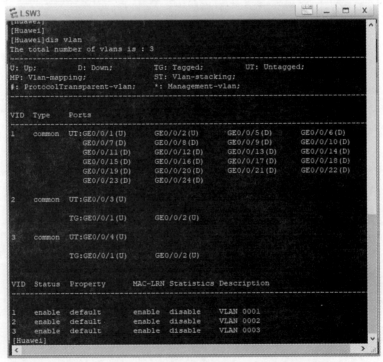

图 4－57　交换机 LSW3 的端口与 VLAN 的对应关系

利用 ping 命令测试主机之间的连通性,发现在同一个 VLAN 内的主机可相互 ping 通,而跨 VLAN 的主机则 ping 不通。

(5)显示各个交换机的端口状态,分别如图 4−58～图 4−61 所示。从各交换机状态可以勾勒出 VLAN2 和 VLAN3 共享的生成树,如图 4−62 所示,其中交换机 LSW2 为根桥,交换机 LSW1 的端口 GE0/0/2 和 GE0/0/3 为替代端口,即 GE0/0/1 的备份端口。假设连接交换机 LSW2 和 LSW3、LSW2 和 LSW4 的链路出现问题,则会造成两个 VLAN 间不能正常通信。

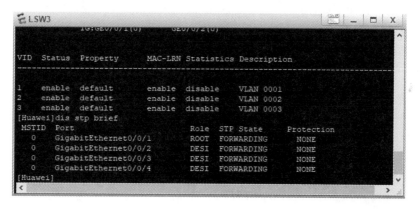

图 4−58　交换机 LSW1 的端口状态

图 4−59　交换机 LSW2 的端口状态

图 4−60　交换机 LSW3 的端口状态

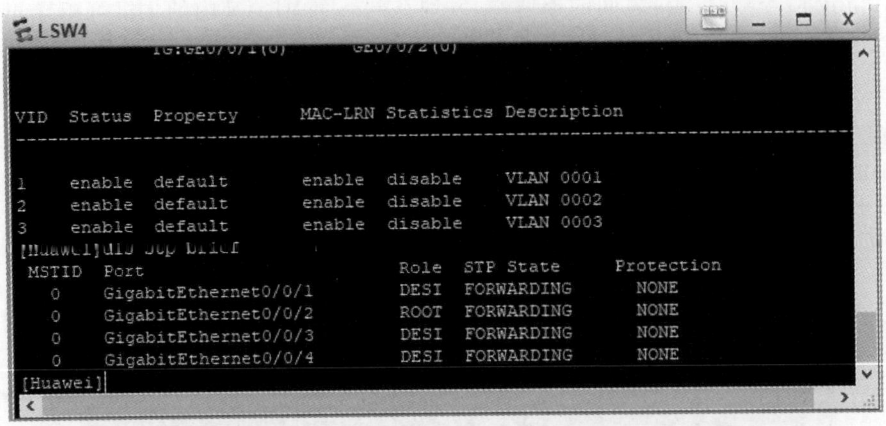

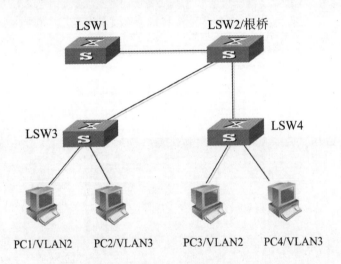

图 4-61 交换机 LSW4 的端口状态

图 4-62 划分 VLAN 后的共享生成树

(6)在交换机 LSW1 和 LSW2 上配置 MSTP,主要包括:①命名 MST 域;②建立生成树实例和 VLAN 之间的绑定关系;③配置交换机优先级,确保 VLAN 的生成树实例的根桥符合实验要求。详细的配置命令如下:

〔Huawei〕stp mode mstp

〔Huawei〕stp region—configuration

〔Huawei—mst—region〕region—name aaa

〔Huawei—mst—region〕instance 2 vlan 2

〔Huawei—mst—region〕instance 3 vlan 3

〔Huawei—mst—region〕active region—configuration

〔Huawei—mst—region〕quit

〔Huawei〕stp instance 2 priority 4096

〔Huawei〕stp instance 3 priority 8192

这里要说明的是:①优先级进阶为 4 096,因此为编号为 3 的生成树实例设置的优先级为

8 192,即是 4 096 的 2 倍;②在交换机 LSW2 和 LSW3 上设置生成树实例的优先级时,需要互换对应优先级数值。

(7)类似的,在交换机 LSW3 和 LSW4 上配置 MSTP。详细配置命令如下:

〔Huawei〕stp mode mstp

〔Huawei〕stp region-configuration

〔Huawei-mst-region〕region-name aaa

〔Huawei-mst-region〕instance 2 vlan 2

〔Huawei-mst-region〕instance 3 vlan 3

〔Huawei-mst-region〕active region-configuration

〔Huawei-mst-region〕quit

(8)显示各个交换机的端口状态,分别如图 4-63～图 4-66 所示。从各交换机状态可以勾勒出 VLAN2 和 VLAN3 各自的生成树,如图 4-67 所示。其中,交换机 LSW2 和 LSW3 间的虚线表示交换机 LSW2 的指定端口连接到交换机 LSW3 上的替代端口,此链路可被视为备份链路。由此可见,MSTP 产生两个生成树实例负载均衡且有冗余链路。

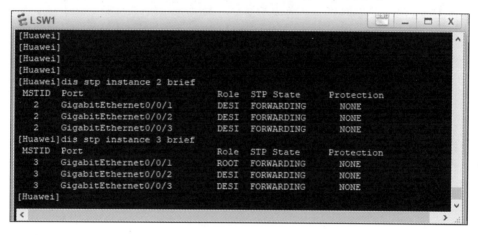

图 4-63　启用 MSTP 后交换机 LSW1 的端口状态

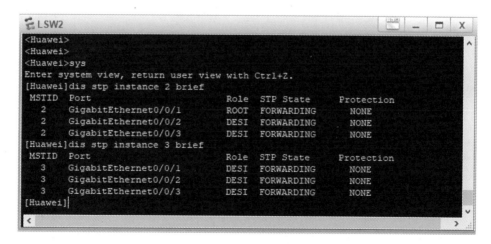

图 4-64　启用 MSTP 后交换机 LSW2 的端口状态

```
LSW3                                                    _  □  X
May 10 2022 21:55:03-08:00 Huawei DS/4/DATASYNC_CFGCHANGE:OID 1.3.6.1.4.1.2011
.25.191.3.1 configurations have been changed. The current change number is 13,
he change loop count is 0, and the maximum number of records is 4095.
[Huawei-mst-region]quit
[Huawei]dis stp instance 2 brief
 MSTID  Port                        Role  STP State    Protection
    2     GigabitEthernet0/0/1       ALTE  DISCARDING   NONE
    2     GigabitEthernet0/0/2       ROOT  FORWARDING   NONE
    2     GigabitEthernet0/0/3       DESI  FORWARDING   NONE
[Huawei]dis stp instance 3 brief
 MSTID  Port                        Role  STP State    Protection
    3     GigabitEthernet0/0/1       ROOT  FORWARDING   NONE
    3     GigabitEthernet0/0/2       ALTE  DISCARDING   NONE
    3     GigabitEthernet0/0/4       DESI  FORWARDING   NONE
[Huawei]
```

图 4 - 65　启用 MSTP 后交换机 LSW3 的端口状态

```
LSW4                                                    _  □  X
[Huawei]
[Huawei]
[Huawei]
[Huawei]
[Huawei]dis stp instance 2 brief
 MSTID  Port                        Role  STP State    Protection
    2     GigabitEthernet0/0/1       ROOT  FORWARDING   NONE
    2     GigabitEthernet0/0/2       ALTE  DISCARDING   NONE
    2     GigabitEthernet0/0/3       DESI  FORWARDING   NONE
[Huawei]dis stp instance 3 brief
 MSTID  Port                        Role  STP State    Protection
    3     GigabitEthernet0/0/1       ALTE  DISCARDING   NONE
    3     GigabitEthernet0/0/2       ROOT  FORWARDING   NONE
    3     GigabitEthernet0/0/4       DESI  FORWARDING   NONE
[Huawei]
```

图 4 - 66　启用 MSTP 后交换机 LSW4 的端口状态

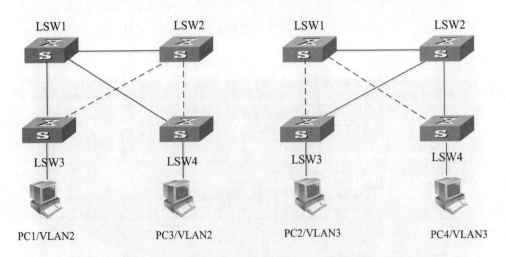

图 4 - 67　VLAN2 和 VLAN3 各自的生成树实例

(9)删除交换机 LSW1 和 LSW4 之间的物理链路,拓扑结果图如图 4 - 68 所示,验证

MSTP 产生的冗余功能。

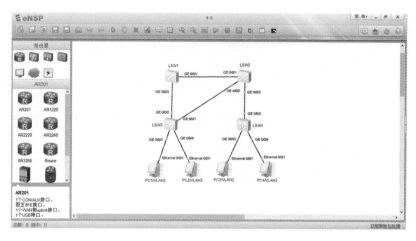

图 4 - 68 删除 LSW1 和 LSW4 之间物理链路后的实验拓扑图

(10)重新显示各个交换机的端口状态,分别如图 4 - 69～图 4 - 72 所示。从各交换机状态可以勾勒出 VLAN2 和 VLAN3 各自的生成树,如图 4 - 73 所示。对于 VLAN2 的生成树实例来讲,激活了交换机 LSW2 和 LSW4 之间备份链路,仍可以保证 VLAN2 的连通性。

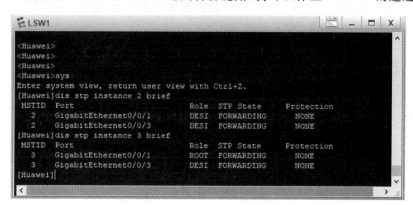

图 4 - 69 删除交换机 LSW1 和 LSW4 之间物理链路后 LSW1 的端口状态

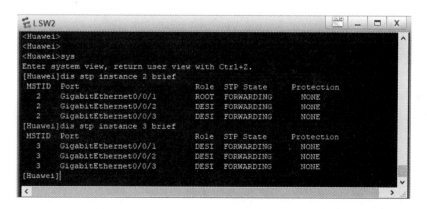

图 4 - 70 删除交换机 LSW1 和 LSW4 之间物理链路后 LSW2 的端口状态

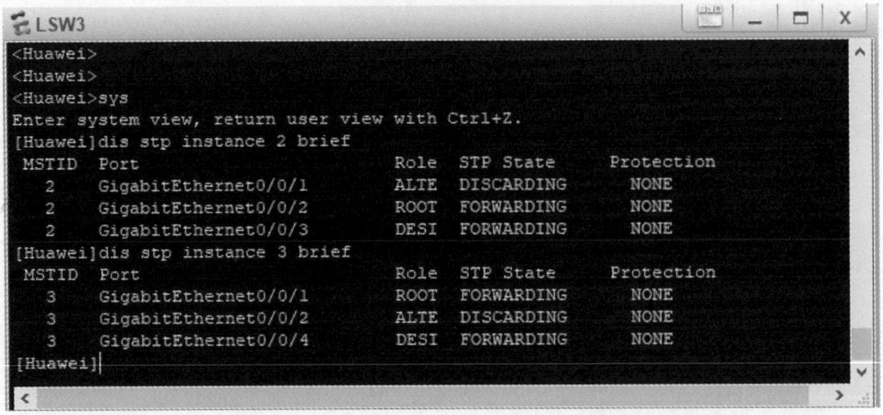

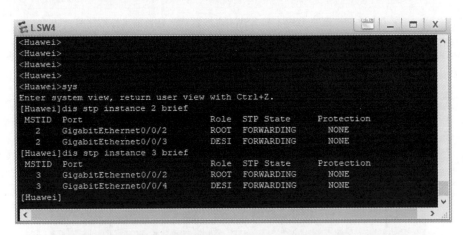

图 4 - 71 删除交换机 LSW1 和 LSW4 之间物理链路后 LSW3 的端口状态

图 4 - 72 删除交换机 LSW1 和 LSW4 之间物理链路后 LSW4 的端口状态

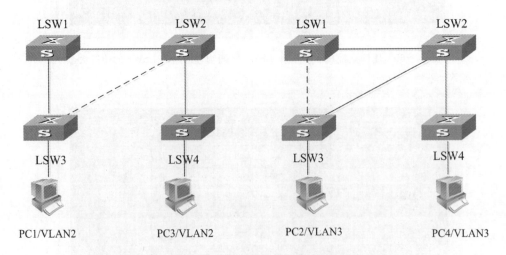

图 4 - 73 删除 LSW1 和 LSW4 之间物理链路后的生成树实例

4.5.5　设备配置命令

1. 交换机上的配置命令

各个交换机上的配置命令已在实验步骤中详细列出,此处不再赘述。

2. 主机 PC1 和主机 PC2 上的配置命令

主机上的配置命令可分为两部分:①在配置窗口配置主机的 IP 地址和子网掩码;②在命令窗口执行 ping 命令。

4.5.6　思考与创新

查阅多域 MSTP 的资料,设计实验验证多域 MSTP。

第5章 路由协议实验

常见的 IP 协议是可路由协议。可路由协议(Routed Protocol)属于网络层,用于封装网络层数据包,实现数据包转发。常见的可路由协议有 IP 协议和 IPX 协议。而路由器中使用的路由协议(Routing Protocol)属于应用层,用于生成路由信息。常见的路由协议包括路由信息协议(Routing Information Protocol,RIP)和开放最短路径优先协议(Open Shortest Path First,OSPF)等。通常情况下,将实现上述路由协议和转发功能的设备都称为路由器。

5.1 路由器的工作原理和路由协议

5.1.1 路由器的工作原理

路由器是实现网络互连、在网络间转发数据分组的网络设备,其工作在 OSI 参考模型的网络层,主要任务是为经过路由器的每个数据分组寻找一条最佳的传输路径,并将该分组有效地送到目的地。为了完成任务,路由器保存着一张路由表(Routing Table),路由表中记录着各个路径的路由信息,供选择路由时使用。通常情况下,每条路由条目包含目的网段地址/子网掩码、路由协议、转出接口、下一跳 IP 地址、路由优先级和度量值等信息,如图 5-1 所示。

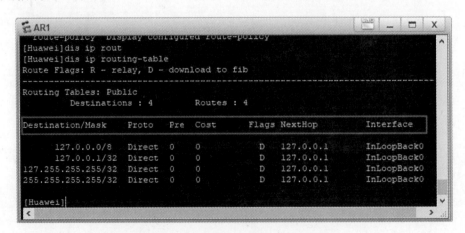

图 5-1 华为路由器 AR201 的路由表

当路由器收到一个来自网络接口的数据分组时,首先根据该分组中的目的地址查询路由表,决定转发路径(转发接口和下一跳地址),然后运行 ARP 协议获取下一跳地址的 MAC 地址,将路由器转发接口的 MAC 地址作为源 MAC,下一跳地址的 MAC 地址作为目的 MAC 地址,封装成数据帧头,最后将 IP 分组封装成数据帧数据部分,将封装数据发送至转发端口,按顺序等待,传送到输出链路上去。

在这个过程中,路由器执行路由功能与交换功能两个基本功能,对应了路由协议和可路由协议。路由功能是指路由器通过运行动态路由协议或人工配置方法获取路由信息,建立和维护路由表。交换功能是指路由器将从某个端口收到数据分组,按照其目的地址转发到对应端口上。

路由信息来源方式可分为直连路由、静态路由和动态路由等。

(1)直连路由:路由器直接连接的路由条目,只要路由器接口配置了 IP 地址且接口状态正常,就会自动生成对应的直连路由。

(2)静态路由:通过命令手动添加的路由条目。

(3)动态路由:通过路由协议从相邻路由器动态学习到的路由条目。

一个路由器上可同时运行多个路由协议,每个路由协议都会根据自己的策略计算到达目的地的最佳路径。由于选路策略不同,所以不同的路由协议对某一个目的网络可能选择的最佳路径也不同。路由器将具有最高优先级的路由协议计算的最佳路径放置在路由表中,作为到达这个目的网络的转发路径。

路由器的转发过程主要依赖可路由协议,如 IP 协议。当一个数据帧到达路由器的某个接口时,该接口首先对数据帧进行 CRC 校验,并检查数据帧的目的 MAC 地址是否是本接口的 MAC 地址。如果通过检查,路由器则去掉数据帧的封装信息,获得数据分组,读取其目的 IP 地址,查询路由表,获取转发接口和下一跳地址,然后,利用 ARP 机制获取下一跳地址的 MAC 地址,将待转发的分组封装成数据帧,经转发接口传送到输出链路上去。

5.1.2 RIP 简介

RIP 是一种基于距离矢量(Distance-Vector)算法的协议,其使用跳数(Hop)衡量到目的地的距离。在默认情况下,直连设备之间的跳数为 0。每经过一个路由设备,则跳数加 1。也就是说,路由设备之间的跳数等于从源设备到目的设备之间的路由器数量。为限制收敛时间,RIP 规定跳数应取 0~15 之间的整数,大于 15 的跳数被视为无穷大,即目的设备不可达。为此,RIP 不能应用在大型网络中。

在 RIP 启动时,初始路由表仅包含直连路由信息,如图 5-2 所示。邻居设备间通过互相交换路由信息,可获得各网段的路由信息。假设路由器 A 收到路由器 B 发来的 RIP 路由信息【(2.0.0.0/S0/0),(3.0.0.0/S1/0)】,路由器 A 就会更新自己的路由表,添加一条路由表项【(3.0.0.0/S0/1)】。类似地,路由器 B 和路由器 C 在收到邻居的 RIP 路由信息后更新自己的路由表。重复上述过程,各个路由器的路由信息可达到一致,如图 5-3 所示。

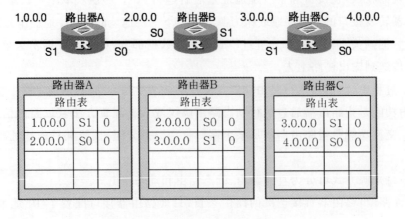

图 5-2 启动 RIP 时的初始路由表

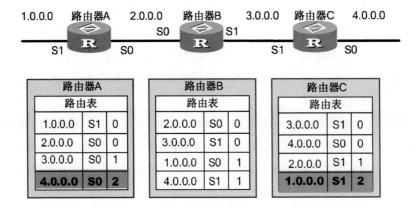

图 5-3 达到稳态时的路由表

通常情况下,RIP 协议启动后,路由器会周期性地使用 UDP 报文与邻居交换路由信息。默认情况下,RIP 每隔 30s 发送一次路由更新报文,同时接收邻居发来的路由更新信息。如果设备具有触发更新功能,当路由表发生变化时,会立刻向其他设备广播该变化信息,而不必等待定时更新。路由器为维护的路由表项还设置有老化定时器(默认为 180s)。如果在老化定时器超时前收到该路由表项的更新信息,则重置老化定时器;否则,将该路由表项标记为不可达(跳数置为 16),并启动垃圾回收定时器(默认为 120s)。如果在垃圾回收定时器超时前收到该路由表项的更新信息,则维持该路由表项,并重启老化定时器和停止垃圾回收定时器;否则,清除该路由表项。

RIP 更新机制会导致路由环路现象。如图 5-4 所示,假设路由器 A 的端口 S1 出现故障,导致到子网 1.0.0.0 的路由失效。此时,路由器 A 会从路由器 B 处获得到达子网 1.0.0.0 的路由信息,更新自己的路由表;然后再通知给路由器 B,路由器 B 接到更新信息后,更新自己的路由表;然后再通知给路由器 C,路由器 C 接到更新信息后更新自己的路由表。在此状态下,虽然路由表中存在可以到达子网 1.0.0.0 的路由表项,而实际上该子网并不可达。这种情况产生的原因是,路由器 A 通过路由器 B 可到达子网 1.0.0.0,而路由器 B 需通过路由器 A 才能到达子网 1.0.0.0,形成了路由自环。

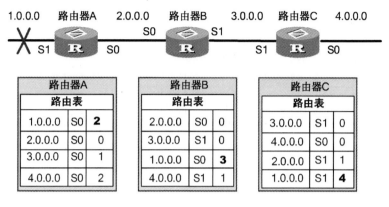

图 5-4 RIP 中的路由环路示例

为防止产生路由环路,RIP 支持毒性逆转(Poison Reverse)和水平分割(Split Horizon)。毒性逆转的思路是,RIP 从某个接口收到路由信息后,将该条路由项的跳数设置为 16(表明该路由不可达,是条毒性路由),从该接口发回邻居。如图 5-5 所示,最初路由器 B 收到从路由器 A 发来的到子网 1.0.0.0 的路由后,向路由器 A 发送一条到子网 1.0.0.0 的毒性路由。这样,当路由器 A 感知子网 1.0.0.0 不可达时,也就不会再从路由器 B 收到一条可达路由,如此就可以消除路由环路。水平分割的思路是,RIP 从某个接口收到的路由,不会从该接口再发回给邻居。这样不但减少了带宽消耗,还可以防止路由环路。如图 5-6 所示,路由器 B 从路由器 A 收到的到子网 1.0.0.0 的路由信息不会再发回路由器 A,即使路由器 A 感知到 S1 端口出现故障。这样也可以避免路由环路。

图 5-5 RIP 中的毒性逆转示例

水平分割和毒性逆转都是为防止 RIP 中的路由环路而设计的,水平分割是不将收到的路由条目再按原路返回来避免环路,而毒性逆转则是将路由条目标记为不可达,再按原路返回来消除路由环路。

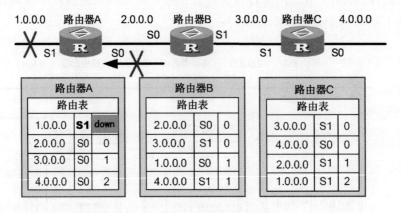

图 5-6 RIP 中的水平分割示例

5.1.3 OSPF 简介

OSPF(Open Shortest Path First)是一种基于链路状态的路由协议。每台 OSPF 路由器根据与周围邻居的链接状态生成链路状态广播(Link State Advertisement,LSA),并将 LSA 发送给网络中其他路由器。同时,每台 OSPF 路由器还维护着一份描述整个自治系统拓扑结构的链路状态数据库(Link State Database,LSDB)。每台路由器利用其他路由器的 LSA 更新自己的链路状态数据库。最终,OSPF 路由器可获得整个自治系统的拓扑结构,然后利用最短路径优先(Shortest Path First,SPF)算法计算出一棵以自己为根的最短路径树,这棵树给出了到自治系统中各个路由器的路由。

OSPF 协议工作过程大致分为以下四个阶段:

(1)使用 Hello 协议建立 OSPF 路由器的链接关系;

(2)选择指派路由器(Designated Router,DR)和备份指派路由器(Backup Designated Router,BDR);

(3)同步链路状态数据库;

(4)计算路由。

在路由器启动时,使用 Hello 协议发现邻居路由器,并建立双向通信,获取与周围邻居的链路状态。

在多路访问网络上,可能会存在多个路由器。为避免因路由器间建立全链接关系而引起大量开销,OSPF 要求在区域中选举一个指派路由器 DR。每个路由器都与 DR 建立邻接关系。DR 负责收集所有的链路状态信息,并发布给其他路由器。选举 DR 的同时也选举一个 BDR,当 DR 失效时,BDR 负起 DR 的职责。在点对点的网络中,不需要 DR,因为只存在两个节点,彼此间完全相邻。

DR 和 BDR 选举原则为:①先看优先级,优先级高的为 DR,优先级次之的为 BDR;②当优先级相同时,再看路由器 ID,路由器 ID 高的为 DR,路由器 ID 次之的为 BDR。如图 5-7 所示,每台路由器最初均认为自己是 DR,并向其他路由器通告。其他路由器在收到通告后,比较优先级和路由器 ID,如果自己的优先级或路由器 ID 低于对方,则认为对方是 DR,否则,宣告自己是 DR。选举 BDR 的过程与之类似。

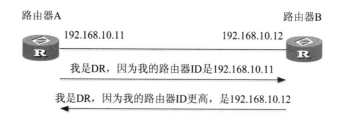

图 5-7　DR 选举过程示例

在完成 DR 和 BDR 的选举后,OSPF 路由器就可以同步链路状态数据库(Link State Da-taBase,LSDB)了。如图 5-8 所示,在同步 LSDB 时,用 DBD 报文描述自己的 LSDB,内容包括每一条 LSA 摘要,这样做的目的是为减少路由器间传递的数据量。根据摘要,路由器 B 就判断出哪些路由条目是路由器 A 有的而路由器 B 没有,路由器 B 向路由器 A 请求缺失的条目即可。经过上述同步过程,路由器 A 和 B 就可达到 LSDB 一致状态。

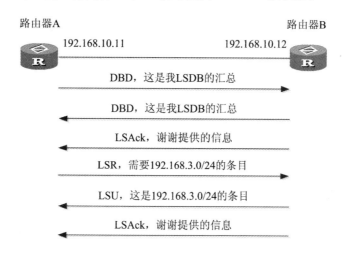

图 5-8　OSPF 路由器同步链路状态数据库示意图

每台路由器在同步 LSDB 后,就以自己为根,利用 SPF 算法计算最短路径树,从而获得通往网络中其他路由器的路由。

图 5-9 展示了 OSPF 协议工作过程,其中图 5-9(a)是一个包含路由器的网络结构;各个路由器在经过 LSDB 同步过程后,获得一致的 LSDB,如图 5-9(b)所示;其描述的网络拓扑图如图 5-9(c)所示,边的权值代表链路代价;然后,每个路由器以自己为根创建最短路径生成树,图 5-9(d)～图 5-9(g)分别展示了路由器 A、路由器 B、路由器 C 和路由器 D 上的生成树。最后,根据图 5-9(d)所示的生成树,得到路由器 A 上的路由条目,如表 5-1 所示。

为适应大型的网络,OSPF 在每个自治系统内划分多个区域,每个路由器只维护所在区域的链路状态信息。在不同区域之间可以进行路由汇总和过滤。划分区域的主要优势在于通过过滤和汇总路由可减少要传播的路由数。

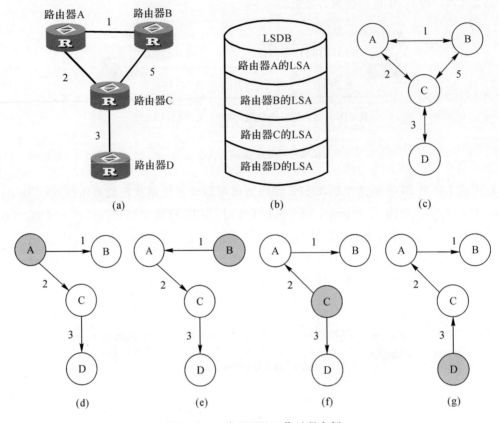

图 5-9　一个 OSPF 工作过程实例

表 5-1　路由器 A 上的路由条目

目的地	下一跳	...
B	直连	
C	直连	
D	C	

5.2　静态路由配置实验

　　假设某公司的财务部和销售部各自组成一个子网络,两个部门的子网络通过路由器连接在一起。像这种网络规模比较小,其包含路由设备比较少,网络拓扑简单且稳定的场景,使用静态路由可以提高数据的转发效率。

5.2.1　实验内容

　　静态路由配置实验网络拓扑图如图 5-10 所示,验证路由器静态路由配置完成前后各主机之间的通信情况变化。

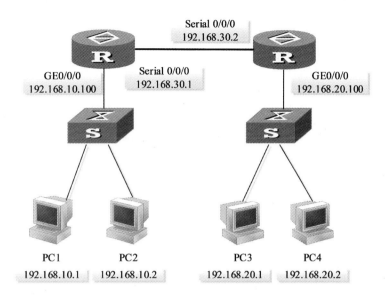

图 5-10　静态路由配置实验拓扑图

　　按照实验拓扑图配置实验环境。通过配置 IP 地址,将主机 PC1、PC2 和路由器 R1 的 GE0/0/0 接口划分到 192.168.10.0 网段,将主机 PC3、PC4 和路由器 R2 的 GE0/0/0 接口划分到 192.168.20.0 网段。将路由器 R1 的 Serial 0/0/0 接口和路由器 R2 的 Serial 0/0/0 接口划分到 192.168.30.0 网段。

　　保证主机 PC1、PC2 和路由器 R1 的 GE0/0/0 接口之间可以相互 ping 通,主机 PC3、PC4 和路由器 R2 的 GE0/0/0 接口之间可以相互 ping 通。

　　因为没有配置路由表项,所以路由器 R1 的 Serial 0/0/0 接口和路由器 R2 的 Serial 0/0/0 接口之间不能互相 ping 通。在路由器上执行静态路由配置命令,观察路由表的内容。

5.2.2　实验目的

(1)掌握路由器的工作原理;

(2)了解路由表的作用;

(3)掌握静态路由的配置方法。

5.2.3　关键命令解析

设置静态路由。

[R1] ip route-static 192.168.20.0 255.255.255.0 192.168.30.2

　　静态路由是由网络管理员在路由器上通过手工添加路由信息来实现的路由。此条命令配置了到 192.168.20.0 网段的静态路由,其中第一个 IP 地址 192.168.20.0 是要到达的网段,第二个 IP 地址 255.255.255.0 是子网掩码,第三个 IP 地址 192.168.30.2 是下一跳的 IP 地址,也就是路由器 R1 所连接的下一个路由器接口的 IP 地址。

5.2.4 实验步骤

(1)启动华为 eNSP,按照如图 5-10 所示实验拓扑图连接设备,然后启动所有设备,eNSP 界面如图 5-11 所示。

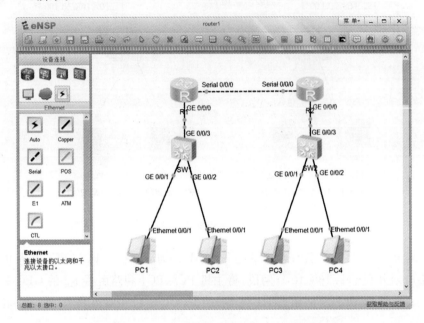

图 5-11 完成设备连接后的 eNSP 界面

(2)按照实验拓扑图所示,配置各个主机的 IP 地址和子网掩码。双击主机 PC1 图标,配置其主机名为 PC1,IP 地址为 192.168.10.1,子网掩码为 255.255.255.0,网关为 192.168.10.100,然后点击"应用"按钮。同样,配置其他主机的 IP 地址/子网掩码/网关分别为 PC2(192.168.10.2/255.255.255.0/192.168.10.100)、PC3(192.168.20.1/ 255.255.255.0 / 192.168.20.100)、PC4(192.168.20.2 /255.255.255.0/192.168.20.100),然后点击"应用"按钮。

(3)配置完成后,在主机 PC1 的命令行下执行 ping 命令,可以 ping 通主机 PC2,无法 ping 通主机 PC3 和 PC4。这是因为 PC1 和 PC2 在同一个 192.168.10.0 网段,PC3 和 PC4 同处于另一个 192.168.20.0 网段,不同网段之间在没有路由的情况下无法通信。在主机 PC3 的命令行下可以 ping 通主机 PC4。

(4)在路由器 R1 上执行如下命令。

1)关闭告警信息显示,避免提示信息影响命令输入。在用户视图下执行 undo terminal monitor 命令,关闭信息显示。

2)设置路由器名。执行命令 system-view 进入系统视图,在系统视图下执行 sysname R1 命令,将路由器 1 的名称设置为 R1。

3)设置以太网接口的 IP 地址,如图 5-12 所示。

[R1] interface g0/0/0

[R1-GigabitEthernet0/0/0] ip address 192.168.10.100 24

4)设置 Serial 接口的 IP 地址,如图 5-12 所示。

〔R1－GigabitEthernet0/0/0〕interface s0/0/0

〔R1－Serial 0/0/0〕ip address 192.168.30.1 24

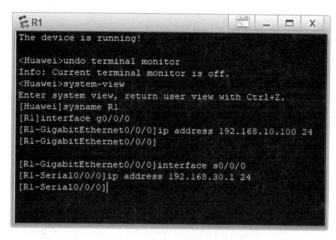

图 5－12 设置路由器接口的 IP 地址

5）执行 display current－configuration 命令，显示当前配置，如图 5－13 所示。

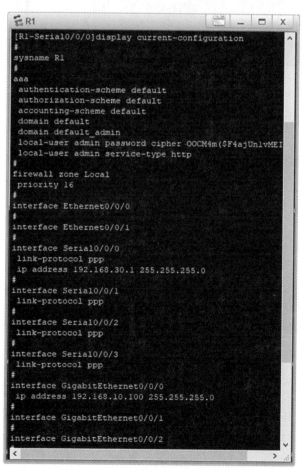

图 5－13 路由器 R1 的当前配置

6)配置完成后,在主机 PC1 命令行下执行 ping 命令,可以 ping 通主机路由器 R1 的 GE0/0/0 接口,无法 ping 通 Serial 0/0/0 接口。这是因为 PC1 和 GE0/0/0 接口在同一个 192.168.10.0 网段,而 Serial 0/0/0 接口处于另一个 192.168.30.0 网段。不同网段之间在没有路由的情况下无法通信。GE0/0/0 接口其实就是主机 PC1 和 PC2 的网关。

7)配置到 192.168.20.0 网段的静态路由。在路由器 R1 上执行 ip route—static 192.168.20.0 255.255.255.0 192.168.30.2 命令,其中 192.168.20.0 是要到达的网段,255.255.255.0 是子网掩码,192.168.30.2 是下一跳的 IP 地址,也就是路由器 R2 的 Serial 0/0/0 接口地址。

8)执行 display ip routing—table 命令,显示路由表,如图 5-14 所示。

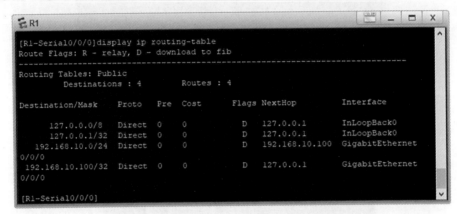

图 5-14　在路由器 R1 上显示路由表的结果

路由表中第一列是目的地址/网络掩码(Destination/Mask)项,用来标识目的网络及其子网掩码。图中的 127.0.0.1/32 是本机的环回地址。192.168.10.100/32 是路由器 R1 的 GE0/0/0 接口的地址,这个可以从路由表第七列的显示中看到。

路由表中第二列是协议(Proto)项,图中显示各个表项都是直连(Direct)模式。

路由表中第三列是优先级(Pre)项,针对同一目的地,可能存在不同下一跳的若干条路由,这些不同的路由可能是由不同的路由协议发现的,也可以是手工配置的静态路由。优先级高(数值小)的将成为当前的最优路由。

路由表中第四列是开销(Cost)项,指的是到达某个路由所指的目的地址的代价。

路由表中第五列是路由标记(Flags)项,图中的 D 是 Download 的首字母,指该路由已经下发到了转发表,这条转发路径生效。

路由表中第六列是下一跳地址(NextHop)项,说明数据包所经由的下一个路由器。由于没有配置路由表项,所以图中 GE0/0/0 接口下一跳的地址为回环地址 127.0.0.1。

路由表中第七列是接口(Interface)项,用来显示第一列目的地址所对应的路由器接口。

(5)在路由器 R2 上执行步骤(4)的命令,不同点在于将路由器名称设置为 R2,接口 GE0/0/0 的 IP 地址设置为 192.168.20.100,接口 Serial 0/0/0 的 IP 地址设置为 192.168.30.2,设置静态路由下一跳地址指向 192.168.30.1,其余命令相同。执行 display current—configuration 命令,显示当前配置,如图 5-15 所示即为配置正确。

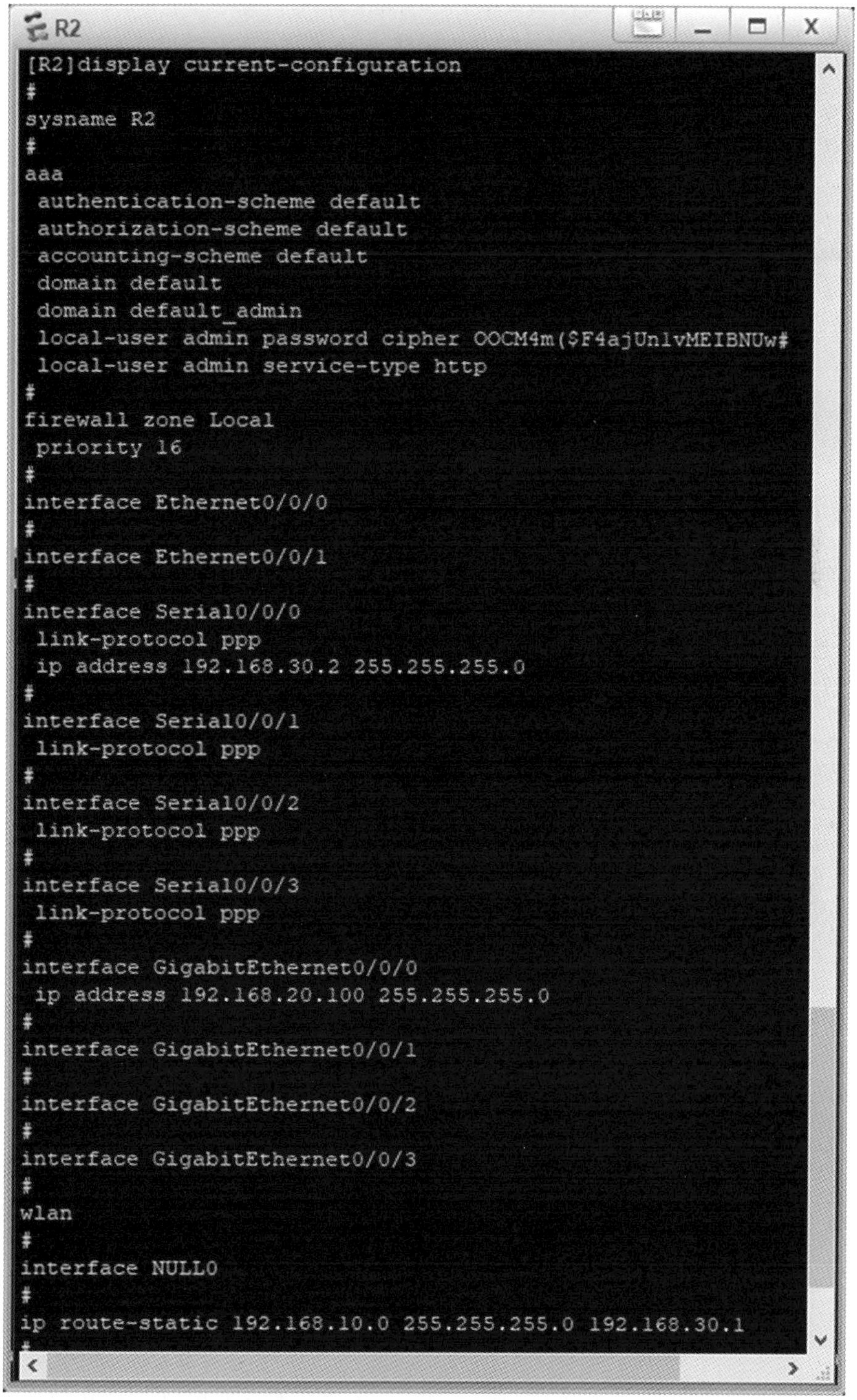

```
[R2]display current-configuration
#
sysname R2
#
aaa
 authentication-scheme default
 authorization-scheme default
 accounting-scheme default
 domain default
 domain default_admin
 local-user admin password cipher OOCM4m($F4ajUnlvMEIBNUw#
 local-user admin service-type http
#
firewall zone Local
 priority 16
#
interface Ethernet0/0/0
#
interface Ethernet0/0/1
#
interface Serial0/0/0
 link-protocol ppp
 ip address 192.168.30.2 255.255.255.0
#
interface Serial0/0/1
 link-protocol ppp
#
interface Serial0/0/2
 link-protocol ppp
#
interface Serial0/0/3
 link-protocol ppp
#
interface GigabitEthernet0/0/0
 ip address 192.168.20.100 255.255.255.0
#
interface GigabitEthernet0/0/1
#
interface GigabitEthernet0/0/2
#
interface GigabitEthernet0/0/3
#
wlan
#
interface NULL0
#
ip route-static 192.168.10.0 255.255.255.0 192.168.30.1
#
```

图 5-15　路由器 R2 的当前配置

(6)在路由器 R2 上执行 display ip routing-table 命令显示路由表。如图 5-16 所示,在 Proto 列下面出现 Static 项,表示静态路由配置正确。

```
R2
[R2]display ip routing-table
Route Flags: R - relay, D - download to fib
------------------------------------------------------------------------------
Routing Tables: Public
         Destinations : 8        Routes : 8

Destination/Mask    Proto   Pre  Cost      Flags NextHop         Interface

      127.0.0.0/8   Direct  0    0           D   127.0.0.1       InLoopBack0
      127.0.0.1/32  Direct  0    0           D   127.0.0.1       InLoopBack0
   192.168.10.0/24  Static  60   0          RD   192.168.30.1    Serial0/0/0
   192.168.20.0/24  Direct  0    0           D   192.168.20.100  GigabitEthernet
0/0/0
 192.168.20.100/32  Direct  0    0           D   127.0.0.1       GigabitEthernet
0/0/0
   192.168.30.0/24  Direct  0    0           D   192.168.30.2    Serial0/0/0
   192.168.30.1/32  Direct  0    0           D   192.168.30.1    Serial0/0/0
   192.168.30.2/32  Direct  0    0           D   127.0.0.1       Serial0/0/0

[R2]
```

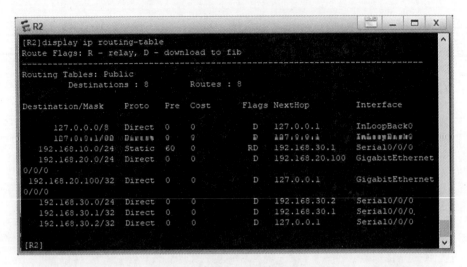

图 5-16　路由器 R2 的路由表

在路由器 R1 上执行 display ip routing－table 命令显示路由表。如图 5－17 所示，在 Proto 列下面出现 Static 项，表示静态路由配置正确。其中 Flags 列显示 RD，R 是 relay 首字母，说明是迭代路由，需要根据下一跳 IP 地址的路由获取出接口。D 是 Download 首字母，说明此路由下发到了转发表。

```
R1
[R1]display ip routing-table
Route Flags: R - relay, D - download to fib
------------------------------------------------------------------------------
Routing Tables: Public
         Destinations : 8        Routes : 8

Destination/Mask    Proto   Pre  Cost      Flags NextHop         Interface

      127.0.0.0/8   Direct  0    0           D   127.0.0.1       InLoopBack0
      127.0.0.1/32  Direct  0    0           D   127.0.0.1       InLoopBack0
   192.168.10.0/24  Direct  0    0           D   192.168.10.100  GigabitEthernet
0/0/0
 192.168.10.100/32  Direct  0    0           D   127.0.0.1       GigabitEthernet
0/0/0
   192.168.20.0/24  Static  60   0          RD   192.168.30.2    Serial0/0/0
   192.168.30.0/24  Direct  0    0           D   192.168.30.1    Serial0/0/0
   192.168.30.1/32  Direct  0    0           D   127.0.0.1       Serial0/0/0
   192.168.30.2/32  Direct  0    0           D   192.168.30.2    Serial0/0/0

[R1]
```

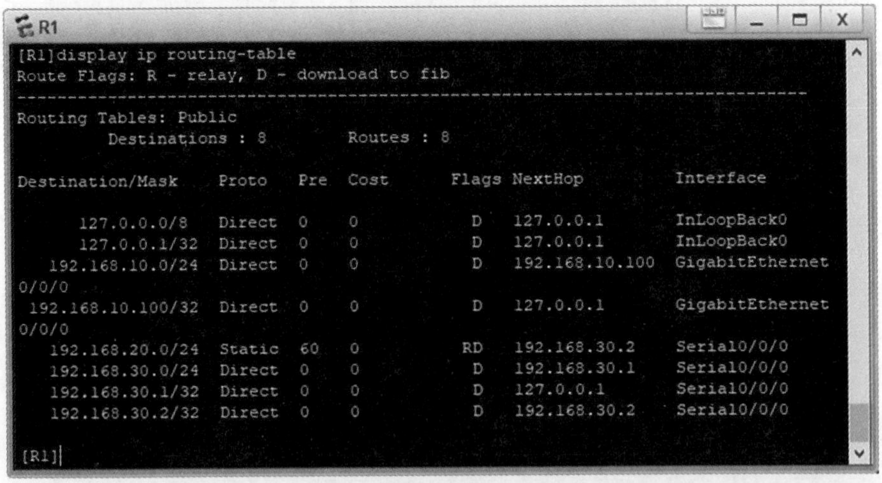

图 5-17　路由器 R1 的路由表

(7)在主机 PC1 上执行 ping 命令，查看与路由器 R2 的 GE0/0/0 端口、Serial 0/0/0 端口和主机 PC3 的连通情况。主机 PC1 与它们不在同一个网段中，但是通过静态路由均可实现互通。

(8)在主机 PC4 上执行 ping 命令，查看其与主机 PC2 的连通情况。主机 PC4 与 PC2 不在同一个网段中，但是通过静态路由可以实现互通。实际上，随着静态路由的配置成功，网络拓扑图中的所有主机之间都可以互相通信。

(9)启动 Wireshark，捕获路由器 R2 的 GE0/0/0 接口上的报文，用主机 PC1 来 ping 主机

PC4,结果如图 5-18 所示,第一个 ICMP 数据包响应超时。

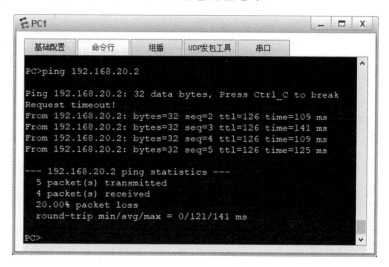

图 5-18 主机 PC1 在 ping 主机 PC4 时第一个 ICMP 数据包响应超时

在路由器 R2 的 GE0/0/0 接口上捕获的报文如图 5-19 所示。从图中可以看到,第 6 条源地址为 192.168.10.1 的 ICMP 报文没有对应的响应报文,与图 5-18 中所示 ping 命令执行结果一致。

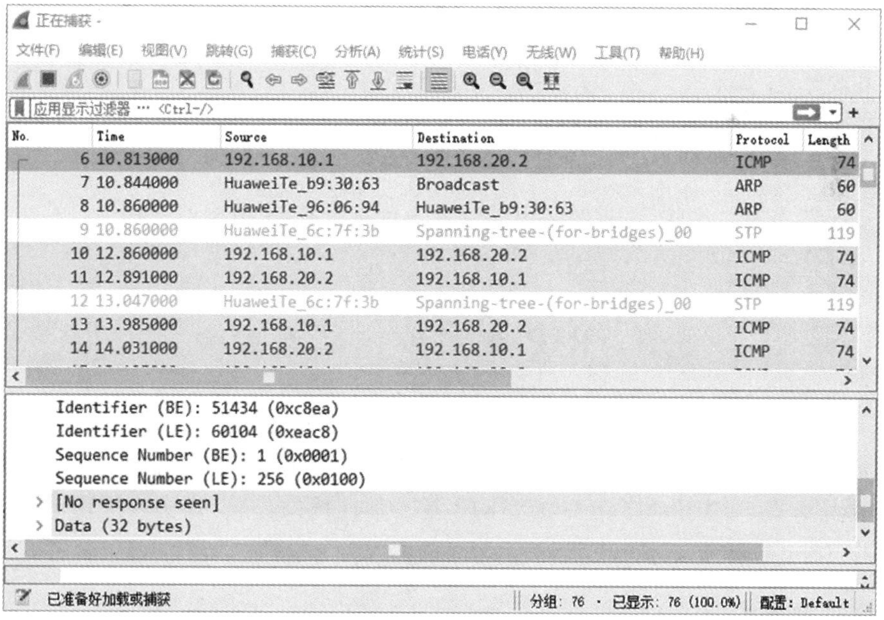

图 5-19 在路由器 R2 的 GE0/0/0 接口上捕获的报文

5.2.5 设备配置命令

1. 路由器 R1 上的配置命令

<Huawei> undo terminal monitor

```
<Huawei> system-view
[Huawei] sysname R1
[R1] interface g0/0/0
[R1-GigabitEthernet0/0/0] ip address 192.168.10.100 24
[R1-GigabitEthernet0/0/0] interface s0/0/0
[R1-Serial 0/0/0]ip address 192.168.30.1 24
[R1-Serial 0/0/0] quit
[R1] ip route-static 192.168.20.0 255.255.255.0 192.168.30.2
```

2. 路由器 R2 上的配置命令

```
<Huawei> undo terminal monitor
<Huawei> system-view
[Huawei] sysname R2
[R2] interface g0/0/0
[R2-GigabitEthernet0/0/0] ip address 192.168.20.100 24
[R2-GigabitEthernet0/0/0] interface s0/0/0
[R2-Serial 0/0/0] ip address 192.168.30.2 24
[R2-Serial 0/0/0] quit
[R2] ip route-static 192.168.10.0 255.255.255.0 192.168.30.1
```

3. 主机 PC1、PC2、PC3、PC4 上的配置命令

主机上的配置命令可分为两部分：①在配置窗口配置主机的 IP 地址和子网掩码；②在命令行窗口执行 ping 命令。

5.2.6 思考与创新

设计一个静态路由实验，要求网络至少包含 3 台路由器，网络中的主机通过路由器可以互相通信。

5.3 RIP 路由协议配置实验

假设某公司每个部门都单独组建一个子网络，各个部门的网络通过路由器连接在一起。当公司组成部门的数量比较多，且网络结构不太稳定时，使用静态路由配置方案会增加额外的工作量。在此场景下，选择动态路由协议 RIP 是一种较优的方案，该协议适用于网络中路由器数量少于 16 个的场景。

5.3.1 实验内容

RIP 路由协议配置实验拓扑图如图 5-20 所示，验证路由器的 RIP 路由配置完成前后，各主机之间的通信情况变化。

按照实验拓扑图配置实验环境。通过配置 IP 地址，将主机 PC1、PC2 和路由器 R1 的 GE0/0/0 接口划分到 192.168.10.0 网段，将主机 PC3、PC4 和路由器 R2 的 GE0/0/0 接口划分到 192.168.20.0 网段，将路由器 R1 的 Serial 0/0/0 接口和路由器 R2 的 Serial 0/0/0 接口

划分到 192.168.30.0 网段。

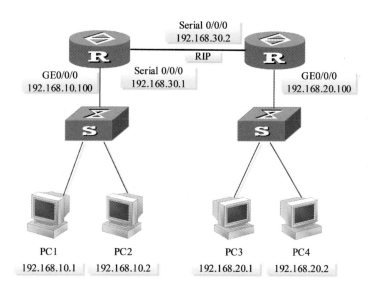

图 5 - 20　RIP 路由协议配置实验拓扑图

保证主机 PC1、PC2 和路由器 R1 的 GE0/0/0 接口之间可以相互 ping 通,主机 PC3、PC4 和路由器 R2 的 GE0/0/0 接口之间可以相互 ping 通。

因为没有启动路由协议,所以路由器 R1 的 Serial 0/0/0 接口和路由器 R2 的 Serial 0/0/0 接口之间不能互相 ping 通。在路由器上执行 RIP 协议,再观察路由表的内容。

5.3.2　实验目的

(1)掌握 RIP 路由协议的工作原理;

(2)掌握 RIP 路由协议的配置方法。

5.3.3　关键命令解析

在路由器 R1 上启动 RIP。

[R1] rip

[R1－rip－1] network 192.168.10.0

[R1－rip－1] network 192.168.30.0

rip 命令用来启动路由器的 RIP 协议,network 192.168.10.0 命令用来在 192.168.10.0 网段使 RIP 协议生效,network 192.168.30.0 命令用来在 192.168.30.0 网段使 RIP 协议生效。由于路由器 R1 上存在两个网段,所以要使 RIP 协议在两个网段上生效。

5.3.4　实验步骤

(1)启动华为 eNSP,按照如图 5 - 20 所示实验拓扑图连接设备,然后启动所有设备,eNSP 界面如图 5 - 21 所示。

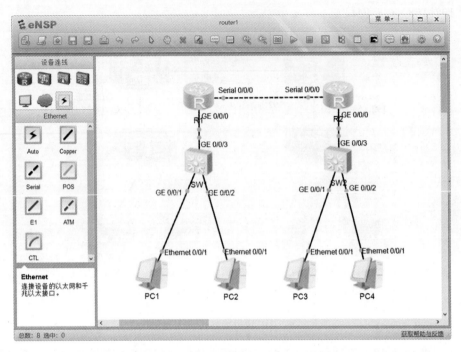

图 5-21　完成设备连接后的 eNSP 界面

(2)按照实验拓扑图配置主机 PC1 的 IP 地址和子网掩码。双击主机 PC1 图标,配置其主机名为 PC1,IP 地址为 192.168.10.1,子网掩码为 255.255.255.0,网关为 192.168.10.100,然后点击"应用"按钮。同样,配置其他主机的 IP 地址/子网掩码/网关分别为 PC2(192.168.10.2/255.255.255.0/192.168.10.100)、PC3(192.168.20.1/ 255.255.255.0/192.168.20.100)、PC4(192.168.20.2 /255.255.255.0/192.168.20.100),然后点击"应用"按钮。

(3)配置完成后,在主机 PC1 的命令行下执行 ping 命令,可以 ping 通主机 PC2,无法 ping 通主机 PC3 和 PC4,这是因为 PC1 和 PC2 在同一个 192.168.10.0 网段,PC3 和 PC4 同处于另一个 192.168.20.0 网段。不同网段之间在没有路由的情况下无法通信。在主机 PC3 的命令行下执行 ping 命令,可以 ping 通主机 PC4。

(4)在路由器 R1 上执行以下命令。

1)关闭告警信息显示,避免提示信息影响命令输入。在用户视图下执行 undo terminal monitor 命令,关闭信息显示。

2)设置路由器名。执行 system-view 命令进入系统视图,在系统视图下执行 sysname R1 命令,将路由器 1 的名称设置为 R1。

3)设置以太网接口的 IP 地址,如图 5-22 所示。

[R1] interface g0/0/0

[R1-GigabitEthernet0/0/0] ip address 192.168.10.100 24

4)设置 Serial 接口的 IP 地址,如图 5-22 所示。

[R1-GigabitEthernet0/0/0] interface s0/0/0

[R1-Serial 0/0/0] ip address 192.168.30.1 24

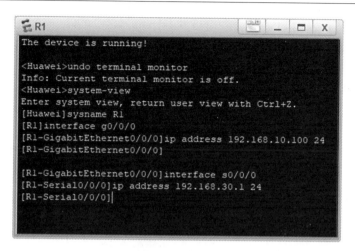

图 5-22　设置路由器接口的 IP 地址

5）执行 display current－configuration 命令显示当前配置，如图 5-23 所示。

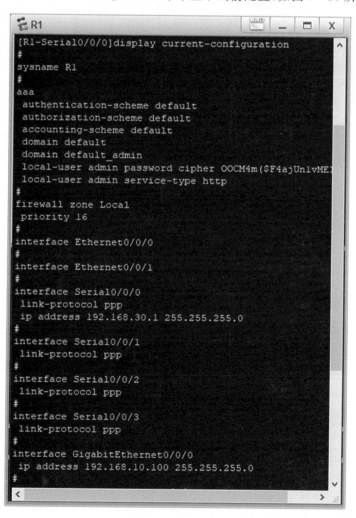

图 5-23　路由器 R1 的当前配置

6)配置完成后,在主机 PC1 的命令行下执行 ping 命令,可以 ping 通主机路由器 R1 的 GE0/0/0 接口,无法 ping 通 Serial 0/0/0 接口,这是因为 PC1 和 GE0/0/0 接口在同一个 192.168.10.0 网段,而 Serial 0/0/0 接口处于另一个 192.168.30.0 网段。不同网段之间在没有路由的情况下无法通信。GE0/0/0 接口其实就是主机 PC1 和 PC2 的网关。

7)启动 RIP 路由协议,并在 192.168.10.0 网段和 192.168.30.0 网段使能。在路由器 R1 上执行下面的命令。

[R1] rip

[R1-rip-1] network 192.168.10.0

[R1-rip-1] network 192.168.30.0

8)执行 display ip routing-table 命令显示路由器 R1 的路由表,如图 5-24 所示。

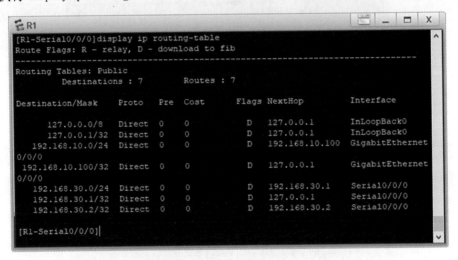

图 5-24 在路由器 R1 显示路由表的结果

路由表中第一列是目的地址/网络掩码(Destination/Mask)项,图中的 192.168.10.100/32 是路由器 R1 的 GE0/0/0 地址,192.168.30.1/32 是路由器 R1 的 Serial 0/0/0 地址,192.168.30.2/32 是路由器 R2 的 Serial 0/0/0 地址,来自于路由器 R1 的 Serial 0/0/0 接口。

路由表中第二列是协议(Proto)项,图中显示各个表项都是直连(Direct)模式,没有出现 RIP 协议项,这是因为路由器 R2 的 RIP 协议尚未启动,两个路由器之间还不能交换路由表。

(5)在路由器 R2 上执行步骤(4)的命令,不同点在于将路由器的名称设置为 R2,接口 GE0/0/0 的 IP 地址设置为 192.168.20.100,接口 Serial 0/0/0 的 IP 地址设置为 192.168.30.2,设置 RIP 路由协议使能在 192.168.20.0 网段和 192.168.30.0 网段,其余命令相同。执行 display current-configuration 命令显示当前配置,如图 5-25 所示即为配置正确。

(6)在路由器 R2 上执行 display ip routing-table 命令显示路由表。如图 5-26 所示,在 Proto 列下面出现 RIP 项,表示 RIP 路由协议配置正确。图中 RIP 行的 Pre 列值为 100,对比上一个静态路由实验中路由器 R2 的路由表可以发现,Direct 直连模式的 Pre(优先级)值为 0,是最小的,Static 静态路由的 Pre(优先级)值为 60,而 RIP 协议的 Pre(优先级)值为 100,是三种里面最大的。另外 RIP 协议项里的 Cost(开销)值为 1,表示要到达 192.168.10.0 网段的开销为 1 跳,也就是要经过 1 个路由器转发才能到达指定网段。

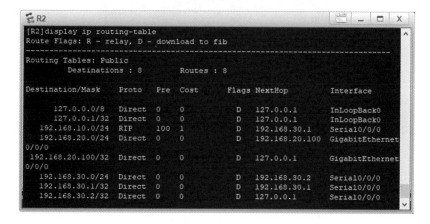

图 5-25　路由器 R2 的当前配置

图 5-26　路由器 R2 的路由表

在路由器 R1 上执行 display ip routing—table 命令显示路由表。如图 5-27 所示,在 Proto 列下面出现 RIP 项,表示 RIP 路由协议配置正确。RIP 项的 Destination/Mask(目的地址/子网掩码)项的值为 192.168.20.0,表示数据报文要到达 192.168.20.0 网段需要把它转发给 192.168.30.2,也就是路由器 R2 的 Serial 0/0/0 接口。此 RIP 路由表项是在启动 RIP 协议后,路由器 R1 和 R2 之间通过交换整个路由表后动态添加进去的。

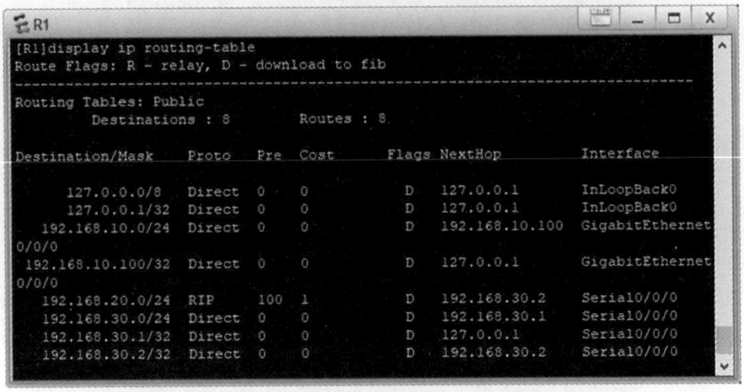

图 5-27　路由器 R1 的路由表

(7)在主机 PC1 上执行 ping 命令,查看与路由器 R2 的 Serial 0/0/0 端口、GE0/0/0 端口和主机 PC3 的连通情况。主机 PC1 与它们不在同一个网段中,但是通过 RIP 路由可以实现互通,如图 5-28 所示。从图中可以看到,主机 PC1 与主机 PC3 通信时间明显大于与 PC1 所在网段内的通信时间。

图 5-28　主机 PC1 可以 ping 通路由器 R2 的接口和主机 PC3

（8）在主机 PC4 上执行 ping 命令,查看与主机 PC2 的连通情况。主机 PC4 与 PC2 不在同一个网段中,但是通过路由可以实现互通。实际上,随着 RIP 路由协议的启动成功,网络拓扑图中的所有主机之间都可以通信。

（9）启动 Wireshark,捕获路由器 R2 的 GE0/0/0 接口上的报文,用主机 PC1 来 ping 主机 PC4,结果如图 5 - 29 所示,第一个 ICMP 数据包响应超时。

图 5 - 29　主机 PC1 在 ping 主机 PC4 时第一个 ICMP 数据包响应超时

在路由器 R2 的 GE0/0/0 接口上捕获的报文如图 5 - 30 所示。从图中可以看到,第 12 条源地址为 192.168.10.1 的 ICMP 报文没有响应报文,与图 5 - 29 中 ping 命令的执行结果一致。

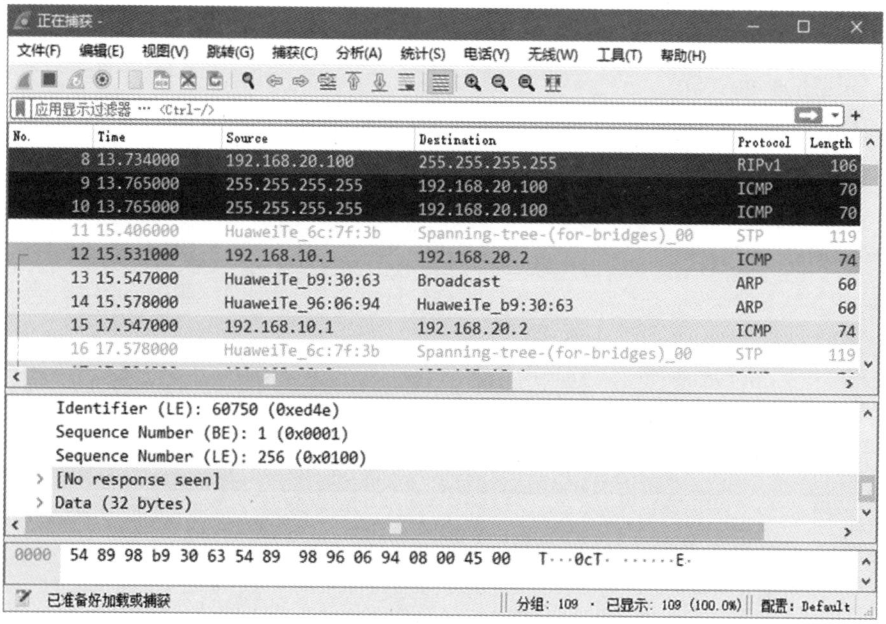

图 5 - 30　在路由器 R2 的 GE0/0/0 接口上捕获的报文

(10)捕获路由器 R2 的 Serial 0/0/0 接口上的报文,结果如图 5-31 所示第 1 条为路由器 R2 的 Serial 0/0/0 接口广播的 RIPv1 数据报文,用于向其他路由器接口发送路由表信息;第 6 条为收到的路由器 R1 的路由表广播。

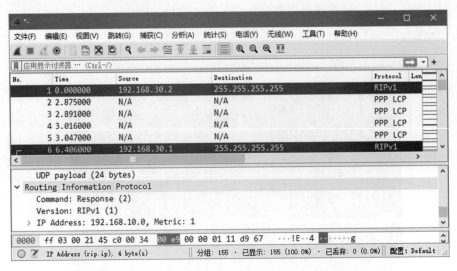

图 5-31　在路由器 R2 的 Serial 0/0/0 接口上捕获的报文

5.3.5　设备配置命令

1. 路由器 R1 上的配置命令

＜Huawei＞ undo terminal monitor

＜Huawei＞ system－view

[Huawei] sysname R1

[R1] interface g0/0/0

[R1—GigabitEthernet0/0/0] ip address 192.168.10.100 24

[R1—GigabitEthernet0/0/0] interface s0/0/0

[R1—Serial 0/0/0] ip address 192.168.30.1 24

[R1—Serial 0/0/0] quit

[R1] rip

[R1—rip—1] network 192.168.10.0

[R1—rip—1] network 192.168.30.0

2. 路由器 R2 上的配置命令

＜Huawei＞ undo terminal monitor

＜Huawei＞ system－view

[Huawei] sysname R2

[R2] interface g0/0/0

[R2—GigabitEthernet0/0/0] ip address 192.168.20.100 24

[R2—GigabitEthernet0/0/0] interface s0/0/0

[R2—Serial 0/0/0] ip address 192.168.30.2 24

〔R2－Serial 0/0/0〕quit

〔R2〕rip

〔R2－rip－1〕network 192.168.20.0

〔R2－rip－1〕network 192.168.30.0

3. 主机 PC1、PC2、PC3、PC4 上的配置命令

主机上的配置命令可分为两部分:①在配置窗口配置主机的 IP 地址和子网掩码;②在命令行窗口执行 ping 命令。

5.3.6　思考与创新

设计一个 RIP 路由协议实验,要求网络中至少包含 3 台路由器,网络中的主机通过路由器可以互相通信。

5.4　OSPF 路由协议配置实验

假设某公司组成部门的数量过多使得公司网络中的路由器数量超过了 16 台,这时采用 OSPF 路由协议生成动态路由信息会是一种较优的选择。

5.4.1　实验内容

OSPF 路由协议配置实验拓扑图如图 5－32 所示,验证路由器 OSPF 路由配置完成前后,各主机之间的通信情况变化。

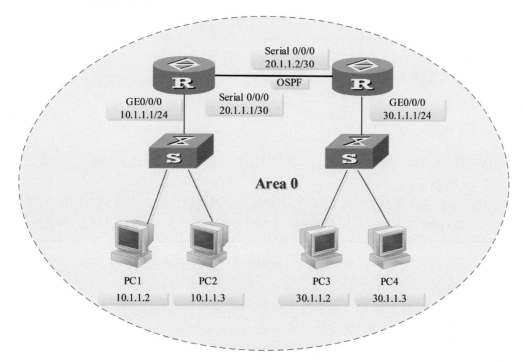

图 5－32　OSPF 路由协议配置实验拓扑图

按照实验拓扑图配置实验环境。通过配置 IP 地址,将主机 PC1、PC2 和路由器 R1 的 GE0/0/0 接口划分到 10.1.1.0 网段,将主机 PC3、PC4 和路由器 R2 的 GE0/0/0 接口划分到 30.1.1.0 网段,将路由器 R1 的 Serial 0/0/0 接口和路由器 R2 的 Serial 0/0/0 接口划分到 20.1.1.0 网段。

保证主机 PC1、PC2 和路由器 R1 的 GE0/0/0 接口之间可以相互 ping 通,主机 PC3、PC4 和路由器 R2 的 GE0/0/0 接口之间可以相互 ping 通。

因为没有启动路由协议,所以路由器 R1 的 Serial 0/0/0 接口和路由器 R2 的 Serial 0/0/0 接口之间不能 ping 通。在路由器上执行 OSPF 协议,再观察路由表内容。

5.4.2　实验目的

(1)掌握 OSPF 路由协议的工作原理;
(2)掌握 OSPF 路由协议的配置方法。

5.4.3　关键命令解析

1. 设置运行 OSPF 协议的路由器 ID 号

[R1] router id 1.1.1.1

router id 1.1.1.1 是系统视图下的命令,用来设置路由器的 ID 为 1.1.1.1。

2. 启动 OSPF 协议

[R1] ospf

[R1-ospf-1] area 0

[R1-ospf-1-area-0.0.0.0] network 1.1.1.1 0.0.0.0

[R1-ospf-1-area-0.0.0.0] network 20.1.1.0 0.0.0.3

[R1-ospf-1-area-0.0.0.0] network 10.1.1.0 0.0.0.255

创建区域 0,在接口 LoopBack0 上运行 OSPF 协议,在接口 Serial 0/0/0 上运行 OSPF 协议,在接口 GE0/0/0 上运行 OSPF 协议。

5.4.4　实验步骤

(1)启动华为 eNSP,按照如图 5-32 所示实验拓扑图连接设备,然后启动所有设备,eNSP 界面如图 5-33 所示。

(2)按照实验拓扑图配置主机 PC1 的 IP 地址和子网掩码。双击主机 PC1 图标,配置其主机名为 PC1,IP 地址为 10.1.1.2,子网掩码为 255.255.255.0,网关为 10.1.1.1,并点击应用。同样,配置主机 IP 地址/子网掩码/网关分别为:PC2(10.1.1.3/255.255.255.0/10.1.1.1)、PC3(30.1.1.2/255.255.255.0/30.1.1.1)、PC4(30.1.1.3/255.255.255.0/30.1.1.1),点击应用。

(3)配置完成后,在主机 PC1 命令行下执行 ping 命令,可以 ping 通主机 PC2,无法 ping 通主机 PC3 和 PC4。因为 PC1 和 PC2 在同一个 10.1.1.0 网段,PC3 和 PC4 同处于另一个 30.1.1.0 网段。不同网段之间在没有路由的情况下无法通信。在主机 PC2 命令行下可以 ping 通主机 PC4。

(4)在路由器 R1 上执行以下命令。

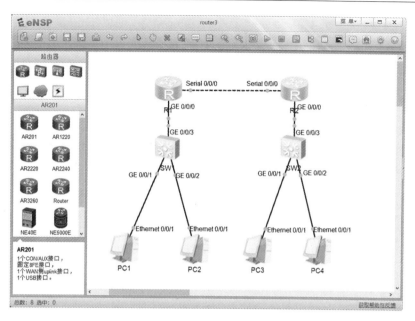

图 5-33 完成设备连接后的 eNSP 界面

1)关闭告警信息显示,避免提示信息影响命令输入。在用户视图下,执行 undo terminal monitor 命令,关闭信息显示。

2)设置路由器名。执行 system-view 命令进入系统视图,执行 sysname R1 命令,将路由器 1 的名称设置为 R1。

3)设置以太网接口的 IP 地址,如图 5-34 所示。

[R1]interface g0/0/0

[R1-GigabitEthernet0/0/0] ip address 10.1.1.1 255.255.255.0

4)设置 Serial 接口的 IP 地址,如图 5-34 所示。

[R1-GigabitEthernet0/0/0]interface s0/0/0

[R1-Serial 0/0/0] ip address 20.1.1.1 255.255.255.252

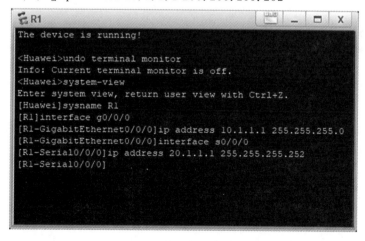

图 5-34 设置路由器接口 IP 地址

5)配置完成后,在主机 PC1 命令行下执行 ping 命令,可以 ping 通主机路由器 R1 的 GE0/0/0 接口,这是无法 ping 通 Serial 0/0/0 接口,这是因为 PC1 和 GE0/0/0 接口在同一个 10.1.1.0 网段,而 Serial 0/0/0 接口处于另一个 20.1.1.0 网段。不同网段之间在没有路由的情况下无法通信。GE0/0/0 接口就是主机 PC1 和 PC2 的网关。

6)设置运行 OSPF 协议的路由器 ID 号,配置 LoopBack 0 和 router id 地址一致。在路由器 R1 上执行下面的命令。

[R1] router id 1.1.1.1

[R1] interface LoopBack 0

[R1-LoopBack0] ip address 1.1.1.1 32

7)启动 OSPF 路由协议。启动 OSPF 后,创建区域 0,需要让 OSPF 协议在所有网段上生效,因此要在接口 LoopBack0、接口 Serial 0/0/0、接口 GE0/0/0 上让 OSPF 协议使能。

[R1-LoopBack0] ospf

[R1-ospf-1] area 0

[R1-ospf-1-area-0.0.0.0] network 1.1.1.1 0.0.0.0

[R1-ospf-1-area-0.0.0.0] network 20.1.1.0 0.0.0.3

[R1-ospf-1-area-0.0.0.0] network 10.1.1.0 0.0.0.255

8)执行 display ip routing-table 命令,显示路由表,如图 5-35 所示。

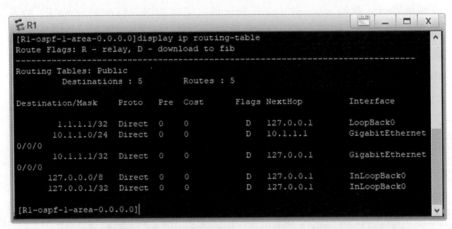

图 5-35 在路由器 R1 上显示路由表的结果

图中路由表第一列目的地址/网络掩码(Destination/Mask)列显示的 IP 地址均来自于直连接口,其中 1.1.1.1 是接口 LoopBack0 的 IP 地址。因为路由器 R2 的 OSPF 协议尚未启动,所以路由表中没有 OSPF 表项。

(5)在路由器 R2 上执行步骤(4)的命令,不同点在于将路由器名称设置为 R2,接口 GE0/0/0 的 IP 地址设置为 30.1.1.1/24,接口 Serial 0/0/0 的 IP 地址设置为 20.1.1.2/30,路由器 ID 号设置为 1.1.1.2,设置 OSPF 路由协议使能在 20.1.1.0 网段、30.1.1.0 网段和 1.1.1.2 网段,其余命令相同。执行 display current-configuration 命令显示当前配置,如图 5-36 所示。从图中可以看出,在区域 0 上启动了 OSPF 路由协议,并在三个网段上生效。

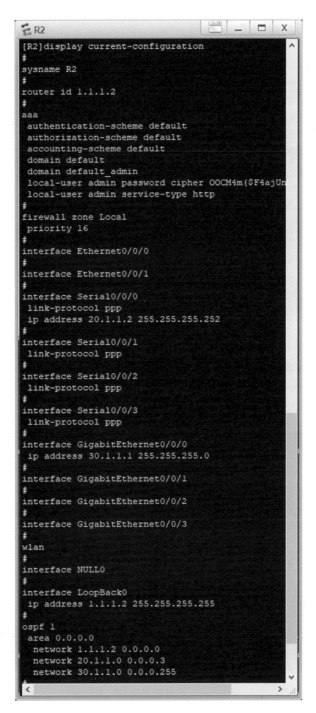

图 5-36　路由器 R2 的当前配置

　　(6)在路由器 R2 上执行 display ip routing-table 命令显示路由表。如图 5-37 所示,在 Proto 列下面出现 OSPF 项,表示 OSPF 路由协议配置正确。图中 OSPF 行的 Pre 列值为 10, 对比 Direct 直连模式的 Pre(优先级)值为 0,是最小的。另外,OSPF 协议项里的 Cost(开销) 值为 1 563,不是表示要到达 10.1.1.0 网段的开销要经过 1 563 个路由器转发才能到达。在

OSPF 协议里，Cost 值是根据每个接口速率的不同来计算的，是去往一个目的地途径的每一条链路的 Cost 值的累加。

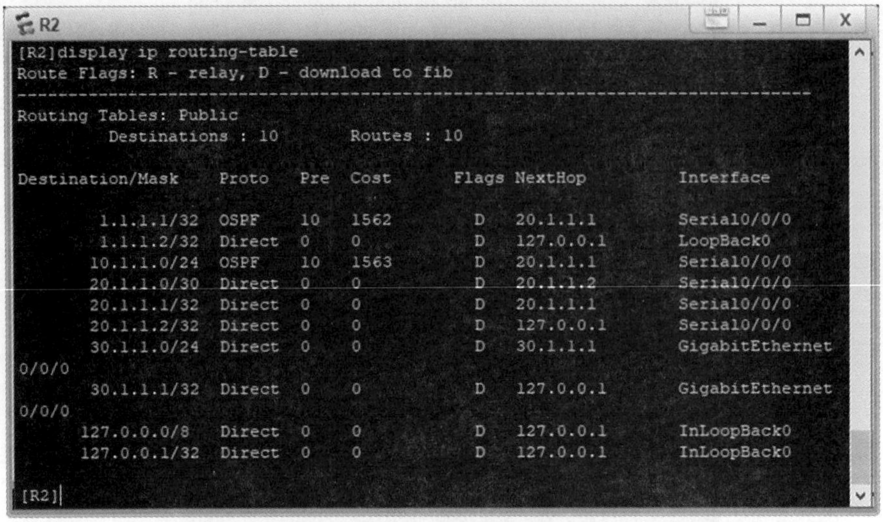

```
R2
[R2]display ip routing-table
Route Flags: R - relay, D - download to fib
------------------------------------------------------------------------------
Routing Tables: Public
         Destinations : 10       Routes : 10

Destination/Mask    Proto   Pre  Cost      Flags NextHop         Interface

        1.1.1.1/32  OSPF    10   1562        D   20.1.1.1        Serial0/0/0
        1.1.1.2/32  Direct  0    0           D   127.0.0.1       LoopBack0
       10.1.1.0/24  OSPF    10   1563        D   20.1.1.1        Serial0/0/0
       20.1.1.0/30  Direct  0    0           D   20.1.1.2        Serial0/0/0
       20.1.1.1/32  Direct  0    0           D   20.1.1.1        Serial0/0/0
       20.1.1.2/32  Direct  0    0           D   127.0.0.1       Serial0/0/0
       30.1.1.0/24  Direct  0    0           D   30.1.1.1        GigabitEthernet
0/0/0
       30.1.1.1/32  Direct  0    0           D   127.0.0.1       GigabitEthernet
0/0/0
      127.0.0.0/8   Direct  0    0           D   127.0.0.1       InLoopBack0
      127.0.0.1/32  Direct  0    0           D   127.0.0.1       InLoopBack0

[R2]
```

图 5 - 37　路由器 R2 上的路由表

在路由器 R1 上执行 display ip routing－table 命令显示路由表。如图 5 - 38 所示，在 Proto 列下面出现 OSPF 项，表示 OSPF 路由协议配置正确。

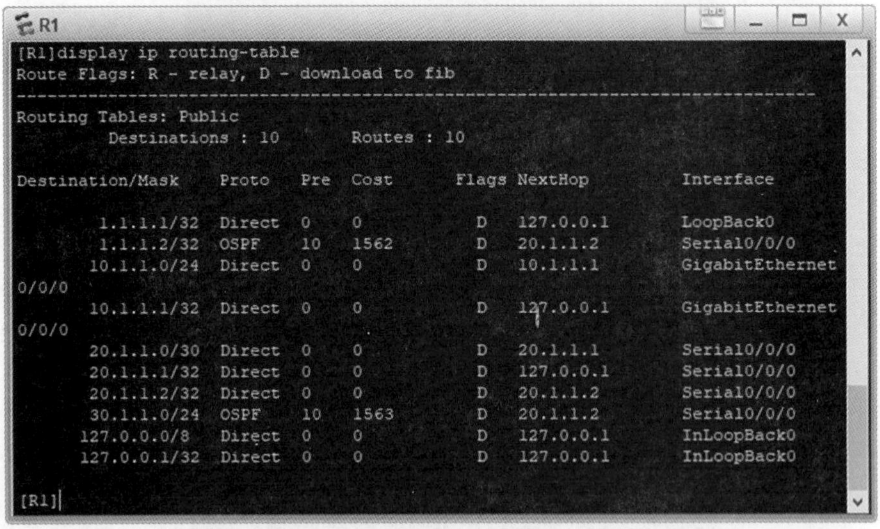

```
R1
[R1]display ip routing-table
Route Flags: R - relay, D - download to fib
------------------------------------------------------------------------------
Routing Tables: Public
         Destinations : 10       Routes : 10

Destination/Mask    Proto   Pre  Cost      Flags NextHop         Interface

        1.1.1.1/32  Direct  0    0           D   127.0.0.1       LoopBack0
        1.1.1.2/32  OSPF    10   1562        D   20.1.1.2        Serial0/0/0
       10.1.1.0/24  Direct  0    0           D   10.1.1.1        GigabitEthernet
0/0/0
       10.1.1.1/32  Direct  0    0           D   127.0.0.1       GigabitEthernet
0/0/0
       20.1.1.0/30  Direct  0    0           D   20.1.1.1        Serial0/0/0
       20.1.1.1/32  Direct  0    0           D   127.0.0.1       Serial0/0/0
       20.1.1.2/32  Direct  0    0           D   20.1.1.2        Serial0/0/0
       30.1.1.0/24  OSPF    10   1563        D   20.1.1.2        Serial0/0/0
      127.0.0.0/8   Direct  0    0           D   127.0.0.1       InLoopBack0
      127.0.0.1/32  Direct  0    0           D   127.0.0.1       InLoopBack0

[R1]
```

图 5 - 38　路由器 R1 上的路由表

在路由器 R1 上执行 display ospf 1 brief 命令查看路由器 R1 上 OSPF 协议运行信息，如图 5 - 39 所示。

(7)在主机 PC1 上执行 ping 命令，查看与路由器 R2 的 Serial 0/0/0 端口、GE0/0/0 端口和主机 PC3 的连通情况。主机 PC1 与它们不在同一个网段中，但是通过 OSPF 路由可以实现互通，如图 5 - 40 所示。从图中可以看到，主机 PC1 与主机 PC3 通信时间明显大于与 PC1 所在网段内主机的通信时间。

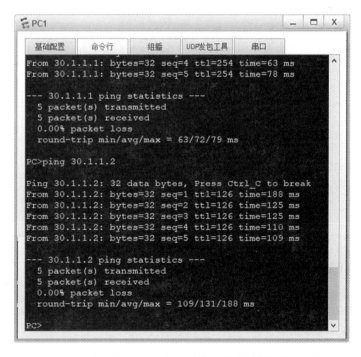

```
[R1]display ospf 1 brief

       OSPF Process 1 with Router ID 1.1.1.1
          OSPF Protocol Information

RouterID: 1.1.1.1        Border Router:
Multi-VPN-Instance is not enabled
Global DS-TE Mode: Non-Standard IETF Mode
Spf-schedule-interval: max 10000ms, start 500ms, hold 1000ms
Default ASE parameters: Metric: 1 Tag: 1 Type: 2
Route Preference: 10
ASE Route Preference: 150
SPF Computation Count: 8
RFC 1583 Compatible
Retransmission limitation is disabled
Area Count: 1  Nssa Area Count: 0
ExChange/Loading Neighbors: 0

Area: 0.0.0.0          (MPLS TE not enabled)
Authtype: None   Area flag: Normal
SPF scheduled Count: 8
ExChange/Loading Neighbors: 0
Router ID conflict state: Normal

Interface: 10.1.1.1 (GigabitEthernet0/0/0)
Cost: 1      State: DR       Type: Broadcast    MTU: 1500
Priority: 1
Designated Router: 10.1.1.1
Backup Designated Router: 0.0.0.0
Timers: Hello 10 , Dead 40 , Poll  120 , Retransmit 5 , Transmit Delay 1

Interface: 20.1.1.1 (Serial0/0/0) --> 20.1.1.2
Cost: 1562   State: P-2-P    Type: P2P    MTU: 1500
Timers: Hello 10 , Dead 40 , Poll  120 , Retransmit 5 , Transmit Delay 1

Interface: 1.1.1.1 (LoopBack0)
Cost: 0      State: P-2-P    Type: P2P    MTU: 1500
Timers: Hello 10 , Dead 40 , Poll  120 , Retransmit 5 , Transmit Delay 1
[R1]
```

图 5 - 39　路由器 R1 的 OSPF 路由协议信息

```
From 30.1.1.1: bytes=32 seq=4 ttl=254 time=63 ms
From 30.1.1.1: bytes=32 seq=5 ttl=254 time=78 ms

--- 30.1.1.1 ping statistics ---
  5 packet(s) transmitted
  5 packet(s) received
  0.00% packet loss
  round-trip min/avg/max = 63/72/79 ms

PC>ping 30.1.1.2

Ping 30.1.1.2: 32 data bytes, Press Ctrl_C to break
From 30.1.1.2: bytes=32 seq=1 ttl=126 time=188 ms
From 30.1.1.2: bytes=32 seq=2 ttl=126 time=125 ms
From 30.1.1.2: bytes=32 seq=3 ttl=126 time=125 ms
From 30.1.1.2: bytes=32 seq=4 ttl=126 time=110 ms
From 30.1.1.2: bytes=32 seq=5 ttl=126 time=109 ms

--- 30.1.1.2 ping statistics ---
  5 packet(s) transmitted
  5 packet(s) received
  0.00% packet loss
  round-trip min/avg/max = 109/131/188 ms

PC>
```

图 5 - 40　主机 PC1 可以 ping 通路由器 R2 接口和主机 PC3

(8)在主机 PC4 上执行 ping 命令,查看其与主机 PC2 的连通情况。主机 PC4 与 PC2 不在同一个网段中,但是通过路由可以实现互通。实际上,随着 OSPF 路由协议的配置成功,网络拓扑中的所有主机之间都可以互相通信。

(9)启动 Wireshark,捕获路由器 R2 的 Serial 0/0/0 接口上的报文,结果如图 5-41 所示。OSPF 报文使用组播进行更新,第 5 条为路由器 R2 发送的 OSPF Hello 报文,第 6 条为路由器 R1 发送的 OSPF Hello 报文。OSPF 协议使用一种称之为 Hello 的报文来建立和维护相邻邻居路由器之间的连接关系,两条 OSPF 报文都是发送给 224.0.0.5 的,这是路由器的侦听组播地址。

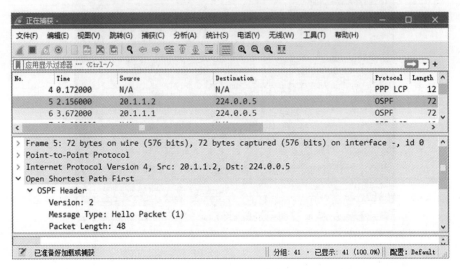

图 5-41 路由器 R2 的 Serial 0/0/0 接口上捕获的报文

5.4.5 设备配置命令

1. 路由器 R1 上的配置命令

<Huawei> undo terminal monitor

<Huawei> system-view

[Huawei] sysname R1

[R1] interface g0/0/0

[R1-GigabitEthernet0/0/0] ip address 10.1.1.1 255.255.255.0

[R1-GigabitEthernet0/0/0] interface s0/0/0

[R1-Serial 0/0/0] ip address 20.1.1.1 255.255.255.252

[R1-Serial 0/0/0] quit

[R1] router id 1.1.1.1

[R1] interface LoopBack 0

[R1-LoopBack0] ip address 1.1.1.1 32

[R1-LoopBack0] ospf

[R1-ospf-1] area 0

[R1-ospf-1-area-0.0.0.0] network 1.1.1.1 0.0.0.0

［R1-ospf-1-area-0.0.0.0］network 20.1.1.0 0.0.0.3

［R1-ospf-1-area-0.0.0.0］network 10.1.1.0 0.0.0.255

2. 路由器 R2 上的配置命令

＜Huawei＞ undo terminal monitor

＜Huawei＞ system-view

［Huawei］sysname R2

［R2］interface g0/0/0

［R2-GigabitEthernet0/0/0］ip address 30.1.1.1 255.255.255.0

［R2-GigabitEthernet0/0/0］interface s0/0/0

［R2-Serial 0/0/0］ip address 20.1.1.2 255.255.255.252

［R2-Serial 0/0/0］quit

［R2］router id 1.1.1.2

［R2］interface LoopBack 0

［R2-LoopBack0］ip address 1.1.1.2 32

［R2-LoopBack0］ospf

［R2-ospf-1］area 0

［R2-ospf-1-area-0.0.0.0］network 1.1.1.1 0.0.0.0

［R2-ospf-1-area-0.0.0.0］network 20.1.1.0 0.0.0.3

［R2-ospf-1-area-0.0.0.0］network 30.1.1.0 0.0.0.255

3. 主机 PC1、PC2、PC3、PC4 上的配置命令

主机上的配置命令可分为两部分：①在配置窗口配置主机的 IP 地址和子网掩码；②在命令行窗口执行 ping 命令。

5.4.6　思考与创新

设计一个 OSPF 路由协议实验，要求网络至少包含 3 台路由器，网络中的主机通过路由器可以互相通信。

5.5　多域 OSPF 邻居认证实验

多域 OSPF 邻居认证实验适合安全性要求高的大规模网络。

5.5.1　实验内容

多域 OSPF 邻居认证实验拓扑图如图 5-42 所示，验证路由器多域 OSPF 路由配置完成前后各主机之间的通信情况变化。

按照实验拓扑图配置实验环境。通过配置 IP 地址，将主机 PC1、PC2 和路由器 R2 的 GE0/0/0 接口划分到 10.1.1.0 网段，处于区域 0，将主机 PC3、PC4 和路由器 R3 的 GE0/0/0 接口划分到 30.1.1.0 网段，处于区域 1，将路由器 R2 的 Serial 0/0/0 接口和路由器 R1 的 Serial 0/0/0 接口划分到区域 0 的 20.1.1.0 网段，实现简单口令明文验证，将路由器 R3 的 Serial 0/0/0 接口和路由器 R1 的 Serial 0/0/1 接口划分到区域 1 的 21.1.1.0 网段，实现 MD5

密文验证。

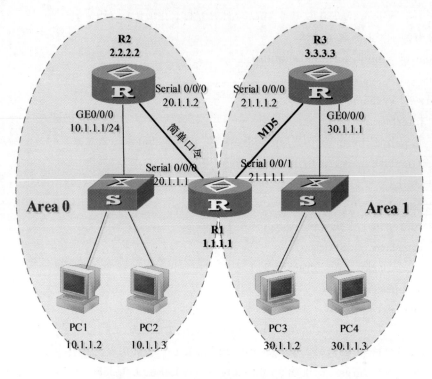

图 5－42　多域 OSPF 邻居认证实验拓扑图

保证主机 PC1、PC2 和路由器 R1 的 GE0/0/0 接口之间可以相互 ping 通，主机 PC3、PC4 和路由器 R2 的 GE0/0/0 接口之间可以相互 ping 通。

5.5.2　实验目的

(1)掌握多域 OSPF 路由协议的工作原理；
(2)掌握多域 OSPF 邻居认证配置方法。

5.5.3　关键命令解析

1. 配置接口明文验证
[R2－Serial 0/0/0] ospf authentication－mode simple password
2. 配置接口 MD5 密文验证
[R3－Serial 0/0/0] ospf authentication－mode md5 1 password
在不同的区域实现不同的验证方式，在路由器 R2 的 Serial 0/0/0 接口的网段 20.1.1.0 所在的区域 0 实现明文验证，在路由器 R3 的 Serial 0/0/0 接口的网段 21.1.1.0 所在的区域 1 实现 MD5 密文验证。

5.5.4　实验步骤

(1)启动华为 eNSP，按照如图 5－42 所示实验拓扑图连接设备，然后启动所有的设备，eNSP 界面如图 5－43 所示。

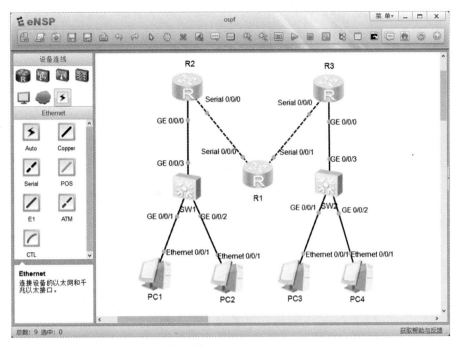

图 5-43　完成设备连接后的 eNSP 界面

（2）按照实验拓扑图配置主机 PC1 的 IP 地址和子网掩码。双击主机 PC1 的图标,配置其主机名为 PC1,IP 地址为 10.1.1.2,子网掩码为 255.255.255.0,网关为 10.1.1.1,然后点击"应用"按钮。同样,配置其他主机的 IP 地址/子网掩码/网关分别为 PC2(10.1.1.3/255.255.255.0/10.1.1.1)、PC3(30.1.1.2/255.255.255.0/30.1.1.1)、PC4(30.1.1.3 /255.255.255.0/30.1.1.1),然后点击"应用"按钮。

（3）配置完成后,在主机 PC1 的命令行下执行 ping 命令,可以 ping 通主机 PC2,无法 ping 通主机 PC3 和 PC4。这是因为主机 PC1 和 PC2 在同一个 10.1.1.0 网段,主机 PC3 和 PC4 同处于另一个 30.1.1.0 网段。不同网段之间在没有路由的情况下无法进行通信。在主机 PC3 命令行下执行 ping 命令,可以 ping 通主机 PC4。

（4）在路由器 R2 上执行以下命令。

1）关闭告警信息显示,避免提示信息影响命令输入。在用户视图下执行 undo terminal monitor 命令,关闭信息显示。

2）设置路由器名。执行 system－view 命令进入系统视图,在系统视图下执行命令 sysname R2,将路由器的名称设置为 R2。

3）设置以太网接口的 IP 地址。

[R2] interface g0/0/0

[R2－GigabitEthernet0/0/0] ip address 10.1.1.1 255.255.255.0

4）设置 Serial 接口的 IP 地址。

[R2－GigabitEthernet0/0/0] interface s0/0/0

[R2－Serial 0/0/0] ip address 20.1.1.2 255.255.255.0

5）配置完成后,在主机 PC1 的命令行下执行 ping 命令,可以 ping 通主机路由器 R2 的

GE0/0/0 接口,无法 ping 通 Serial 0/0/0 接口。这是因为 PC1 和 GE0/0/0 接口在同一个 10.1.1.0 网段,而 Serial 0/0/0 接口处于另一个 20.1.1.0 网段。不同网段之间在没有路由的情况下无法进行通信。

6)在路由器 R2 上配置接口 Serial 0/0/0,使网段 20.1.1.0 所在的区域 0 支持明文验证,设置运行 OSPF 协议的路由器 ID 号。

〔R2—Serial 0/0/0〕ospf authentication—mode simple password

〔R2—Serial 0/0/0〕router id 2.2.2.2

7)启动 OSPF 路由协议。启动 OSPF 协议后,创建区域 0,让 OSPF 协议在所有网段上生效。区域 0 设置明文验证。

〔R2〕ospf

〔R2—ospf—1〕area 0

〔R2—ospf—1—area—0.0.0.0〕network 20.1.1.0 0.0.0.255

〔R2—ospf—1—area—0.0.0.0〕network 10.1.1.0 0.0.0.255

〔R2—ospf—1—area—0.0.0.0〕authentication—mode simple

8)执行 display ip routing—table 命令,显示路由器 R2 的路由表,如图 5-44 所示。

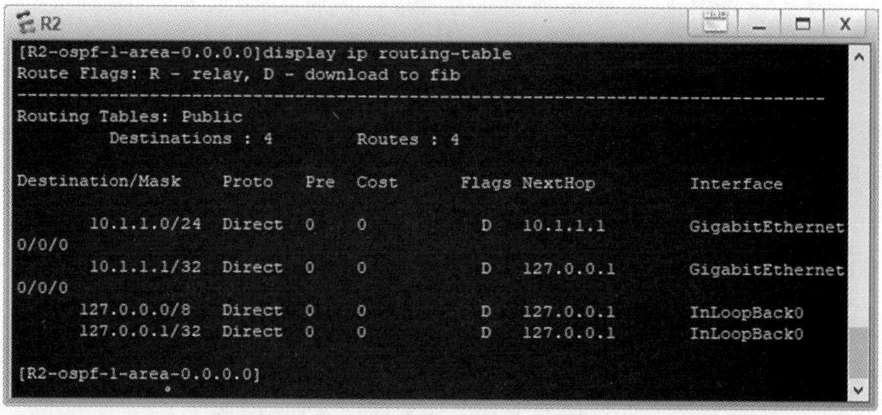

图 5-44　在路由器 R2 上显示路由表的结果

图中路由表第二列 Proto(协议)中只有 Direct 直连路由,这是因为路由器 R1 的 OSPF 协议尚未启动,所以路由表中没有 OSPF 表项。

(5)在路由器 R3 上执行下列命令,不同点在于将路由器名称设置为 R3,将接口 GE0/0/0 的 IP 地址设置为 30.1.1.1/24,将接口 Serial 0/0/0 的 IP 地址设置为 21.1.1.2/30,将路由器 ID 设置为 3.3.3.3,设置区域 1,OSPF 路由协议使能在 21.1.1.0 网段和 30.1.1.0 网段,设置 MD5 验证。其余命令相同。执行 display current—configuration 命令,显示当前配置,如图 5-45 所示。图中显示在区域 1 上启动 OSPF 路由协议,接口 Serial 0/0/0 开启 MD5 验证。

(6)在路由器 R1 上执行以下命令。

1)关闭告警信息显示,避免提示信息影响命令输入。在用户视图下执行 undo terminal monitor 命令,关闭信息显示。

2)设置路由器名。执行 system—view 命令进入系统视图,在系统视图下执行 sysname R1 命令,将路由器的名称设置为 R1。

```
E R3                                          _  □  X
#
sysname R3
#
router id 3.3.3.3
#
aaa
 authentication-scheme default
 authorization-scheme default
 accounting-scheme default
 domain default
 domain default_admin
 local-user admin password cipher OOCM4m($F4ajUnlvMEIBNUw#
 local-user admin service-type http
#
firewall zone Local
 priority 16
#
interface Ethernet0/0/0
#
interface Ethernet0/0/1
#
interface Serial0/0/0
 link-protocol ppp
 ip address 21.1.1.2 255.255.255.0
 ospf authentication-mode md5 1 cipher Zj;`0yR7vCECB7Ie7'/)jm$#
#
interface Serial0/0/1
 link-protocol ppp
#
interface Serial0/0/2
 link-protocol ppp
#
interface Serial0/0/3
 link-protocol ppp
#
interface GigabitEthernet0/0/0
 ip address 30.1.1.1 255.255.255.0
#
interface GigabitEthernet0/0/1
#
interface GigabitEthernet0/0/2
#
interface GigabitEthernet0/0/3
#
wlan
#
interface NULL0
#
ospf 1
 area 0.0.0.1
  authentication-mode md5
  network 21.1.1.0 0.0.0.255
  network 30.1.1.0 0.0.0.255
#
user-interface con 0
user-interface vty 0 4
user-interface vty 16 20
#
return
[R3-ospf-1-area-0.0.0.1]
```

图 5-45　路由器 R3 的当前配置

3)设置 Serial 0/0/0 接口的 IP 地址,启动明文验证。

[R1] interface Serial 0/0/0

[R1—Serial 0/0/0] ip address 20.1.1.1 255.255.255.0

[R1—Serial 0/0/0] ospf authentication—mode simple password

4)设置 Serial 0/0/1 接口的 IP 地址,启动 MD5 密文验证。

[R1—Serial 0/0/0] interface Serial 0/0/1

[R1—Serial 0/0/1] ip address 21.1.1.1 255.255.255.0

[R1－Serial 0/0/1] ospf authentication－mode md5 1 password

5)启动 OSPF 路由协议。

创建区域 0,让 OSPF 协议在 20.1.1.0 网段上生效。区域 0 设置明文验证。

[R1－Serial 0/0/1] ospf

[R1－ospf－1] area 0

[R1－ospf－1－area－0.0.0.0] network 20.1.1.0 0.0.0.255

[R1－ospf－1－area－0.0.0.0] authentication－mode simple

[R1－ospf－1－area－0.0.0.0] quit

创建区域 1,让 OSPF 协议在 21.1.1.0 网段上生效。区域 1 设置 MD5 密文验证。

[R1－ospf－1] area 1

[R1－ospf－1－area－0.0.0.1] network 21.1.1.0 0.0.0.255

[R1－ospf－1－area－0.0.0.1] authentication－mode md5

(7)在路由器 R1 上执行 display ip routing－table 命令显示路由表。如图 5－46 所示,在 Proto 列下面出现 OSPF 项,表示 OSPF 路由协议配置正确。图中有两项 OSPF 协议,分别是到达 10.1.1.0 网段和 30.1.1.0 网段的路由。

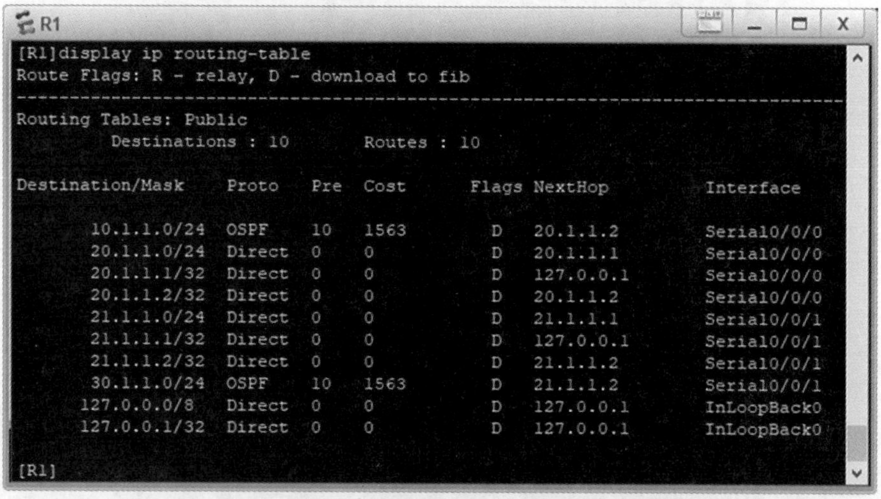

```
[R1]display ip routing-table
Route Flags: R - relay, D - download to fib
------------------------------------------------------------------------------
Routing Tables: Public
         Destinations : 10       Routes : 10

Destination/Mask    Proto   Pre  Cost      Flags NextHop         Interface

       10.1.1.0/24  OSPF    10   1563        D   20.1.1.2        Serial0/0/0
       20.1.1.0/24  Direct  0    0           D   20.1.1.1        Serial0/0/0
       20.1.1.1/32  Direct  0    0           D   127.0.0.1       Serial0/0/0
       20.1.1.2/32  Direct  0    0           D   20.1.1.2        Serial0/0/0
       21.1.1.0/24  Direct  0    0           D   21.1.1.1        Serial0/0/1
       21.1.1.1/32  Direct  0    0           D   127.0.0.1       Serial0/0/1
       21.1.1.2/32  Direct  0    0           D   21.1.1.2        Serial0/0/1
       30.1.1.0/24  OSPF    10   1563        D   21.1.1.2        Serial0/0/1
      127.0.0.0/8   Direct  0    0           D   127.0.0.1       InLoopBack0
      127.0.0.1/32  Direct  0    0           D   127.0.0.1       InLoopBack0

[R1]
```

图 5－46　路由器 R1 的路由表

在路由器 R2 上执行 display ip routing－table 命令显示路由表。如图 5－47 所示,图中 OSPF 项 Cost 的值分别为 3 124 和 3 125,明显大于路由器 R1 路由表中 OSPF 项 Cost 的值,这是因为如果路由器 R2 要到达 21.1.1.0 网段和 30.1.1.0 网段,需要经过路由器 R1 和路由器 R3 的转发,开销明显增大。在路由器 R3 上显示路由表,情况与此类似。

在路由器 R1 上执行 display ospf 1 brief 命令查看路由器 R1 上 OSPF 协议信息,如图 5－48 所示。在路由器 R1 上执行 display ospf lsdb brief 命令查看路由器 R1 上 OSPF 连接状态数据库,可看到不同的 LSA,如图 5－49 所示。

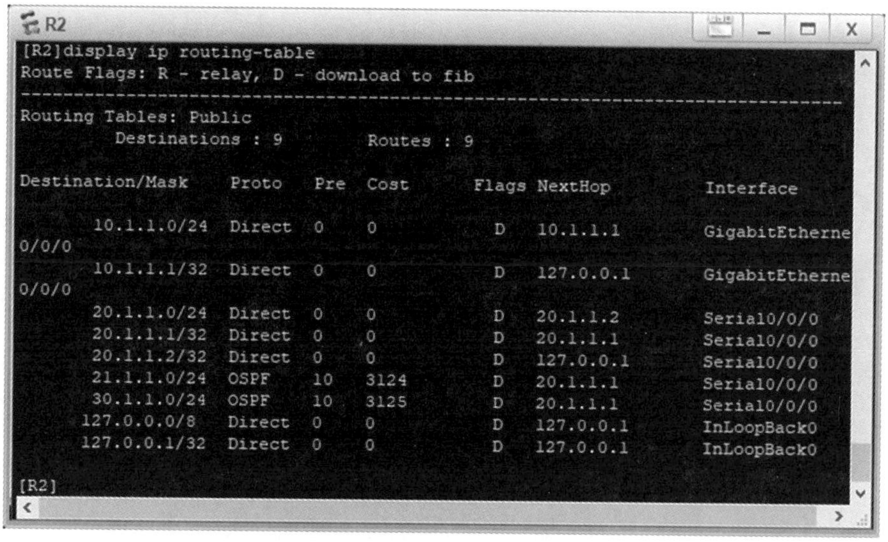

```
R2
[R2]display ip routing-table
Route Flags: R - relay, D - download to fib
------------------------------------------------------------------------------
Routing Tables: Public
         Destinations : 9        Routes : 9

Destination/Mask    Proto   Pre  Cost      Flags NextHop         Interface

       10.1.1.0/24  Direct  0    0           D   10.1.1.1        GigabitEtherne
0/0/0
       10.1.1.1/32  Direct  0    0           D   127.0.0.1       GigabitEtherne
0/0/0
       20.1.1.0/24  Direct  0    0           D   20.1.1.2        Serial0/0/0
       20.1.1.1/32  Direct  0    0           D   20.1.1.1        Serial0/0/0
       20.1.1.2/32  Direct  0    0           D   127.0.0.1       Serial0/0/0
       21.1.1.0/24  OSPF    10   3124        D   20.1.1.1        Serial0/0/0
       30.1.1.0/24  OSPF    10   3125        D   20.1.1.1        Serial0/0/0
      127.0.0.0/8   Direct  0    0           D   127.0.0.1       InLoopBack0
      127.0.0.1/32  Direct  0    0           D   127.0.0.1       InLoopBack0

[R2]
```

图 5 - 47　路由器 R2 的路由表

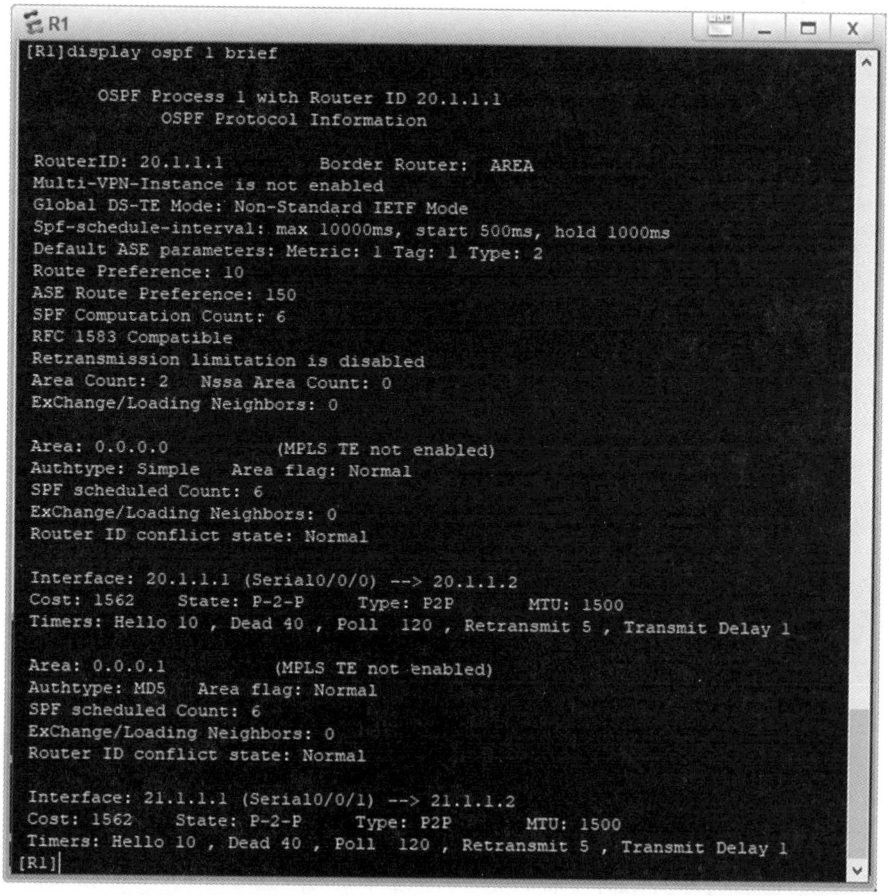

```
R1
[R1]display ospf 1 brief

       OSPF Process 1 with Router ID 20.1.1.1
             OSPF Protocol Information

 RouterID: 20.1.1.1          Border Router:  AREA
 Multi-VPN-Instance is not enabled
 Global DS-TE Mode: Non-Standard IETF Mode
 Spf-schedule-interval: max 10000ms, start 500ms, hold 1000ms
 Default ASE parameters: Metric: 1 Tag: 1 Type: 2
 Route Preference: 10
 ASE Route Preference: 150
 SPF Computation Count: 6
 RFC 1583 Compatible
 Retransmission limitation is disabled
 Area Count: 2   Nssa Area Count: 0
 ExChange/Loading Neighbors: 0

 Area: 0.0.0.0          (MPLS TE not enabled)
 Authtype: Simple   Area flag: Normal
 SPF scheduled Count: 6
 ExChange/Loading Neighbors: 0
 Router ID conflict state: Normal

 Interface: 20.1.1.1 (Serial0/0/0) --> 20.1.1.2
 Cost: 1562     State: P-2-P     Type: P2P       MTU: 1500
 Timers: Hello 10 , Dead 40 , Poll  120 , Retransmit 5 , Transmit Delay 1

 Area: 0.0.0.1          (MPLS TE not enabled)
 Authtype: MD5    Area flag: Normal
 SPF scheduled Count: 6
 ExChange/Loading Neighbors: 0
 Router ID conflict state: Normal

 Interface: 21.1.1.1 (Serial0/0/1) --> 21.1.1.2
 Cost: 1562     State: P-2-P     Type: P2P       MTU: 1500
 Timers: Hello 10 , Dead 40 , Poll  120 , Retransmit 5 , Transmit Delay 1
[R1]
```

图 5 - 48　路由器 R1 的 OSPF 路由协议信息

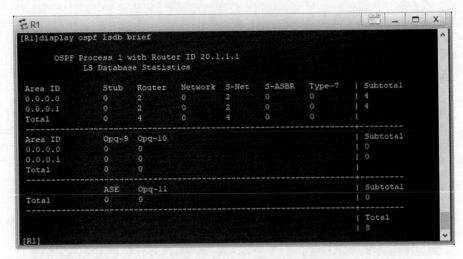

图 5 - 49　路由器 R1 的 OSPF 连接状态数据库信息

(8)在主机 PC1 上执行 ping 命令,查看与主机 PC4 的连通情况,如图 5 - 50 所示。从图中可以看到,主机 PC1 与主机 PC4 之间可以通信,但是通信时间明显大于与 PC1 处于同一网段内主机的通信时间。

图 5 - 50　主机 PC1 可以 ping 通主机 PC4

(9)在主机 PC4 上执行 ping 命令,查看与主机 PC2 的连通情况。随着 OSPF 路由协议的配置成功,网络拓扑图中的所有主机之间都可以互相通信。

(10)启动 Wireshark,捕获路由器 R1 的 Serial 0/0/0 接口上的报文,结果如图 5 - 51 所示。OSPF 报文使用组播进行更新,第 5 条为路由器 R2 发送的 OSPF Hello 报文,第 6 条为路由器 R1 发送的 OSPF Hello 报文。查看第 5 条报文的详细内容可以看到,该报文的验证类型是 Simple password,验证密码是单词 password,报文通过明文传送。

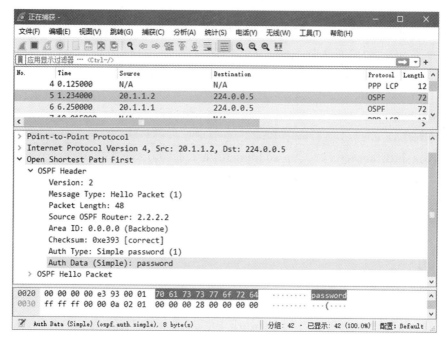

图 5-51 在路由器 R1 的 Serial 0/0/0 接口上捕获的报文

(11)捕获路由器 R1 的 Serial 0/0/1 接口上的报文,结果如图 5-52 所示。第 6 条为路由器 R1 发送的 OSPF Hello 报文。查看第 6 条报文的详细内容可以看到,该报文的验证类型是 Cryptographic 密文,验证密码是 e2ee76efdf920d8e81ce2969ed16368d,密码经 MD5 运算加密。

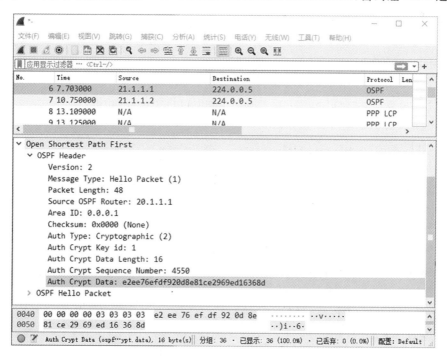

图 5-52 在路由器 R1 的 Serial 0/0/1 接口上捕获的报文

5.5.5 设备配置命令

1. 路由器 R2 上的配置命令

<Huawei> undo terminal monitor

<Huawei>system-view

[Huawei] sysname R2

[R2] interface g0/0/0

[R2-GigabitEthernet0/0/0] ip address 10.1.1.1 255.255.255.0

[R2-GigabitEthernet0/0/0] interface s0/0/0

[R2-Serial 0/0/0] ip address 20.1.1.2 255.255.255.0

[R2-Serial 0/0/0] ospf authentication-mode simple password

[R2-Serial 0/0/0] router id 2.2.2.2

[R2] ospf

[R2-ospf-1] area 0

[R2-ospf-1-area-0.0.0.0] network 20.1.1.0 0.0.0.255

[R2-ospf-1-area-0.0.0.0] network 10.1.1.0 0.0.0.255

[R2-ospf-1-area-0.0.0.0] authentication-mode simple

2. 路由器 R3 上的配置命令

<Huawei> undo terminal monitor

<Huawei>system-view

[Huawei] sysname R3

[R3] interface g0/0/0

[R3-GigabitEthernet0/0/0] ip address 30.1.1.1 255.255.255.0

[R3-GigabitEthernet0/0/0] interface s0/0/0

[R3-Serial 0/0/0] ip address 21.1.1.2 255.255.255.0

[R3-Serial 0/0/0] ospf authentication-mode md5 1 password

[R3-Serial 0/0/0] router id 3.3.3.3

[R3] ospf

[R3-ospf-1] area 1

[R3-ospf-1-area-0.0.0.1] network 21.1.1.0 0.0.0.255

[R3-ospf-1-area-0.0.0.1] network 30.1.1.0 0.0.0.255

[R3-ospf-1-area-0.0.0.1] authentication-mode md5

3. 路由器 R1 上的配置命令

<Huawei> undo terminal monitor

<Huawei> system-view

[Huawei] sysname R1

[R1] interface Serial 0/0/0

[R1-Serial 0/0/0] ip address 20.1.1.1 255.255.255.0

[R1-Serial 0/0/0] ospf authentication-mode simple password

［R1－Serial 0/0/0］interface Serial 0/0/1

［R1－Serial 0/0/1］ip address 21.1.1.1 255.255.255.0

［R1－Serial 0/0/1］ospf authentication－mode md5 1 password

［R1－Serial 0/0/1］ospf

［R1－ospf－1］area 0

［R1－ospf－1－area－0.0.0.0］network 20.1.1.0 0.0.0.255

［R1－ospf－1－area－0.0.0.0］authentication－mode simple

［R1－ospf－1－area－0.0.0.0］quit

［R1－ospf－1］area 1

［R1－ospf－1－area－0.0.0.1］network 21.1.1.0 0.0.0.255

［R1－ospf－1－area－0.0.0.1］authentication－mode md5

4. 主机 PC1、PC2、PC3、PC4 上的配置命令

主机上的配置命令分为两部分：①在配置窗口配置主机的 IP 地址和子网掩码；②在命令行窗口执行 ping 命令。

5.5.6　思考与创新

设计一个 OSPF 路由域间通信实验，实现四个公司之间的互通实验，要求把每个公司设置为不同域，公司主机之间通过路由器可以通信。

第6章 广域网协议实验

随着某企业的发展,其规模越来越大,分支机构遍布各地。各分支机构的员工需要与总部进行通信和共享数据,局域网技术已经不能满足这类远距离的通信需求。为解决此问题,企业通常使用广域网(Wide Area Network,WAN)技术,以专线或 VPN 形式将分布在不同地区分支结构的局域网或计算机系统连起来,达到资源共享的目的。WAN 的覆盖距离一般可以从几十千米至几万千米,可以跨越市、省、甚至国家。目前,广域网支持业务也从最初的简单数据传输发展到现在的语音通话、视频会议等。除基础设施外,协议也是 WAN 的重要部件之一。这里的广域网协议是指工作在 OSI 参考模型数据链路层上的协议,常见的广域网协议包括点对点协议(Point—to—Point Protocol,PPP)、帧中继(Frame Relay,FR)等。

6.1 广域网协议介绍

6.1.1 PPP 简介

PPP 协议主要用于在全双工的同异步链路上进行点到点的数据传输,如图 6-1 所示。PPP 协议的详细描述见 RFC 1661,其协议组件包括以下几个部分:

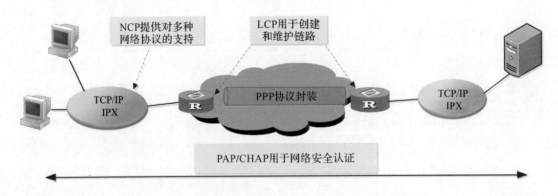

图 6-1 PPP 协议组件及相互关系

(1)数据封装方式,规定协议数据帧格式;

(2)链路控制协议(Link Control Protocol,LCP),用于建立、拆除和维护数据链路;

(3)网络层控制协议(Network Control Protocol,NCP),用于适配不同的网络层协议,协商在数据链路上传输的数据格式与类型;

（4）验证协议族，用于网络安全方面的验证，包括密码认证协议（Password Authentication Protocol，PAP）和挑战握手验证协议（Challenge Handshake Authentication Protocol，CHAP）。

PPP协议是在串行线IP协议（Serial Line IP，SLIP）的基础上发展起来的，能够提供用户验证，易于扩充，并且支持同、异步通信，因而获得了广泛应用。

1. PPP协议数据帧格式

PPP协议报文封装格式如图6-2所示，其每个字段的含义说明如表6-1所示。

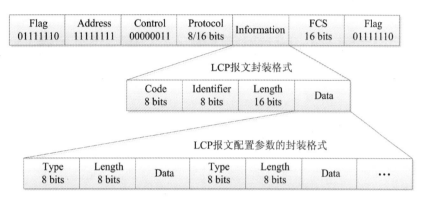

图 6-2　PPP 协议报文的封装格式

表 6-1　PPP 报文中各字段的含义

字　段	含　义
Flag	标识数据帧的起始和结束，该字节为 0x7E
Address	标识通信的对方。因为 PPP 协议是点对点协议，所以通信双方无需知道对方的数据链路层地址。该字节为全 1，无实际意义
Control	该字段默认为 0x03，表明为无序号帧。通常情况下，Address 和 Control 一起标识 PPP 报文，即 PPP 报文开头为 0xFF03
Protocol	用来区分 PPP 数据帧中 Information 域所承载的数据类型，常见的协议代码如表 6-2 所示
Information	PPP 协议报文传输的数据内容，最大长度是 1 500 字节，包括填充域的内容
FCS	帧校验序列（Frame Check Sequence，FCS），是一段 4 个字节的循环冗余校验码

表 6-2　PPP 协议报文中常见的协议代码

协议代码	协议类型
0021	Internet Protocol
8021	Internet Protocol Control Protocol
C021	Link Control Protocol
C023	Password Authentication Protocol
C223	Challenge Handshake Authentication Protocol

2. 链路控制协议 LCP 和网络层控制协议 NCP

PPP 协议利用 LCP(Link Control Protocol)报文建立链路和过程协商,LCP 报文做为净载荷被封装在 PPP 数据帧的 Information 域中,协议域被填为 0xC021。

LCP 报文的封装格式如图 6-2 所示,其中 Code 域用来标识 LCP 报文的类型,比如配置请求报文、配置确认报文、终止链路请求、终止链路确认;Identifier 域用来匹配请求和响应,在对方收到配置请求报文后,要求回应报文中的 ID 需要与接收报文中的 ID 一致;Length 域里存放的是 LCP 报文的字节长度;Data 域里存放的是协商内容。

建立 PPP 链路的过程是通过一系列的协商来完成的,如图 6-3 所示。

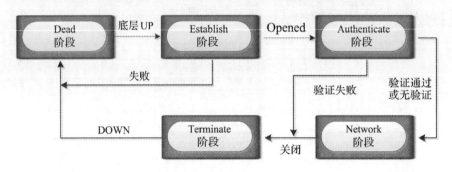

图 6-3　PPP 链路的建立过程

(1)PPP 链路都是从 Dead 阶段开始和结束的。当通信双方检测到物理线路被激活时,就从 Dead 阶段跃至 Establish 阶段,双方开始建立 PPP 链路。

(2)在 Establish 阶段,PPP 链路进行 LCP 协商,协商内容包括工作方式、最大接收单元 MRU、验证方式和魔术字(magic number)等选项。协商成功表示底层链路已经建立,LCP 状态为 Opened。

(3)如果配置了验证,PPP 链路将进入 Authenticate 阶段,开始 CHAP 或 PAP 验证。如果没有配置验证,则直接进入 Network 阶段。

(4)在 Authenticate 阶段,如果验证失败,PPP 链路进入 Terminate 阶段,LCP 状态转为 Down。如果验证成功,PPP 链路进入 Network 阶段,LCP 状态仍为 Opened。

(5)在 Network 阶段,通过 NCP(Network Control Protocol)协商来配置一个网络层协议,并进一步协商网络层参数。NCP 协商成功后,NCP 状态变为 Opened,才能通过 PPP 链路发送数据,PPP 链路一直保持通信状态。在 PPP 链路的运行过程中,可以随时关闭链路,进入 Terminate 阶段。

(6)在 Terminate 阶段,所有资源被释放后,LCP 状态变为 Down,通信双方都回到 Dead 阶段。

3. 密码认证协议 PAP

缺省情况下,PPP 链路不进行安全验证。如果要求验证,在链路建立阶段必须指定验证协议。PPP 提供 PAP(Password Authentication Protocol)和 CHAP(Challenge Handshake Authentication Protocol)两种验证方式。

PPP 验证又分为单向验证和双向验证。单向验证是指通信的一方作为验证方,另一方作为被验证方。双向验证是单向验证的简单叠加,即双方既作为验证方又作为被验证方。

PAP 验证为两次握手验证,采用明文传输口令。其验证过程如图 6-4 所示。

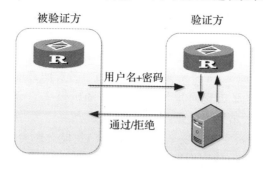

图 6-4　PAP 验证过程

(1)被验证方把用户名和口令以明文形式发送给验证方。

(2)验证方在收到对方验证信息后,查询本地用户表。

・若有,则查看口令是否正确:若口令正确,则认证通过;若口令不正确,则认证失败。

・若没有,则认证失败。

当 PPP 协议利用 PAP 报文进行安全认证时,PAP 报文作为净载荷被封装在 PPP 数据帧的 Information 域中,协议域被填为 0xC023。

4. 挑战握手验证协议 CHAP

CHAP 验证采用三次握手验证方式,在网络上只传输用户名,而不传输用户口令,因此安全性比 PAP 高。其验证过程如图 6-5 所示。

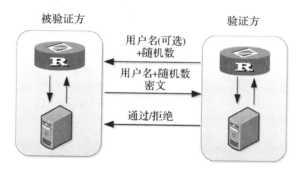

图 6-5　CHAP 验证过程

验证方在向被验证方发起验证过程时,可以选择发送用户名,也可选择不发送用户名。因此,验证过程又分为两种情况:含用户名的验证和不含用户名的验证。

(1)含用户名的 CHAP 验证过程如下:

1)由验证方发起验证请求,向被验证方发送随机报文,并附带上用户名。

2)被验证方接到验证请求后,先检查本地是否配置了 CHAP 密码。

・如果配置了,则被验证方用报文 ID、CHAP 密码和 MD5 算法对随机报文进行加密,并将密文和自己的用户名发回验证方。

・如果未配置,则根据验证方的用户名查询本地用户表获取该用户的密码,用报文 ID、用户密码和 MD5 算法对随机报文进行加密,并将密文和自己的用户名发回验证方。

3)验证方用保存的被验证方密码和 MD5 算法对随机报文加密,比较二者的密文,若比较结果一致,认证通过;若比较结果不一致,则认证失败。

不含用户名的 CHAP 验证过程如下:

1)由验证方发起验证请求,向被验证方发送随机报文。

2)被验证方在接到验证请求后,利用报文 ID、ppp chap password 配置的 CHAP 密码和 MD5 算法对随机报文进行加密,并将密文和自己的用户名发回验证方。

3)验证方用保存的被验证方密码和 MD5 算法对随机报文加密,比较二者的密文,若比较结果一致,认证通过;若比较结果不一致,则认证失败。

PPP 协议利用 CHAP 报文进行安全认证时,CHAP 报文作为净载荷被封装在 PPP 数据帧的 Information 域中,协议域被填为 0xC223。

6.1.2 帧中继简介

帧中继是在数据链路层用简化方法传送和交换数据单元的快速分组交换技术,可以在一条物理链路上复用多条虚电路(Virtual Circuit,VC)传送数据,实现带宽复用和动态分配。

1. 帧中继的基本概念

帧中继用虚电路连接通信双方的设备,每条虚电路用数据链路连接标识符标识,多段虚电路就构成了连接通信双方设备的永久虚电路。

虚电路是在两台通信设备之间物理链路上建立的逻辑链路。根据建立方式,虚电路分为永久虚电路和交换虚电路两类。

• 永久虚电路(Permanent Virtual Circuit,PVC):指由手工设置的虚电路,也是目前帧中继中使用最多的 VC 类型。

• 交换虚电路(Switching Virtual Circuit,SVC):指由协议自动创建和维护的虚电路。

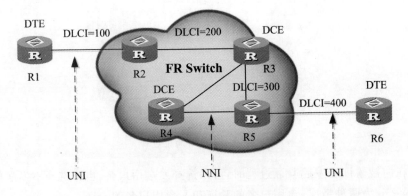

图 6-6 一个帧中继网络示意图

帧中继可以在一条物理链路上建立多条虚电路,每条虚电路用数据链路连接标识(Data Link Connection Identifier,DLCI)来区分。DLCI 只在本地接口有效,这点类似传输层的端口号。也就是说,不同物理接口上相同的 DLCI 并不标识同一条虚电路。此外,由于虚电路是面向连接的,不同的 DLCI 连接不同的对端设备,所以 DLCI 也可视为对端设备的"帧中继地址"。

在帧中继网络中,存在数据终端设备(Data Terminal Equipment,DTE)和数据通信设备(Data Communication Equipment,DCE)两类设备。DTE 是用户设备,比如路由器或用户主机;而 DCE 则是将用户接入网络的设备或网络中的交换设备。DTE 和 DCE 之间的接口被称为用户网络接口(User Network Interface,UNI);DCE 和 DCE 之间的接口被称为网络间接口(Network Network Interface,NNI)。如图 6-6 所示,两台 DTE(R1 和 R6)通过帧中继网络互连,DCE 设备 R2、R3、R4 和 R5 组成帧中继交换网(FR Switch)。R1 和 R2 间的接口被称为 UNI,R4 和 R5 间的则被称为 NNI。R1 和 R6 之间建立的一条永久虚电路(R1→R2→R3→R5→R6)由四段虚电路组成,不同虚电路段的 DLCI 不同,分别是 100(R1 和 R2 之间的)、200(R2 和 R3 之间的)、300(R3 和 R5 之间的)和 400(R5 和 R6 之间的)。

2. 帧中继数据帧的封装格式

帧中继接收网络层(如 IP)的数据分组,并将其封装到帧中继的数据帧中,然后再将数据帧传递给物理层。图 6-7 是帧中继的帧结构示意图,Flag 用来指定帧的开始和结束,其余分别是地址、数据和序列校验,详细说明如表 6-3 所示。

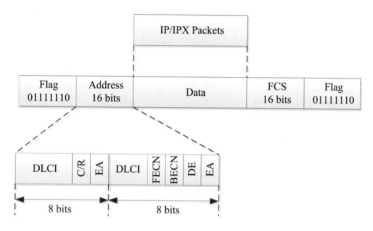

图 6-7　帧中继数据封装格式

表 6-3　数据帧的字段详解

字　段	含　义
Flag	报文的开始和结束,设置为 0x7E
Address	地址字段共 16 位,其中 10 位是 DLCI,C/R 位保留,EA 位为 1,表示当前为 DLCI 的最后一个字节;FECN 位标识前向显示拥塞通知;BECN 位标识后向显示拥塞通知;DE 位标识可丢弃
Data	网络层数据,最大为 16 000 字节
FCS	数据帧校验和

3. 帧中继的数据帧转发过程

图 6-8 显示了从 R1 到 R6 的一条永久虚电路(R1→R2→R3→R5→R6)。每台路由器存储了输入 DLCI、输入端口到输出 DLCI、输出端口的映射。从通信的一方开始,依据路由器之间的连接关系进行寻找,直到找到通信另一方连续路径为止。R1 到 R6 数据帧的转发过程如下:

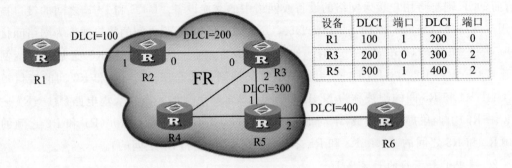

设备	DLCI	端口	DLCI	端口
R1	100	1	200	0
R3	200	0	300	2
R5	300	1	400	2

图 6-8　帧中继转发过程示意图

- 被转发的数据帧使用 DLCI 100 离开 R1;
- 数据帧通过 DLCI 100 和端口 1 进入 R2,通过 DLCI 200 和端口 0 离开 R2;
- 数据帧通过 DLCI 200 和端口 0 进入 R3,通过 DLCI 300 和端口 2 离开 R3;
- 数据帧通过 DLCI 300 和端口 1 进入 R5,通过 DLCI 400 和端口 2 离开 R5。

6.2　PAP 单向验证配置实验

随着某公司业务量的不断增长,该公司向 ISP 申请了专线接入互联网,公司路由器(客户端)与 ISP(服务器端)进行链路协商时需要验证身份。因此,除配置路由器保证链路建立,还需要考虑网络安全认证。

6.2.1　实验内容

PAP 单向验证实验拓扑图如图 6-9 所示,验证路由器 PAP 单向验证配置完成前后各主机之间的通信情况变化。

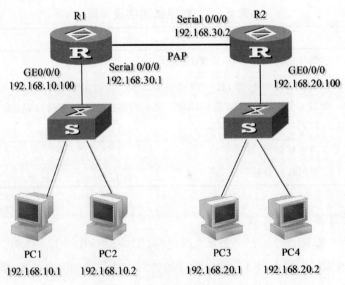

图 6-9　PAP 单向验证实验拓扑图

　　按照实验拓扑图配置实验环境。通过配置 IP 地址,将主机 PC1、PC2 和路由器 R1 的
GE0/0/0 接口划分到 192.168.10.0 网段,将主机 PC3、PC4 和路由器 R2 的 GE0/0/0 接口划
分到 192.168.20.0 网段,将路由器 R1 的 Serial 0/0/0 接口和路由器 R2 的 Serial 0/0/0 接口
划分到 192.168.30.0 网段。

　　保证主机 PC1、PC2 和路由器 R1 的 GE0/0/0 接口之间可以相互 ping 通,主机 PC3、PC4
和路由器 R2 的 GE0/0/0 接口之间可以相互 ping 通。

　　因为没有配置路由表项,所以路由器 R1 的 Serial 0/0/0 接口和路由器 R2 的 Serial 0/0/0
接口之间不能相互 ping 通。在路由器上启动路由协议,观察路由表的内容。

6.2.2　实验目的

(1)掌握 PPP 协议的工作原理;

(2)掌握 PAP 验证的作用;

(3)掌握 PAP 单向验证的配置方法。

6.2.3　关键命令解析

1. 设置路由器 R1 为 PAP 验证的验证端

[R1-Serial 0/0/0] link-protocol ppp

[R1-Serial 0/0/0] ppp authentication-mode pap

把路由器 R1 的 Serial 接口的链路协议设置为 PPP,PPP 验证模式设置为 PAP。

2. 设置路由器 R2 为 PAP 验证的被验证端

[R2-Serial 0/0/0] ppp pap local-user R2 password cipher 123456

在路由器 R2 上配置自己的验证信息,本地用户 R2 的密码为 123456,其发起验证时将把
该信息加密发送给验证方路由器 R1。

6.2.4　实验步骤

(1)启动华为 eNSP,按照如图 6-9 所示实验拓扑图连接设备,然后启动所有设备,eNSP
工作区的界面如图 6-10 所示。

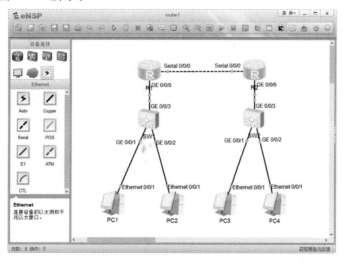

图 6-10　完成设备连接后的 eNSP 界面

(2)按照如表 6-4 所示的数据分别配置各个主机的 IP 地址、子网掩码和网关,然后点击"应用"按钮。

表 6-4   主机的配置信息

主 机	IP 地址	子网掩码	网关
PC1	192.168.10.1		192.168.10.100
PC2	192.168.10.2	255.255.255.0	
PC3	192.168.20.1		192.168.20.100
PC4	192.168.20.2		

(3)配置完成后,主机 PC1 可以 ping 通主机 PC2,无法 ping 通主机 PC3 和 PC4,这是因为主机 PC1 和 PC2 在同一个 192.168.10.0 网段,而主机 PC3 和 PC4 同处于另一个 192.168.20.0 网段。不同网段之间在没有路由的情况下无法进行通信。

(4)在路由器 R1 上执行如下命令。

1)关闭告警信息显示,避免提示信息影响命令输入。在用户视图下执行 undo terminal monitor 命令,关闭信息显示。

2)设置路由器名。执行 system-view 命令进入系统视图,在系统视图下执行 sysname R1 命令,将路由器的名称设置为 R1。

3)设置以太网接口的 IP 地址,如图 6-11 所示。

[R1] interface g0/0/0

[R1-GigabitEthernet0/0/0] ip address 192.168.10.100 24

4)设置 Serial 接口的 IP 地址,如图 6-11 所示。

[R1-GigabitEthernet0/0/0] interface s0/0/0

[R1-Serial 0/0/0] ip address 192.168.30.1 24

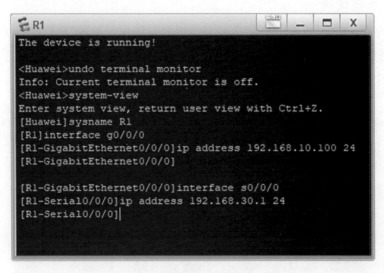

图 6-11   设置路由器 R1 的接口 IP 地址

5)配置完成后,主机 PC1 可以 ping 通主机路由器 R1 的 GE0/0/0 接口,无法 ping 通 Serial 0/0/0 接口,这是因为主机 PC1 和 GE0/0/0 接口在同一个 192.168.10.0 网段,而

Serial 0/0/0 接口处于另一个 192.168.30.0 网段。不同网段之间在没有路由的情况下无法进行通信。GE0/0/0 接口其实就是主机 PC1 和 PC2 的网关。

6)配置路由器 R1 为 PAP 验证的认证端。在路由器 R1 上执行如下命令。

［R1－Serial 0/0/0］link－protocol ppp

［R1－Serial 0/0/0］ppp authentication－mode pap

［R1－Serial 0/0/0］aaa

［R1－aaa］local－user R2 password cipher 123456

［R1－aaa］local－user R2 service－type ppp

［R1－aaa］quit

7)配置路由器 R2 各个接口的 IP 地址,将 R2 设为 PAP 验证的被认证端。在路由器 R2 上执行以下命令。

＜Huawei＞ undo terminal monitor

＜Huawei＞ system－view

［Huawei］sysname R2

［R2］interface g0/0/0

［R2－GigabitEthernet0/0/0］ip address 192.168.20.100 24

［R2－GigabitEthernet0/0/0］interface s0/0/0

［R2－Serial 0/0/0］ip address 192.168.30.2 24

［R2－Serial 0/0/0］ppp pap local－user R2 password cipher 123456

（5）在路由器 R2 上执行 ping 命令,如图 6－12 所示,可以 ping 通路由器 R1 的 Serial 0/0/0 接口,但是由于没有启动路由协议,所以无法与路由器 R1 下的主机 PC1 和 PC2 进行通信。

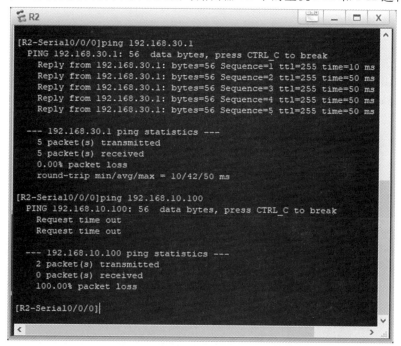

图 6－12　路由器 R2 可以 ping 通路由器 R1

(6)在路由器 R2 上执行下列命令启动 RIP 协议,与 R1 交换路由表项。

[R2－Serial 0/0/0] rip

[R2－rip－1] network 192.168.20.0

[R2－rip－1] network 192.168.30.0

(7)在路由器 R1 上执行下列命令启动 RIP 协议,与 R2 交换路由表项。

[R1] rip

[R1－rip－1] network 192.168.10.0

[R1－rip－1] network 192.168.30.0

(8)执行 display ip routing－table 命令的结果如图 6－13 所示。路由表中出现 RIP 协议项,表明路由器 R1 可以与路由器 R2 下的 192.168.20.0 网段的主机 PC3 和 PC4 进行通信。

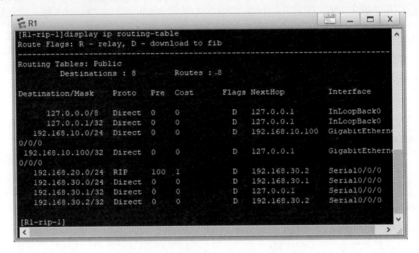

图 6-13　路由器 R1 当前的路由表

(9)在主机 PC1 上执行 ping 命令,查看其与主机 PC4 的连通情况。主机 PC1 与 PC4 虽不在同一个网段,但通过路由可以实现互通,如图 6－14 所示。随着 PPP 协议 PAP 验证的配置成功,网络中的所有主机之间都可以互相通信。

图 6-14　主机 PC1 可以 ping 通主机 PC4

（10）捕获路由器 R2 的 Serial 0/0/0 接口上的 PPP 报文,结果如图 6－15 所示,可以解析 PPP 协议内容。

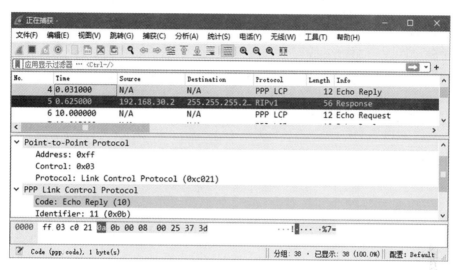

图 6－15　路由器 R2 的 Serial 0/0/0 接口上的 PPP 报文

6.2.5　设备配置命令

1. 路由器 R1 上的配置命令

＜Huawei＞ undo terminal monitor

＜Huawei＞ system－view

［Huawei］ sysname R1

［R1］ interface g0/0/0

［R1－GigabitEthernet0/0/0］ ip address 192.168.10.100 24

［R1－GigabitEthernet0/0/0］ interface s0/0/0

［R1－Serial 0/0/0］ ip address 192.168.30.1 24

［R1－Serial 0/0/0］ link－protocol ppp

［R1－Serial 0/0/0］ ppp authentication－mode pap

［R1－Serial 0/0/0］ aaa

［R1－aaa］ local－user R2 password cipher 123456

［R1－aaa］ local－user R2 service－type ppp

［R1－aaa］ quit

［R1］ rip

［R1－rip－1］ network 192.168.10.0

［R1－rip－1］ network 192.168.30.0

2. 路由器 R2 上的配置命令

＜Huawei＞ undo terminal monitor

＜Huawei＞ system－view

［Huawei］ sysname R2

［R2］ interface g0/0/0

［R2－GigabitEthernet0/0/0］ip address 192.168.20.100 24

［R2－GigabitEthernet0/0/0］interface s0/0/0

［R2－Serial 0/0/0］ip address 192.168.30.2 24

［R2－Serial 0/0/0］link－protocol ppp

［R2－Serial 0/0/0］ppp pap local－user R2 password cipher 123456

［R2－Serial 0/0/0］rip

［R2－rip－1］network 192.168.20.0

［R2－rip－1］network 192.168.30.0

3．主机 PC1、PC2、PC3、PC4 上的配置命令

主机上的配置命令可分为两部分：①在配置窗口配置各主机的 IP 地址和子网掩码；②在命令行窗口执行 ping 命令。

6.2.6　思考与创新

在 PAP 单向验证实验基础上，尝试改变认证方或被验证方的密码，测试主机间的通信状态，捕获数据报文，然后分析产生相应通信状态的原因。

6.3　PAP 双向验证配置实验

为了进一步加强某公司的网络安全，公司路由器(客户端)与 ISP（服务器端)进行链路协商时需要相互验证身份。因此，除配置路由器保证链路建立，还需要保证网络接入时相互的身份认证。

6.3.1　实验内容

PAP 双向验证实验拓扑图如图 6－16 所示，验证路由器在 PAP 双向验证配置完成前后各主机之间的通信情况变化。

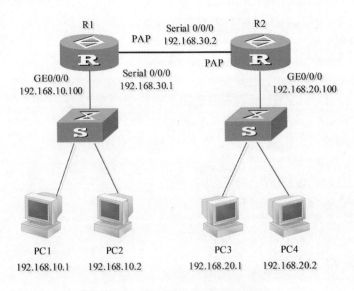

图 6－16　PAP 双向验证实验拓扑图

按照实验拓扑图配置实验环境。通过配置 IP 地址,将主机 PC1、PC2 和路由器 R1 的 GE0/0/0 接口划分到 192.168.10.0 网段,将主机 PC3、PC4 和路由器 R2 的 GE0/0/0 接口划分到 192.168.20.0 网段,将路由器 R1 的 Serial 0/0/0 接口和路由器 R2 的 Serial 0/0/0 接口划分到 192.168.30.0 网段。

保证主机 PC1、PC2 和路由器 R1 的 GE0/0/0 接口之间可以相互 ping 通,主机 PC3、PC4 和路由器 R2 的 GE0/0/0 接口之间可以相互 ping 通。

因为没有配置路由表项,所以路由器 R1 的 Serial 0/0/0 接口和路由器 R2 的 Serial 0/0/0 接口之间不能相互 ping 通。在路由器上启动路由协议,观察路由表的内容。

6.3.2　实验目的

(1)掌握 PAP 双向验证的工作原理;

(2)掌握 PAP 双向验证的配置方法。

6.3.3　关键命令解析

1. 设置路由器 R1 为 PAP 验证的验证端

[R1－Serial 0/0/0] aaa

[R1－aaa] local－user R2 password cipher 123456

[R1－aaa] local－user R2 service－type ppp

在路由器 R1 上开启 AAA 验证。增加一个本地用户,将用户名设置为 R2,密码设置为 123456,加密显示。本地用户 R2 的服务类型为 PPP,当路由器 R2 发起验证时,这些信息用于验证 R2 的连接。

2. 同时设置路由器 R1 为 PAP 验证的被验证端,实现 PAP 双向验证

[R1－Serial 0/0/0] ppp pap local－user R1 password cipher 67890

在路由器 R2 上配置自己的验证信息,本地用户 R1 的密码为 67890,其发起验证时将把该信息加密发送给验证方路由器 R2。

6.3.4　实验步骤

(1)启动华为 eNSP,按照如图 6－16 所示实验拓扑图连接设备,然后启动所有设备,eNSP 工作区的界面如图 6－17 所示。

(2)按照如表 6－5 所示的数据分别配置各个主机的 IP 地址、子网掩码和网关。

(3)配置完成后,主机 PC1 可以 ping 通主机 PC2,无法 ping 通主机 PC3 和 PC4,这是因为主机 PC1 和 PC2 在同一个 192.168.10.0 网段,而主机 PC3 和 PC4 同处于另一个 192.168.20.0 网段。不同网段之间在没有路由的情况下无法进行通信。

(4)在路由器 R1 上执行以下命令。

1)关闭告警信息显示,避免提示信息影响命令输入。在用户视图下执行 undo terminal monitor 命令,关闭信息显示。

2)设置路由器名。执行 system－view 命令进入系统视图，在系统视图下执行 sysname R1 命令，将路由器的名称设置为 R1。

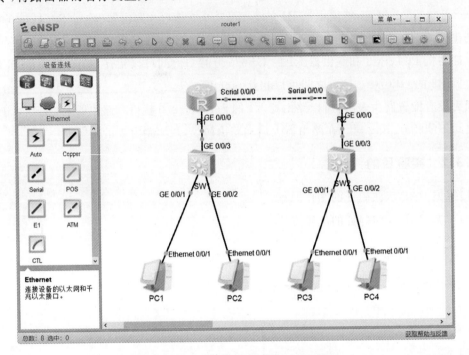

图 6-17　完成设备连接后的 eNSP 界面

表 6-5　主机的配置信息

主　机	IP 地　址	子网掩码	网　关
PC1	192.168.10.1		192.168.10.100
PC2	192.168.10.2	255.255.255.0	
PC3	192.168.20.1		192.168.20.100
PC4	192.168.20.2		

3)设置以太网接口的 IP 地址，如图 6-18 所示。

[R1] interface g0/0/0

[R1－GigabitEthernet0/0/0] ip address 192.168.10.100 24

4)设置 Serial 接口的 IP 地址，如图 6-18 所示。

[R1－GigabitEthernet0/0/0] interface s0/0/0

[R1－Serial 0/0/0] ip address 192.168.30.1 24

5)配置完成后，主机 PC1 可以 ping 通路由器 R1 的 GE0/0/0 接口，无法 ping 通 Serial 0/0/0 接口，这是因为 PC1 和 GE0/0/0 接口在同一个 192.168.10.0 网段，而 Serial 0/0/0 接口处于另一个 192.168.30.0 网段。不同网段之间在没有路由的情况下无法进行通信。GE0/0/0 接口其实就是主机 PC1 和 PC2 的网关。

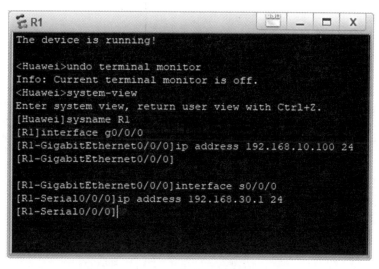

图 6-18 设置路由器 R1 接口的 IP 地址

6)配置路由器 R1 为 PAP 验证的认证端和被认证端。在路由器 R1 上执行下面的命令。

[R1－Serial 0/0/0] link－protocol ppp

[R1－Serial 0/0/0] ppp authentication－mode pap

[R1－Serial 0/0/0] ppp pap local－user R1 password cipher 67890

[R1－Serial 0/0/0] aaa

[R1－aaa] local－user R2 password cipher 123456

[R1－aaa] local－user R2 service－type ppp

[R1－aaa] quit

7)配置路由器 R2 各个接口的 IP 地址,将 R2 设为 PAP 验证的认证端和被认证端。在路由器 R2 上执行下面的命令。

<Huawei>undo terminal monitor

<Huawei> system－view

[Huawei] sysname R2

[R2] interface g0/0/0

[R2－GigabitEthernet0/0/0] ip address 192.168.20.100 24

[R2－GigabitEthernet0/0/0] interface s0/0/0

[R2－Serial 0/0/0] ip address 192.168.30.2 24

[R2－Serial 0/0/0] link－protocol ppp

[R2－Serial 0/0/0] ppp authentication－mode pap

[R2－Serial 0/0/0] ppp pap local－user R2 password cipher 123456

[R1－Serial 0/0/0] aaa

[R1－aaa] local－user R1 password cipher 67890

[R1－aaa] local－user R1 service－type ppp

［R1—aaa］quit

（5）在路由器 R2 上执行 ping 命令，如图 6－19 所示，可以 ping 通路由器 R1 的 Serial 0/0/0 接口，但是由于没有启动路由协议，所以无法与路由器 R1 下的主机 PC1 和 PC2 通信。

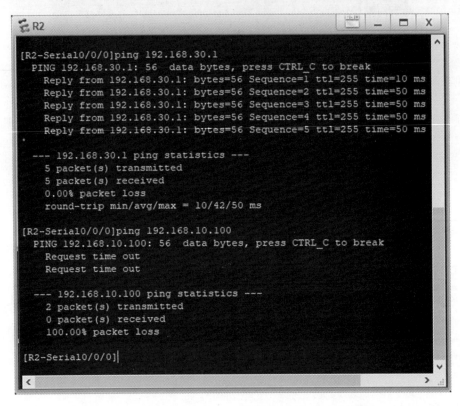

图 6－19　路由器 R2 可以 ping 通路由器 R1 的 Serial 接口

（6）在路由器 R2 上执行下列命令启动 RIP 协议，与 R1 交换路由表项。

［R2—Serial 0/0/0］rip

［R2—rip—1］network 192.168.20.0

［R2—rip—1］network 192.168.30.0

（7）在路由器 R1 上执行下列命令启动 RIP 协议，与 R2 交换路由表项。

［R1］rip

［R1—rip—1］network 192.168.10.0

［R1—rip—1］network 192.168.30.0

（8）执行 display ip routing—table 命令，结果如图 6－20 所示。路由器 R1 的路由表中出现 RIP 协议项，表明其可以与路由器 R2 下的 192.168.20.0 网段的 PC3 和 PC4 通信。

（9）在主机 PC1 上执行 ping 命令，查看其与主机 PC4 的连通情况。主机 PC1 与 PC4 不在同一个网段中，但是通过路由可以实现互通，如图 6－21 所示。随着 PPP 协议 PAP 验证的配置成功，网络拓扑中的所有主机之间都可以互相通信。

（10）启动 Wireshark，捕获路由器 R1 的 Serial 0/0/0 接口上的 PPP 报文，结果如图 6－22 所示，可以解析 PPP 协议的内容。

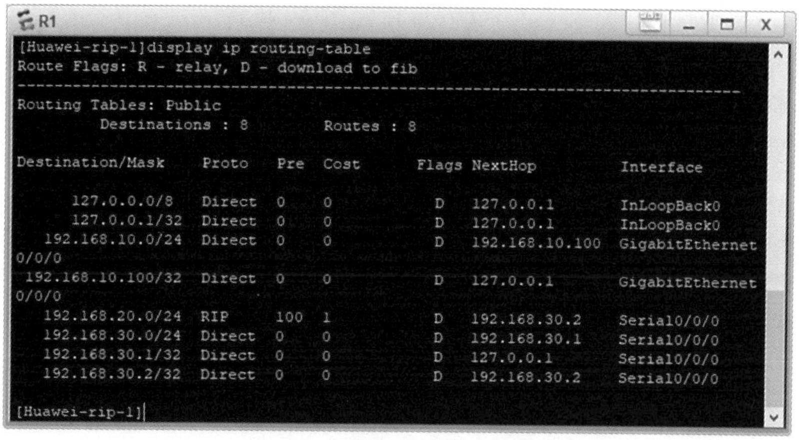

图 6 - 20 路由器 R1 当前的路由表

图 6 - 21 主机 PC1 可以 ping 通主机 PC4

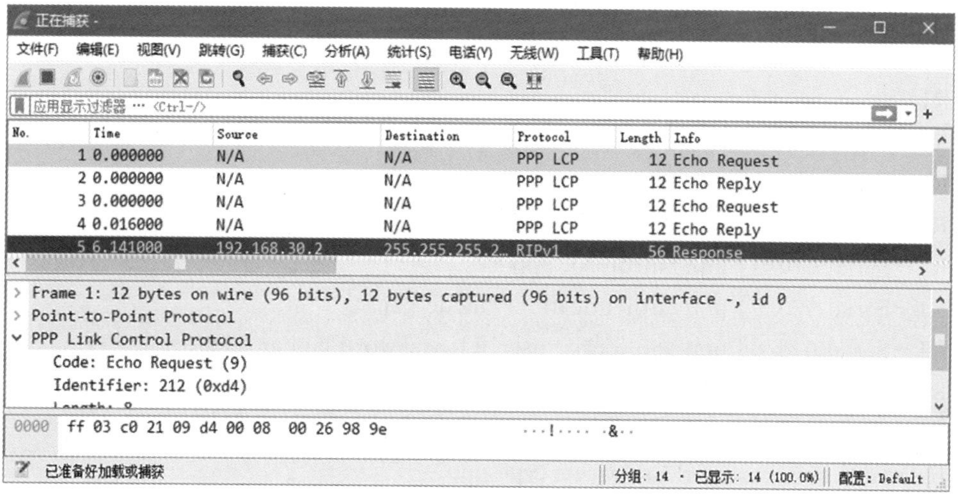

图 6 - 22 路由器 R1 的 Serial 0/0/0 接口上的 PPP 报文

(11)在路由器 R1 上进入 Serial 0/0/0 接口视图下,执行 ppp pap local－user R2 password cipher abcdefg 命令修改 PAP 认证口令,再执行 shutdown 命令关闭接口,接着执行 undo shutdown 命令启动接口。这样做是为了使修改验证口令的配置立即生效。观察捕获的 PPP 报文,结果如图 6-23 所示。从图中可以看到,由于修改了 PAP 验证口令,所以 PPP 协议无法建立连接。此时,将口令改回去就会恢复正常。

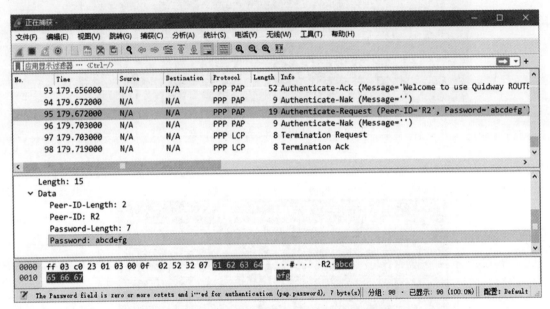

图 6-23　修改路由器 R1 的 Serial 0/0/0 接口上的 PAP 验证口令后的报文

6.3.5　设备配置命令

1. 路由器 R1 上的配置命令

＜Huawei＞ undo terminal monitor

＜Huawei＞ system－view

[Huawei] sysname R1

[R1] interface g0/0/0

[R1－GigabitEthernet0/0/0] ip address 192.168.10.100 24

[R1－GigabitEthernet0/0/0] interface s0/0/0

[R1－Serial 0/0/0] ip address 192.168.30.1 24

[R1－Serial 0/0/0] link－protocol ppp

[R1－Serial 0/0/0] ppp authentication－mode pap

[R1－Serial 0/0/0] ppp pap local－user R1 password cipher 67890

[R1－Serial 0/0/0] aaa

[R1－aaa] local－user R2 password cipher 123456

[R1－aaa] local－user R2 service－type ppp

[R1－aaa] quit

[R1] rip

［R1－rip－1］network 192.168.10.0

［R1－rip－1］network 192.168.30.0

2. 路由器 R2 上的配置命令

＜Huawei＞ undo terminal monitor

＜Huawei＞ system－view

［Huawei］sysname R2

［R2］interface g0/0/0

［R2－GigabitEthernet0/0/0］ip address 192.168.20.100 24

［R2－GigabitEthernet0/0/0］interface s0/0/0

［R2－Serial 0/0/0］ip address 192.168.30.2 24

［R2－Serial 0/0/0］link－protocol ppp

［R2－Serial 0/0/0］ppp authentication－mode pap

［R2－Serial 0/0/0］ppp pap local－user R2 password cipher 123456

［R1－Serial 0/0/0］aaa

［R1－aaa］local－user R1 password cipher 67890

［R1－aaa］local－user R1 service－type ppp

［R1－aaa］quit

［R2］rip

［R2－rip－1］network 192.168.20.0

［R2－rip－1］network 192.168.30.0

3. 主机 PC1、PC2、PC3、PC4 上的配置命令

主机上的配置命令可分为两部分：①在配置窗口配置主机的 IP 地址和子网掩码；②在命令行窗口执行 ping 命令。

6.3.6　思考与创新

设计一个在三个路由器之间配置双向 PAP 验证的实验，实现三个公司之间的互通，要求公司间的主机通过路由器能正常通信。

6.4　CHAP 双向验证配置实验

在某公司路由器（客户端）与 ISP（服务器端）进行链路协商时可以采用 PAP 进行双向身份验证。然而，由于在 PAP 验证过程中用户名和口令均采用明文形式进行传输，这就带来了安全隐患。为解决此问题，可以用 CHAP 验证来代替 PAP 验证。CHAP 采用挑战-响应式验证方式，验证过程中不需要传输口令，增强了验证的安全性。

6.4.1　实验内容

CHAP 双向验证实验拓扑图如图 6-24 所示，验证路由器在 CHAP 双向验证配置完成前后各主机之间的通信情况变化。

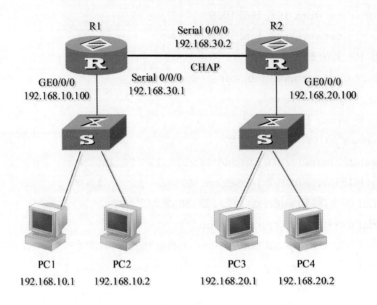

图 6-24 CHAP 双向验证实验拓扑图

按照实验拓扑图配置实验环境。通过配置 IP 地址，将主机 PC1、PC2 和路由器 R1 的 GE0/0/0 接口划分到 192.168.10.0 网段，将主机 PC3、PC4 和路由器 R2 的 GE0/0/0 接口划分到 192.168.20.0 网段，将路由器 R1 的 Serial 0/0/0 接口和路由器 R2 的 Serial 0/0/0 接口划分到 192.168.30.0 网段。

保证主机 PC1、PC2 和路由器 R1 的 GE0/0/0 接口之间可以相互 ping 通，主机 PC3、PC4 和路由器 R2 的 GE0/0/0 接口之间可以相互 ping 通。

因为没有配置路由表项，所以路由器 R1 的 Serial 0/0/0 接口和路由器 R2 的 Serial 0/0/0 接口之间不能 ping 通。在路由器上启动路由协议，观察路由表的内容。

6.4.2 实验目的

(1)掌握 CHAP 验证的工作原理；

(2)掌握 CHAP 验证的配置方法。

6.4.3 关键命令解析

1. 设置路由器 R1 的 CHAP 验证模式

[R1－Serial 0/0/0] ppp authentication－mode chap

[R1－Serial 0/0/0] ppp chap user R1

在路由器 R1 上设置 Serial 0/0/0 接口为 CHAP 验证模式，设置本地 CHAP 用户 R1。

2. 设置路由器 R1 的 CHAP 验证信息

[R1] aaa

[R1－aaa] local－user R2 password cipher 123456

[R1－aaa] local－user R2 service－type ppp

在路由器 R1 上开启 AAA 验证。增加一个本地用户 R2，密码为 123456，加密显示。把本地用户 R2 的服务类型设置为 PPP,当路由器 R2 发起验证时这些信息用于验证 R2 的连接。

6.4.4　实验步骤

(1)启动华为 eNSP,按照如图 6-24 所示实验拓扑图连接设备,然后启动所有设备,eNSP 工作区的界面如图 6-25 所示。

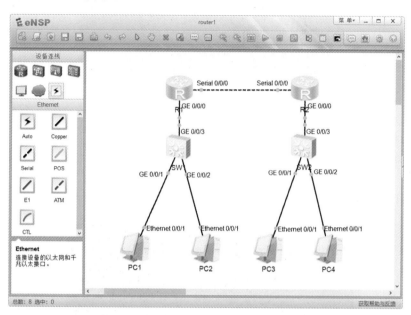

图 6-25　完成设备连接后的 eNSP 界面

(2)按照实验拓扑图配置主机 PC1 的 IP 地址和子网掩码。双击主机 PC1 图标,配置其主机名为 PC1,IP 地址为 192.168.10.1,子网掩码为 255.255.255.0,网关为 192.168.10.100,然后点击"应用"按钮。同样,配置其他主机的 IP 地址/子网掩码/网关分别为 PC2(192.168.10.2/255.255.255.0/192.168.10.100)、PC3(192.168.20.1/ 255.255.255.0/192.168.20.100)、PC4(192.168.20.2 /255.255.255.0/192.168.20.100)然后点击"应用"按钮。

(3)配置完成后,主机 PC1 可以 ping 通主机 PC2,无法 ping 通主机 PC3 和 PC4,这是因为主机 PC1 和 PC2 在同一个 192.168.10.0 网段,而主机 PC3 和 PC4 同处于另一个 192.168.20.0 网段。不同网段之间在没有路由的情况下无法进行通信。在主机 PC2 的命令行下可以 ping 通主机 PC4。

(4)在路由器 R1 上执行以下命令,如图 6-26 所示。

1)关闭告警信息显示,避免提示信息影响命令输入。在用户视图下执行 undo terminal monitor 命令,关闭信息显示。

2)设置路由器名。执行 system-view 命令进入系统视图,在系统视图下执行 sysname R1 命令,将路由器的名称设置为 R1。

3)设置以太网接口的 IP 地址。

[R1] interface g0/0/0

[R1-GigabitEthernet0/0/0] ip address 192.168.10.100 24

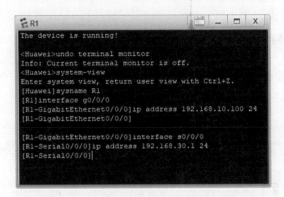

图 6 - 26 设置路由器 R1 接口的 IP 地址

4)设置 Serial 接口的 IP 地址。

[R1—GigabitEthernet0/0/0] interface s0/0/0

[R1—Serial 0/0/0] ip address 192.168.30.1 24

5)执行 display current—configuration 命令,结果如图 6 - 27 所示。

图 6 - 27 路由器 R1 的当前配置

6)配置完成后,主机 PC1 可以 ping 通路由器 R1 的 GE0/0/0 接口,无法 ping 通 Serial 0/0/0 接口,这是因为主机 PC1 和 GE0/0/0 接口在同一个 192.168.10.0 网段,而 Serial 0/0/0 接口处于另一个 192.168.30.0 网段。不同网段之间在没有路由的情况下无法进行通信。GE0/0/0 接口其实就是主机 PC1 和 PC2 的网关。

7)配置路由器 R1 为 CHAP 验证的认证端和被认证端。在路由器 R1 上执行下面的命令。

[R1—Serial 0/0/0] link—protocol ppp

[R1—Serial 0/0/0] ppp authentication—mode chap

[R1—Serial 0/0/0] ppp chap user R1

[R1—Serial 0/0/0] aaa

[R1—aaa] local—user R2 password cipher 123456

[R1—aaa] local—user R2 service—type ppp

[R1—aaa] quit

8)执行 display current—configuration 命令显示当前配置,如图 6-28 所示。路由器 R1 新增了本地用户 R2,接口 Serial 0/0/0 的 PPP 验证模式为 CHAP,PPP CHAP 的用户为 R1。

图 6-28　路由器 R1 的 CHAP 配置完成后的当前配置

9)在路由器 R1 上输入下列命令启动 RIP 协议,与 R2 交换路由表项。

[R1] rip

[R1-rip-1] network 192.168.10.0

[R1-rip-1] network 192.168.30.0

10)配置路由器 R2 各个接口的 IP 地址,将 R2 设为 CHAP 验证的认证端和被认证端。在路由器 R2 上执行下面的命令。

<Huawei>undo terminal monitor

<Huawei>system-view

[Huawei] sysname R2

[R2] interface g0/0/0

[R2-GigabitEthernet0/0/0] ip address 192.168.20.100 24

[R2-GigabitEthernet0/0/0] interface s0/0/0

[R2-Serial 0/0/0] ip address 192.168.30.2 24

[R2-Serial 0/0/0] link-protocol ppp

[R2-Serial 0/0/0] ppp authentication-mode chap

[R2-Serial 0/0/0] ppp chap user R2

[R2-Serial 0/0/0] aaa

[R2-aaa] local-user R1 password cipher 123456

[R2-aaa] local-user R1 service-type ppp

[R2-aaa] quit

[R2] rip

[R2-rip-1] network 192.168.20.0

[R2-rip-1] network 192.168.30.0

(5)在路由器 R2 上执行 display ip routing-table 命令,结果如图 6-29 所示。路由表中出现了 RIP 协议项以及主机 PC1 和 PC2 所在的 192.168.10.0 网段的路由表项。

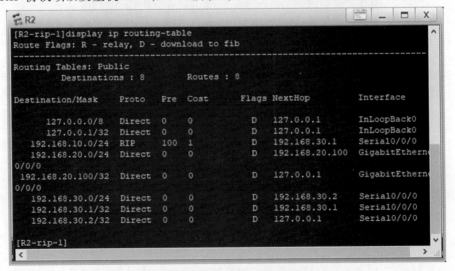

图 6-29 路由器 R2 当前路由表

（6）在主机 PC1 上执行 ping 命令,查看其与主机 PC4 的连通情况。主机 PC1 与 PC4 不在同一个网段中,但是通过路由可以实现互通,如图 6-30 所示。随着 PPP 协议 CHAP 双向验证的配置成功和 RIP 协议的启动,网络拓扑中的所有主机之间都可以互相通信。

（7）启动 Wireshark,捕获路由器 R1 的 Serial 0/0/0 接口上的 PPP 报文,结果如图 6-31 所示,可以解析 PPP 协议的内容。

（8）在路由器 R1 上进入 aaa 视图,先执行 local-user R2 password cipher abcde 命令修改 CHAP 验证口令,再进入 Serial 0/0/0 接口视图下,执行 shutdown 命令关闭接口,接着执行 undo shutdown 命令启动接口。这样做是为了使修改验证口令的配置立即生效。观察捕获的 PPP 报文,结果如图 6-32 所示。从图中可以看到,由于修改了 CHAP 验证口令,所以 PPP 协议无法建立连接,出现了非法用户或口令的信息内容。此时,将口令改回去就会恢复正常。

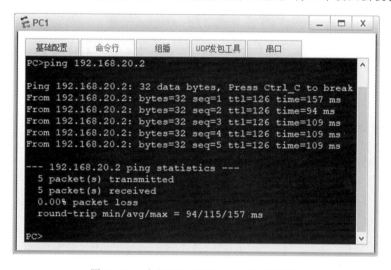

图 6-30 主机 PC1 可以 ping 通主机 PC4

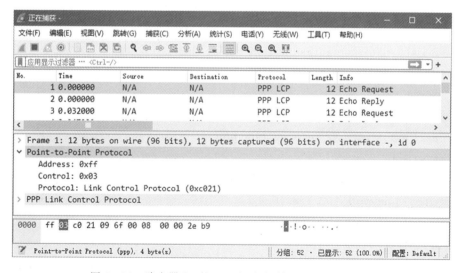

图 6-31 路由器 R1 的 Serial 0/0/0 接口上的 PPP 报文

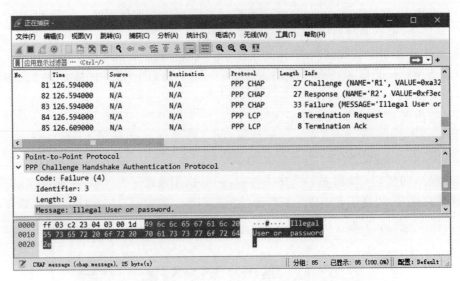

图 6-32　路由器 R1 的 Serial 0/0/0 接口上的 PPP 报文

6.4.5　设备配置命令

1. 路由器 R1 上的配置命令

\<Huawei\> undo terminal monitor

\<Huawei\>system－view

［Huawei］sysname R1

［R1］interface g0/0/0

［R1－GigabitEthernet0/0/0］ip address 192.168.10.100 24

［R1－GigabitEthernet0/0/0］interface s0/0/0

［R1－Serial 0/0/0］ip address 192.168.30.1 24

［R1－Serial 0/0/0］link－protocol ppp

［R1－Serial 0/0/0］ppp authentication－mode chap

［R1－Serial 0/0/0］ppp chap user R1

［R1－Serial 0/0/0］aaa

［R1－aaa］local－user R2 password cipher 123456

［R1－aaa］local－user R2 service－type ppp

［R1－aaa］quit

［R1］rip

［R1－rip－1］network 192.168.10.0

［R1－rip－1］network 192.168.30.0

2. 路由器 R2 上的配置命令

\<Huawei\> undo terminal monitor

\<Huawei\> system－view

［Huawei］sysname R2

〔R2〕interface g0/0/0

〔R2—GigabitEthernet0/0/0〕ip address 192.168.20.100 24

〔R2—GigabitEthernet0/0/0〕interface s0/0/0

〔R2—Serial 0/0/0〕ip address 192.168.30.2 24

〔R2—Serial 0/0/0〕link—protocol ppp

〔R2—Serial 0/0/0〕ppp authentication—mode chap

〔R2—Serial 0/0/0〕ppp chap user R2

〔R2—Serial 0/0/0〕aaa

〔R2—aaa〕local—user R1 password cipher 123456

〔R2—aaa〕local—user R1 service—type ppp

〔R2—aaa〕quit

〔R2〕rip

〔R2—rip—1〕network 192.168.20.0

〔R2—rip—1〕network 192.168.30.0

3. 主机 PC1、PC2、PC3、PC4 上的配置命令

主机上的配置命令可分为两部分：①在配置窗口配置主机的 IP 地址和子网掩码；②在命令行窗口执行 ping 命令。

6.4.6　思考与创新

设计一个在三个路由器之间配置 CHAP 双向验证的实验，实现三个公司之间的互通，要求公司间的主机通过路由器能正常进行通信。

6.5　帧中继协议配置实验

帧中继协议作为另一种常见的广域网协议，可在一个物理链路上复用多个逻辑连接，采用统计时分复用方式动态分配带宽，能提高带宽利用率。当公司有突发流量的需求时，帧中继协议可以满足此需求。

6.5.1　实验内容

帧中继协议配置实验拓扑图如图 6-33 所示，验证路由器帧中继协议配置完成前后各主机之间的通信情况变化。

按照实验拓扑图配置实验环境。通过配置 IP 地址，将主机 PC1、PC2 和路由器 R1 的 GE0/0/0 接口划分到 192.168.10.0 网段，将主机 PC3、PC4 和路由器 R2 的 GE0/0/0 接口划分到 192.168.20.0 网段，将路由器 R1 的 Serial 0/0/0 接口和路由器 R2 的 Serial 0/0/0 接口划分到 192.168.30.0 网段。

保证主机 PC1、PC2 和路由器 R1 的 GE0/0/0 接口之间可以相互 ping 通，主机 PC3、PC4 和路由器 R2 的 GE0/0/0 接口之间可以相互 ping 通。

因为没有配置路由表项，所以路由器 R1 的 Serial 0/0/0 接口和路由器 R2 的 Serial 0/0/0 接口之间不能 ping 通。在路由器上启动路由协议，观察路由表内容。

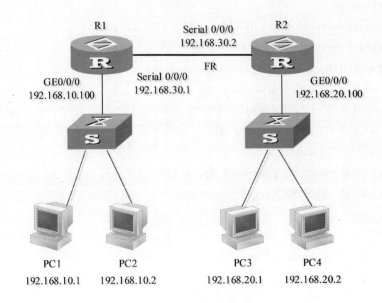

图 6-33   帧中继协议配置实验拓扑图

6.5.2   实验目的

(1)掌握帧中继协议的工作原理;

(2)掌握帧中继协议的配置方法。

6.5.3   关键命令解析

1. 设置路由器 R1 的帧中继协议

[R1-Serial 0/0/0] link-protocol fr

[R1-Serial 0/0/0] fr interface-type dte

[R1-Serial 0/0/0] fr dlci 100

在路由器 R1 上设置 Serial 0/0/0 接口的链路协议为 FR(帧中继),设置接口的类型为 DTE 类型,设置接口的 DLCI(数据链路连接标识)为 100。

2. 设置路由器 R2 的帧中继协议

[R2-Serial 0/0/0] link-protocol fr

[R2-Serial 0/0/0] fr interface-type dce

[R2-Serial 0/0/0] fr dlci 200

在路由器 R2 上设置 Serial 0/0/0 接口的链路协议为 FR(帧中继),设置接口的类型为 DCE 类型,与路由器 R1 的 DTE 接口类型可以互连,设置接口的 DLCI(数据链路连接标识)为 200。

6.5.4   实验步骤

(1)启动华为 eNSP,按照如图 6-33 所示实验拓扑图连接设备,然后启动所有设备,eNSP 工作区的界面如图 6-34 所示。

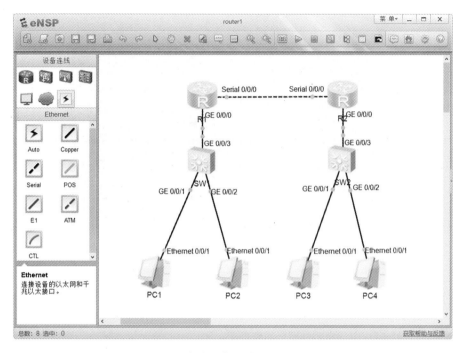

图 6-34 完成设备连接后的 eNSP 界面

(2)按照实验拓扑图配置主机 PC1 的 IP 地址和子网掩码。双击主机 PC1 的图标,配置其主机名为 PC1,IP 地址为 192.168.10.1,子网掩码为 255.255.255.0,网关为 192.168.10.100,然后点击"应用"按钮。同样,配置其他主机的 IP 地址/子网掩码/网关分别为 PC2(192.168.10.2/255.255.255.0/192.168.10.100)、PC3(192.168.20.1/ 255.255.255.0/192.168.20.100)、PC4(192.168.20.2 /255.255.255.0/192.168.20.100),然后点击"应用"按钮。

(3)配置完成后,主机 PC1 可以 ping 通主机 PC2,无法 ping 通主机 PC3 和 PC4,这是因为主机 PC1 和 PC2 在同一个 192.168.10.0 网段,而主机 PC3 和 PC4 同处于另一个 192.168.20.0 网段。在主机 PC2 的命令行下可以 ping 通主机 PC4。

(4)在路由器 R1 上执行以下命令。

1)关闭告警信息显示,避免提示信息影响命令输入。在用户视图下执行 undo terminal monitor 命令,关闭信息显示。

2)设置路由器名。执行命令 system-view 进入系统视图,在系统视图下执行命令 sysname R1,将路由器名称设置为 R1。

3)设置以太网接口的 IP 地址,如图 6-35 所示。

[R1] interface g0/0/0

[R1-GigabitEthernet0/0/0] ip address 192.168.10.100 24

4)设置 Serial 接口的 IP 地址,如图 6-35 所示。

[R1-GigabitEthernet0/0/0] interface s0/0/0

[R1-Serial 0/0/0] ip address 192.168.30.1 24

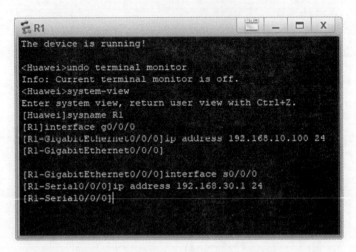

图 6 - 35　设置路由器 R1 的接口 IP 地址

5）配置帧中继协议并启动 RIP 路由协议。在路由器 R1 上执行下面的命令。

[R1－Serial 0/0/0]link－protocol fr

[R1－Serial 0/0/0] fr interface－type dte

[R1－Serial 0/0/0] fr dlci 100

[R1－fr－dlci－Serial 0/0/0－100] rip

[R1－rip－1] network 192.168.10.0

[R1－rip－1] network 192.168.30.0

6）执行 display current－configuration 命令，结果如图 6 - 36 所示。路由器 R1 的 Serial 接口的链路协议配置为 fr 帧中继协议，帧中继的 DLCI 为 100。

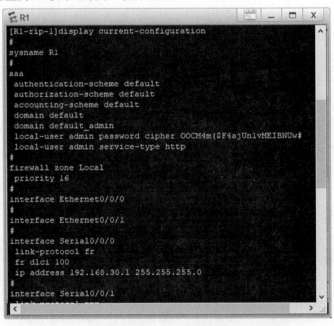

图 6 - 36　路由器 R1 的帧中继配置完成后的当前配置

7)配置路由器 R2 各个接口的 IP 地址,将 R2 设为帧中继协议的 DCE 端。在路由器 R2
上执行下面的命令。

<Huawei> undo terminal monitor

<Huawei> system-view

[Huawei] sysname R2

[R2] interface g0/0/0

[R2-GigabitEthernet0/0/0] ip address 192.168.20.100 24

[R2-GigabitEthernet0/0/0] interface s0/0/0

[R2-Serial 0/0/0] ip address 192.168.30.2 24

[R2-Serial 0/0/0] link-protocol fr

[R2-Serial 0/0/0] fr interface-type dce

[R2-Serial 0/0/0] fr dlci 200

[R2-fr-dlci-Serial 0/0/0-200] rip

[R2-rip-1] network 192.168.20.0

[R2-rip-1] network 192.168.30.0

(5)在路由器 R2 上执行 display ip routing-table 命令,结果如图 6-37 所示。路由表中
出现了 RIP 协议项以及主机 PC1 和 PC2 所在的 192.168.10.0 网段的路由表项。

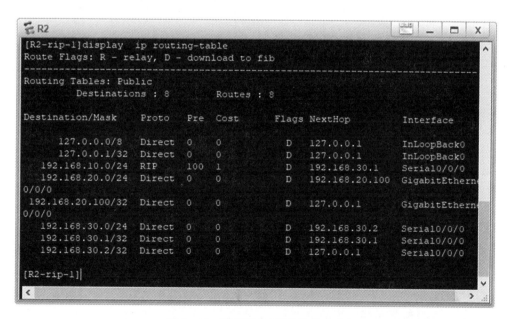

图 6-37　路由器 R2 当前的路由表

(6)在主机 PC1 上执行 ping 命令,查看与主机 PC4 的连通情况。主机 PC1 与 PC4 不在
同一个网段中,但通过路由可以互通,如图 6-38 所示。随着帧中继协议的配置成功和 RIP 协
议的启动,网络拓扑图中的所有主机之间都可以互相通信。

图 6-38　主机 PC1 可以 ping 通主机 PC4

(7)启动 Wireshark,捕获路由器 R1 的 Serial 0/0/0 接口上的 FR 报文,结果如图 6-39 所示,可以解析 FR 协议内容。第 5 行是一条 RIP 协议响应报文,源地址是 192.168.30.2,来自路由器 R2 的 Serial 接口,此接口的 DLCI 号为 200,这些在窗口下方的 Frame Relay 协议详情中可以看到。

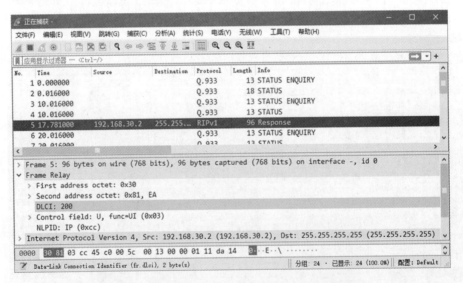

图 6-39　路由器 R1 的 Serial 0/0/0 接口上的 FR 报文

6.5.5　设备配置命令

1. 路由器 R1 上的配置命令

<Huawei> undo terminal monitor

<Huawei> system-view

[Huawei] sysname R1

〔R1〕interface g0/0/0

〔R1－GigabitEthernet0/0/0〕ip address 192.168.10.100 24

〔R1－GigabitEthernet0/0/0〕interface s0/0/0

〔R1－Serial 0/0/0〕ip address 192.168.30.1 24

〔R1－Serial 0/0/0〕link－protocol fr

〔R1－Serial 0/0/0〕fr interface－type dte

〔R1－Serial 0/0/0〕fr dlci 100

〔R1－Serial 0/0/0〕rip

〔R1－rip－1〕network 192.168.10.0

〔R1－rip－1〕network 192.168.30.0

2. 路由器 R2 上的配置命令

＜Huawei＞undo terminal monitor

＜Huawei＞system－view

〔Huawei〕sysname R2

〔R2〕interface g0/0/0

〔R2－GigabitEthernet0/0/0〕ip address 192.168.20.100 24

〔R2－GigabitEthernet0/0/0〕interface s0/0/0

〔R2－Serial 0/0/0〕ip address 192.168.30.2 24

〔R2－Serial 0/0/0〕link－protocol fr

〔R2－Serial 0/0/0〕fr interface－type dce

〔R2－Serial 0/0/0〕fr dlci 200

〔R2－Serial 0/0/0〕rip

〔R2－rip－1〕network 192.168.20.0

〔R2－rip－1〕network 192.168.30.0

3. 主机 PC1、PC2、PC3、PC4 上的配置命令

主机上的配置命令可分为两部分：①在配置窗口配置主机的 IP 地址和子网掩码；②在命令行窗口执行 ping 命令。

6.5.6 思考与创新

设计一个在三个路由器之间使用帧中继协议，实现三个公司之间的互通实验，要求公司间主机通过路由器能正常通信。

6.6 广域网协议综合实验

在熟悉上述四个实验后，设计一个综合实验，要求综合实验能够融合上述四个实验内容，并且实验网络内的设备之间可以正常通信。

6.6.1 实验内容

广域网数据链路层协议综合实验拓扑图如图 6－40 所示，验证路由器广域网数据链路层

协议配置完成前后各主机之间的通信情况变化。

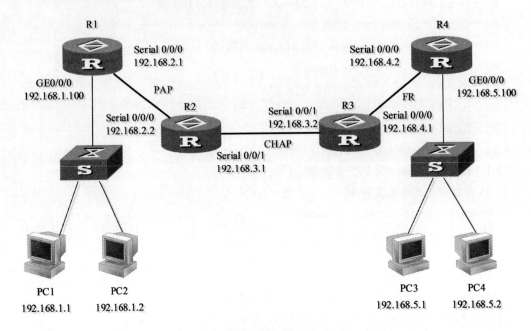

图 6-40　广域网数据链路层协议综合实验拓扑图

　　按照实验拓扑图配置实验环境。通过配置 IP 地址,将主机 PC1、PC2 和路由器 R1 的 GE0/0/0 接口划分到 192.168.1.0 网段,将主机 PC3、PC4 和路由器 R4 的 GE0/0/0 接口划分到 192.168.5.0 网段,将路由器 R1 的 Serial 0/0/0 接口和路由器 R2 的 Serial 0/0/0 接口划分到 192.168.2.0 网段,将路由器 R2 的 Serial 0/0/1 接口和路由器 R3 的 Serial 0/0/1 接口划分到 192.168.3.0 网段,将路由器 R3 的 Serial 0/0/0 接口和路由器 R4 的 Serial 0/0/0 接口划分到 192.168.4.0 网段。保证主机 PC1、PC2 和主机 PC3、PC4 之间可以相互 ping 通。

6.6.2　实验目的

(1)掌握广域网协议的工作原理;
(2)掌握广域网协议的配置方法。

6.6.3　实验步骤

　　(1)启动华为 eNSP,按照如图 6-40 所示的实验拓扑图连接设备,然后启动所有设备,eNSP 工作区的界面如图 6-41 所示。

　　(2)按照实验拓扑图配置主机 PC1 的 IP 地址和子网掩码。双击主机 PC1 的图标,配置其主机名为 PC1,IP 地址为 192.168.1.1,子网掩码为 255.255.255.0,网关为 192.168.1.100,然后点击"应用"按钮。同样,配置其他主机的 IP 地址/子网掩码/网关分别为 PC2(192.168.1.2/255.255.255.0/192.168.1.100)、PC3(192.168.5.1/ 255.255.255.0/192.168.5.100)、PC4(192.168.5.2 /255.255.255.0/192.168.5.100),然后点击"应用"按钮。

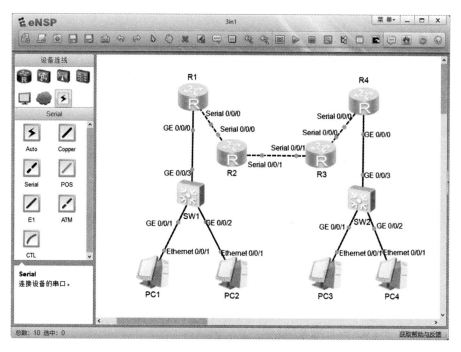

图 6-41 完成设备连接后的 eNSP 界面

(3) 在路由器 R1 上执行以下配置命令。将接口 GE0/0/0 作为 PC1 和 PC2 的网关,在接口 Serial 0/0/0 上配置 PPP 协议 PAP 验证。

<Huawei> undo terminal monitor

<Huawei> system-view

[Huawei] sysname R1

[R1] interface g0/0/0

[R1-GigabitEthernet0/0/0] ip address 192.168.1.100 24

[R1-GigabitEthernet0/0/0] interface s0/0/0

[R1-Serial 0/0/0] ip address 192.168.2.1 24

[R1-Serial 0/0/0] link-protocol ppp

[R1-Serial 0/0/0] ppp authentication-mode pap

[R1-Serial 0/0/0] aaa

[R1-aaa] local-user R2 password cipher 123456

[R1-aaa] local-user R2 service-type ppp

[R1-aaa] rip

[R1-rip-1] network 192.168.1.0

[R1-rip-1] network 192.168.2.0

(4) 在路由器 R2 上执行以下配置命令。在接口 Serial 0/0/0 上配置 PPP 协议 PAP 验证,在接口 Serial 0/0/1 上配置 PPP 协议 CHAP 验证。

<Huawei> undo terminal monitor

<Huawei> system-view

［Huawei］sysname R2

［R2］interface s0/0/0

［R2－Serial 0/0/0］ip address 192.168.2.2 24

［R2－Serial 0/0/0］link－protocol ppp

［R2－Serial 0/0/0］ppp pap local－user R2 password cipher 123456

［R2－Serial 0/0/0］interface s0/0/1

［R2－Serial 0/0/1］ip address 192.168.3.1 24

［R2－Serial 0/0/1］link－protocol ppp

［R2－Serial 0/0/1］ppp authentication－mode chap

［R2－Serial 0/0/1］ppp chap user R2

［R2－Serial 0/0/1］aaa

［R2－aaa］local－user R3 password cipher abcdef

［R2－aaa］local－user R3 service－type ppp

［R2－aaa］rip

［R2－rip－1］network 192.168.2.0

［R2－rip－1］network 192.168.3.0

（5）在路由器 R3 上执行以下配置命令。在接口 Serial 0/0/1 上配置 PPP 协议 CHAP 验证，在接口 Serial 0/0/0 上配置 FR 协议 DTE 接口类型。

＜Huawei＞ undo terminal monitor

＜Huawei＞ system－view

［Huawei］sysname R3

［R3］interface s0/0/1

［R3－Serial 0/0/1］ip address 192.168.3.2 24

［R3－Serial 0/0/1］link－protocol ppp

［R3－Serial 0/0/1］ppp authentication－mode chap

［R3－Serial 0/0/1］ppp chap user R3

［R3－Serial 0/0/1］aaa

［R3－aaa］local－user R2 password cipher abcdef

［R3－aaa］local－user R2 service－type ppp

［R3－aaa］interface s0/0/0

［R3－Serial 0/0/0］ip address 192.168.4.1 24

［R3－Serial 0/0/0］link－protocol fr

［R3－Serial 0/0/0］fr interface－type dte

［R3－Serial 0/0/0］fr dlci 100

［R3－Serial 0/0/0］rip

［R3－rip－1］network 192.168.3.0

［R3－rip－1］network 192.168.4.0

（6）在路由器 R4 上执行以下配置命令。将接口 GE0/0/0 作为 PC3 和 PC4 的网关,在接口 Serial 0/0/0 上配置 FR 协议 DCE 接口类型。

＜Huawei＞ undo terminal monitor

＜Huawei＞ system－view

［Huawei］sysname R4

［R4］interface g0/0/0

［R4－GigabitEthernet0/0/0］ip address 192.168.5.100 24

［R4－GigabitEthernet0/0/0］interface s0/0/0

［R4－Serial 0/0/0］ip address 192.168.4.2 24

［R4－Serial 0/0/0］link－protocol fr

［R4－Serial 0/0/0］fr interface－type dce

［R4－Serial 0/0/0］fr dlci 200

［R4－Serial 0/0/0］rip

［R4－rip－1］network 192.168.4.0

［R4－rip－1］network 192.168.5.0

（7）在路由器 R4 上执行 display ip routing－table 命令,结果如图 6－42 所示。路由器 R4 的路由表中出现了 3 个 RIP 协议项,分别来自路由器 R1、R2 和 R3,其中目的地址为 192. 168.1.0 网段的 RIP 协议项的开销 Cost 值为 3,这代表要到达 192.168.1.0 网段需要 3 跳,就是要经过 3 个路由器。

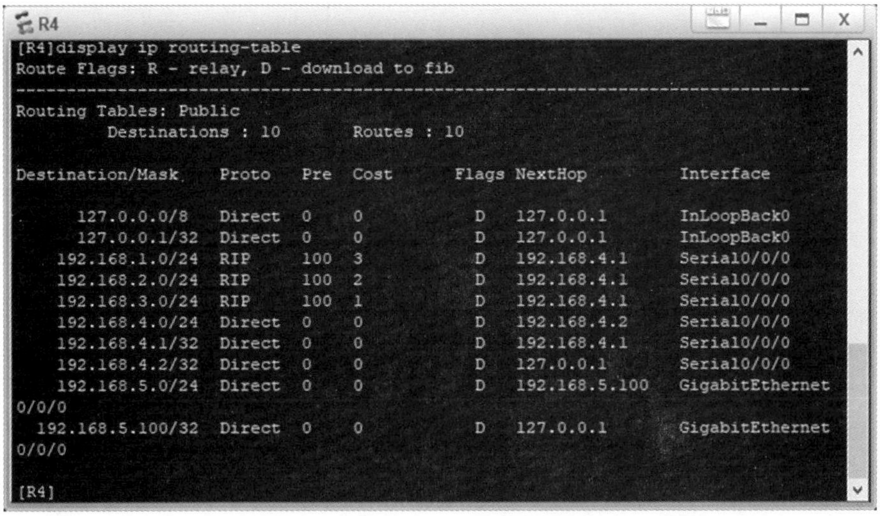

图 6－42　路由器 R4 当前的路由表

（8）在主机 PC1 上执行 ping 命令,查看其与主机 PC4 的连通情况。主机 PC1 与 PC4 不在同一个网段中,但通过路由可以互通,如图 6－43 所示。随着广域网协议的配置成功和 RIP

协议的启动,网络拓扑图中的所有主机之间都可以互相通信。

图 6-43　主机 PC1 可以 ping 通主机 PC4

(9)在主机 PC1 上使用路由跟踪命令 tracert 来查看数据包到达主机 PC4 所经过的路由器。如图 6-44 所示,数据包经过了网关地址显示为路由器 R1 的 GE0/0/0 接口,路由器 R2 的 Serial 0/0/0 接口,路由器 R3 的 Serial 0/0/1 接口,路由器 R2 的 Serial 0/0/0 接口,这些都是各个路由器进入方向的接口,最后一个是目的主机 PC4 返回的应答时间。

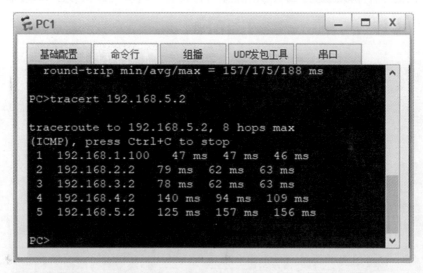

图 6-44　使用 tracert 命令查看主机 PC1 到主机 PC4 的路由路径

(10)启动 Wireshark,捕获路由器 R4 的 Serial 0/0/0 接口上的 FR 报文,结果如图 6-45 所示,可以解析 FR 协议内容。其中一条 RIP 协议响应报文,源地址是 192.168.4.1,来自路由器 R3 的 Serial 0/0/0 接口,在窗口下方的 Frame Relay 协议详情中可以看到。还可以使用 Wireshark 在路由器 R2 的 Serial 0/0/1 接口抓取 PPP 协议 CHAP 验证的数据报文。

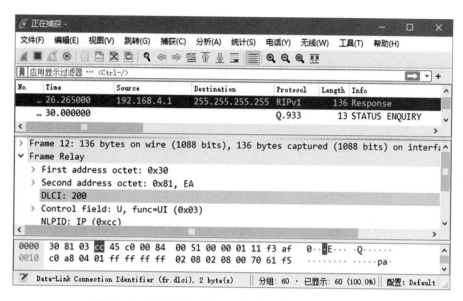

图 6-45　路由器 R4 的 Serial 0/0/0 接口上的 FR 报文

6.6.5　设备配置命令

请参考实验 6.2、实验 6.3、实验 6.4 和实验 6.5 中的设备配置命令。

第 7 章　网络地址转换实验

随着 Internet 的发展，IP 地址的短缺已经成为 Internet 面临的最大问题之一。在众多解决方案中，网络地址转换（Network Address Translation，NAT）技术提供了一种可将私有网和互联网隔离的方法，得到了广泛的应用。网络地址转换是一个在 1994 年提出的 Internet 工程任务组（Internet Engineering Task Force，IETF）标准。NAT 需要在把私有网连接到互联网的路由器上安装地址转换软件。装有 NAT 软件的路由器至少有一个有效的公有 IP 地址。这样，所有使用本地地址的主机在和互联网通信时，都要在 NAT 路由器上将其本地地址转换成公有 IP 地址后，才能和互联网连接。

7.1　网络地址转换工作的原理

正常情况下，NAT 的内、外部主机之间无法通信。如果想要进行通信，内部主机必须和公有 IP 建立映射关系，从而才能实现数据的转发，这也是 NAT 的工作原理。NAT 的实现有三种方式：端口地址转换（Port Address Translation，PAT）、动态转换（动态 NAT）和静态转换（静态 NAT）。

静态 NAT 是将特定的公有地址（和端口）一对一地映射到特定的私有地址（和端口）上，且每个映射都是确定的。假设 NAT 内的每台主机都要访问公网，就要为每台主机做一个映射。

动态 NAT 是将私有地址与公有地址一对一的转换，但动态 NAT 是从合法的地址池中动态地随机选择未使用的公有地址。可同时访问公网的主机数量受限于公有地址数量。

端口地址转换是将多个私有地址转换为同一个公有地址，用不同的端口来区别不同的主机。端口地址转换形式对公有地址的数量没有限制。

7.1.1　静态地址转换

图 7-1 给出了静态 NAT 路由器的工作原理，其中主机 A 处于私有网 192.168.10.0/24 内部，主机 B 处于公网上，二者通过互联网相连接。私有网内的主机地址都是私有 IP 地址：192.168.10.X。NAT 路由器至少要有一个公网 IP 地址才能和公网相连。在图 7-1 中，NAT 路由器有两个公有地址，12.3.1.5 和 12.3.1.6。私有地址 192.168.10.3 被映射为公有地址 12.3.1.5；私有地址 192.168.10.4 被映射为公有地址 12.3.1.6。

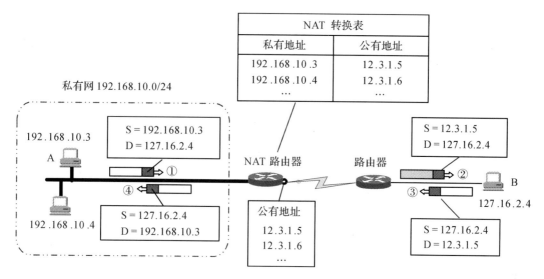

图 7 - 1　静态地址转换示意图

　　假设主机 A(196.168.10.3)主动和主机 B(127.16.2.4)通信。NAT 路由器收到从主机 A 发往主机 B 的 IP 数据分组①,其源地址是 S=192.168.10.3,目的地址是 D=127.16.2.4。NAT 路由器先把私有 IP 地址 192.168.10.3 转换为公有 IP 地址 12.3.1.5,用转换后的 IP 地址封装新的数据分组②,然后把新数据分组转发出去。主机 B 应答收到的 IP 数据分组,其发回的 IP 数据分组③的源地址是 S=127.16.2.4,目的地址是 D=12.3.1.5。需要注意的是,主机 A 的私有地址 192.168.10.3 对主机 B 来说是透明的。当 NAT 路由器收到主机 B 发来的数据分组③时,再进行一次地址转换,将数据分组③中的目的地址 D=12.3.1.5 转换为地址 D=192.168.10.3,封装成数据分组④,然后再发送给主机 A。

　　在静态地址转换中,私有地址和公有地址的映射是一对一的关系,并且是固定的。如果私有网内部有 n 台主机需要访问公网,就需要申请 n 个公有地址。正因为这种确定的映射关系,公网上的主机也可以主动地访问私有网内部的主机。比如,主机 B 可以向主机 A 的公网映射地址 12.3.1.5 发送数据,经过 NAT 路由器后,数据就可以到达主机 A。

7.1.2　动态地址转换

　　图 7-2 给出了动态 NAT 路由器的工作原理,其中 NAT 路由器有一个公有地址 12.3.1.5。在如图 7-2 所示的当前时刻,主机 A 的地址 192.168.10.3 被映射到公有地址 12.3.1.5 上。主机 A 就可以按照 7.1.1 节所述的过程与主机 B 交换数据。在主机 A 和主机 B 的通信结束后,映射关系被释放,公有地址 12.3.1.5 被放回到地址池中。下一时刻,可能主机 C 的私有地址 192.168.10.4 需要被映射到公有地址 12.3.1.5 上,如图 7-2 中右上角的 NAT 转换表所示,主机 C 就可以与公网上的设备进行通信。

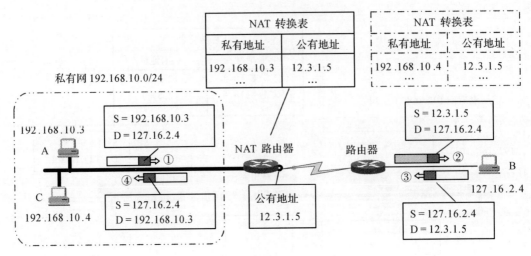

图 7-2　动态 NAT 示意图

由此可见,当 NAT 路由器具有 n 个公有地址时,私有网内最多可同时有 n 台设备接入到公网。在这种情况下,私有网内较多数量的主机,可轮流使用 NAT 路由器有限数量的公有地址访问外部网络。通过动态 NAT 路由器的通信,必须由私有网内的设备发起。因为如果有公网上的主机要发起通信,当数据到达 NAT 路由器时,路由器不确定应当把目的地址转换成哪个私有地址,所以不能由公网上的主机发起通信。如果私有网络内部某台服务器想要对外提供服务,该服务器的地址就不能用动态 NAT 进行地址转换。

7.1.3　端口地址转换

为更有效地利用 NAT 路由器上的公有地址,常用的 NAT 转换方法是利用端口复用技术把传输层的端口号纳入地址转换中。这样,私网内的多个主机可以共用一个公有地址,同时又能和外网上的不同主机进行通信。利用端口的 NAT 也被称为端口地址转换(PAT),不利用端口的 NAT 被称为传统的 NAT。

图 7-3 给出了 PAT 路由器的工作原理。私有网内主机 A(192.168.10.3)向公网上主机 B(127.16.2.4)发送数据报,其中,源端口号为 10,目的端口号为 13。PAT 路由器在收到数据报①后,查询 PAT 转换表,将源地址和端口号 192.168.10.3:10 转换为 12.3.1.5:1024,用转换后的地址和端口封装新的数据报②,然后把新数据报转发出去。主机 B 发回的数据报③的源地址和端口号是 S=127.16.2.4:13,目的地址和端口号是 D=12.3.1.5:1024。在数据报③到达 PAT 路由器后,路由器再进行一次地址和端口转换,将数据分组③中的目的地址和端口转换成 D=192.168.10.3:10,封装成数据分组④,发送给主机 A。

主机 C(192.168.10.4)可以选择与主机 A 相同的端口号发送数据,因为端口号仅在本主机中才有意义。PAT 将不同的私有地址转换为相同的公网地址(假设路由器只有一个公网地址),但把源主机所采用的端口号(不管相同或不同),则转换为不同的新端口号。这样,当 PAT 路由器收到从公网发来的数据报时,先解析出其目的地址和端口号,然后再从 PAT 转换表中找到私网内的目的主机和端口。端口地址转换中的地址和端口映射是确定的。这样,公网上的设备就可以访问私网内的服务器。

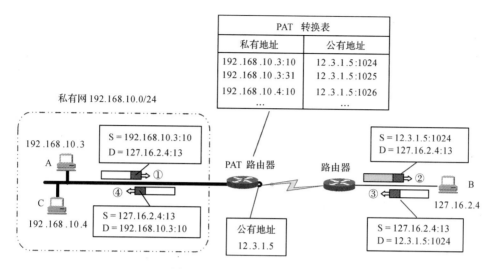

图 7 - 3　端口地址转换示意图

需要说明的是,从网络体系结构的角度看,PAT 有些特殊。通常情况下,NAT 路由器在转发数据时,需要转换 IP 地址和重新封装数据分组,这部分工作是在网络层完成的。然而,PAT 路由器需要解析和转换端口号,端口又属于传输层的概念,也正因为这样,PAT 操作没有严格地遵循网络层次的关系,但这些并未影响 PAT 在互联网中的应用。

7.2　静态 NAT 实验

假设某公司的财务部在组建部门网络时,为提高财务数据的安全性,计划将财务部的网络设置为私有网络,除了财务部门网站和少数几台主机外,其余设备不能和互联网通信。为了方便公网上的设备访问财务部网站,可以在财务部的出口路由器上设置静态地址转换。

7.2.1　实验内容

静态 NAT 实验网络拓扑图如图 7 - 4 所示,私有网络由一台 Web 服务器、一台交换机和两台主机组成,其地址空间为 192.168.10.0/24。除私有网络外,拓扑图中的其余地址为公有地址。

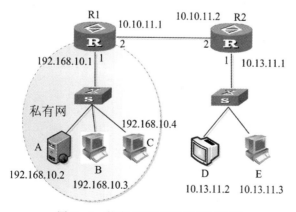

图 7 - 4　静态 NAT 实验网络拓扑图

私有地址与公有地址映射关系如表 7-1 所示。

表 7-1　私有地址与公有地址的映射关系

私有地址	公有地址
192.168.10.2	10.10.10.1
192.168.10.3	10.10.10.2

路由器 R1 的路由配置如表 7-2 所示，路由器 R2 的路由配置如表 7-3 所示。

表 7-2　路由器 R1 的路由配置

目的网络	输出接口	下一跳
192.168.10.0/24	1	直连
10.10.11.0/24	2	直连
10.13.11.0/24	2	10.10.11.2

表 7-3　路由器 R2 的路由配置

目的网络	输出接口	下一跳
10.10.10.0/24	2	10.10.11.1
10.10.11.0/24	2	直连
10.13.11.0/24	1	直连

按网络拓扑图连接和配置设备，有以下几个要求：①主机 B 和主机 E 可以相互 ping 通；②从主机 C 不能 ping 通主机 E；③从 HTTP 客户端可以访问 HTTP 服务器上的 html 文件；④在路由器 R1 上可以观察静态地址映射关系。

7.2.2　实验目的

(1)了解私有网络的设计过程；
(2)理解私有地址和公有地址的静态转换过程；
(3)掌握静态 NAT 配置方法；
(4)验证 IP 分组的静态转换过程。

7.2.3　关键命令解析

1. 建立私有地址和公有地址的静态映射关系
［Huawei］nat static global 10.10.10.1 inside 192.168.10.2
nat static global 10.10.10.1 inside 192.168.10.2 是系统视图下的命令，用来建立私有地址 192.168.10.2 和公有地址 10.10.10.1 之间静态映射关系。

2. 启动静态映射功能
［Huawei－GigabitEthernet0/0/1］nat static enable
nat static enable 是接口视图下的命令，用来在接口 GigabitEthernet0/0/1 上启动静态地

址映射功能。

3. 配置静态路由

[Huawei] ip route－static 10.13.11.0 24 10.10.11.2

ip route－static 10.13.11.0 24 10.10.11.2 是系统视图下的命令,用来在路由器中配置一条静态路由,目的网络是 10.13.11.0,子网掩码长度是 24,下一跳是 10.10.11.2。

7.2.4　实验步骤

(1)启动华为 eNSP,路由器选择 AR1220,交换机选择 S5700,按照如图 7－4 所示实验拓扑图连接设备,然后启动所有的设备,eNSP 工作区的界面如图 7－5 所示。

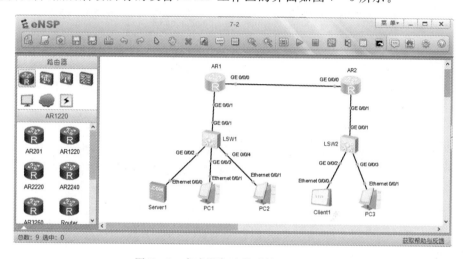

图 7－5　完成设备连接后的 eNSP 界面

(2)分别配置主机 PC1～PC3、Server1 和 Client1 的 IP 地址、子网掩码和网关,如表 7－4 所示。每台设备在配置完成后,点击"应用"按钮。

表 7－4　主机、HTTP 服务器和 HTTP 客户端的相关配置

设　　备	IP 地址	子网掩码	网　关
PC1	192.168.10.3		192.168.10.1
PC2	192.168.10.4		192.168.10.1
PC3	10.13.11.2	255.255.255.0	10.13.11.1
Server1	192.168.10.2		192.168.10.1
Client1	10.13.11.3		10.13.11.1

(3)在路由器 AR1 上执行如下命令,配置 AR1 端口 GE0/0/1 的 IP 地址 192.168.10.1 和子网掩码长度 24,该端口是私有网的网关;配置 AR1 端口 GE0/0/0 的 IP 地址 10.10.11.1 和子网掩码长度 24;配置到子网 10.13.11.0 的静态路由项。

<Huawei> system－view

[Huawei] int GigabitEthernet 0/0/1

[Huawei－GigabitEthernet0/0/1] ip address 192.168.10.1 24

[Huawei－GigabitEthernet0/0/1] quit

[Huawei] int GigabitEthernet 0/0/0

[Huawei－GigabitEthernet0/0/0] ip address 10.10.11.1 24

[Huawei－GigabitEthernet0/0/0] quit

[Huawei] ip route－static 10.13.11.0 24 10.10.11.2

配置完成后，AR1 的路由表如图 7－6 所示。

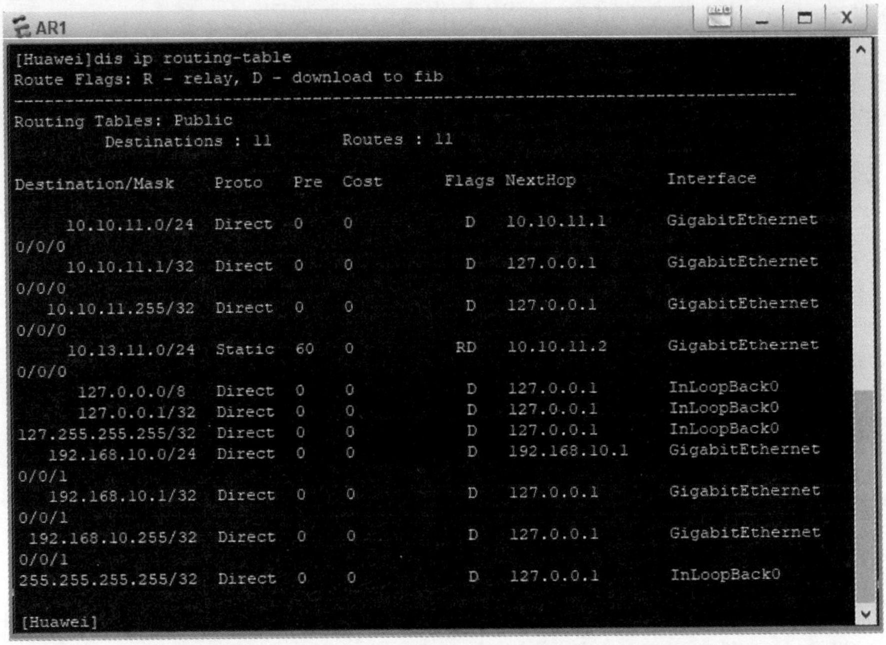

```
AR1
[Huawei]dis ip routing-table
Route Flags: R - relay, D - download to fib
------------------------------------------------------------------------------
Routing Tables: Public
         Destinations : 11       Routes : 11

Destination/Mask    Proto   Pre  Cost      Flags NextHop         Interface

     10.10.11.0/24  Direct  0    0           D   10.10.11.1      GigabitEthernet
0/0/0
     10.10.11.1/32  Direct  0    0           D   127.0.0.1       GigabitEthernet
0/0/0
   10.10.11.255/32  Direct  0    0           D   127.0.0.1       GigabitEthernet
0/0/0
     10.13.11.0/24  Static  60   0          RD   10.10.11.2      GigabitEthernet
0/0/0
      127.0.0.0/8   Direct  0    0           D   127.0.0.1       InLoopBack0
      127.0.0.1/32  Direct  0    0           D   127.0.0.1       InLoopBack0
127.255.255.255/32  Direct  0    0           D   127.0.0.1       InLoopBack0
   192.168.10.0/24  Direct  0    0           D   192.168.10.1    GigabitEthernet
0/0/1
   192.168.10.1/32  Direct  0    0           D   127.0.0.1       GigabitEthernet
0/0/1
 192.168.10.255/32  Direct  0    0           D   127.0.0.1       GigabitEthernet
0/0/1
255.255.255.255/32  Direct  0    0           D   127.0.0.1       InLoopBack0

[Huawei]
```

图 7－6　路由器 AR1 的路由表

(4)在路由器 AR2 上执行如下命令，配置 AR2 端口 GE0/0/1 的 IP 地址 10.13.11.1 和子网掩码长度 24，该端口 IP 地址也是网络 10.13.11.1 的网关；配置 AR2 端口 GE0/0/0 的 IP 地址 10.10.11.2 和子网掩码长度 24；配置到子网 10.10.10.0 的静态路由项。

<Huawei> system－view

[Huawei] int GigabitEthernet 0/0/1

[Huawei－GigabitEthernet0/0/1] ip address 10.13.11.1 24

[Huawei－GigabitEthernet0/0/1] quit

[Huawei] int GigabitEthernet 0/0/0

[Huawei－GigabitEthernet0/0/0] ip address 10.10.11.2 24

[Huawei－GigabitEthernet0/0/0] quit

[Huawei] ip route－static 10.10.10.0 24 10.10.11.1

配置完成后，AR2 的路由表如图 7－7 所示。

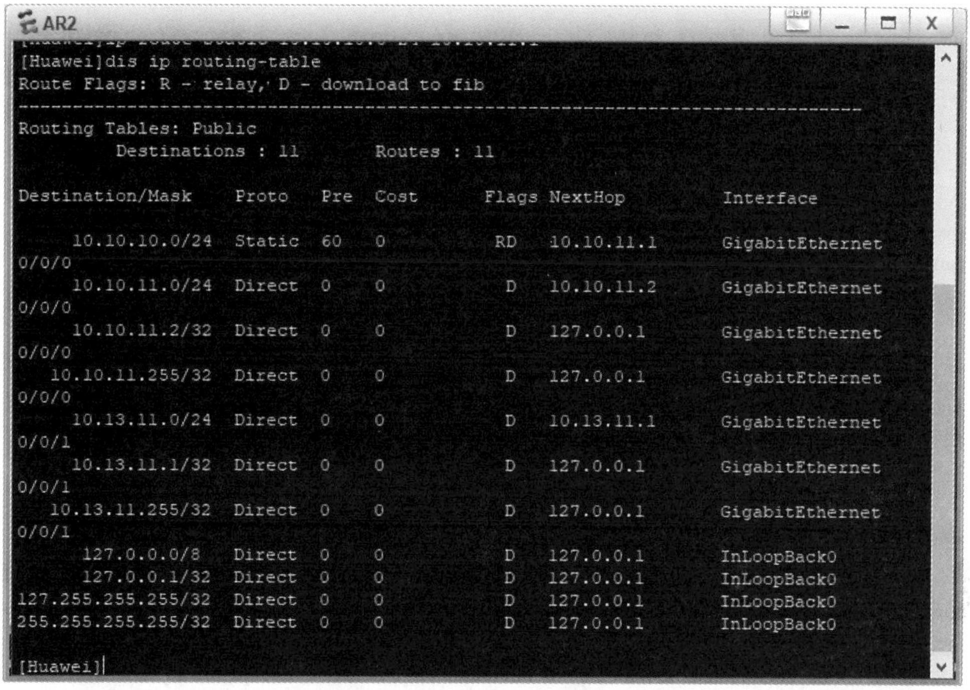

图 7 - 7 路由器 AR2 的路由表

(5)依据表 7 - 1 列出的 NAT 配置信息,在路由器 AR1 上执行如下的静态 NAT 配置命令,分别将私有地址 192.168.10.2 映射到公有地址 10.10.10.1,私有地址 192.168.10.3 映射到公有地址 10.10.10.2。同时,在 AR1 路由器的 GE0/0/0 上启用静态 NAT 功能。

[Huawei] nat static global 10.10.10.1 inside 192.168.10.2

[Huawei] nat static global 10.10.10.2 inside 192.168.10.3

[Huawei] int GigabitEthernet 0/0/0

[Huawei-GigabitEthernet0/0/0] nat static enable

配置完成后,AR1 的路由表如图 7 - 8 所示。与图 7 - 6 中的 AR1 的路由表相比,配置静态 NAT 后,路由表中添加了两条路由表项,分别是目的网络为 10.10.10.1/32 和目的网路为 10.10.10.2/32 的路由信息,且均是用户网路路由(User Network Route,UNR),表明静态 NAT 配置成功。公网上的设备可以用公有地址 10.10.10.1 访问私有网内地址为 192.168.10.2 的 HTTP 服务器,还可以用公有地址 10.10.10.2 访问私有网内地址为 192.168.10.3 的主机。

(6)HTTP 服务器 Server1 的配置界面如图 7 - 9 所示,指定文件根目录为 F:\httptest,该目录下有一个用于测试的 test.html 文件。

(7)在私有网内的主机 PC1 上 ping 公网上主机 PC3,结果如图 7 - 10 所示,同时在路由器 AR1 的端口 GE0/0/0 和 GE0/0/1 上捕获报文。

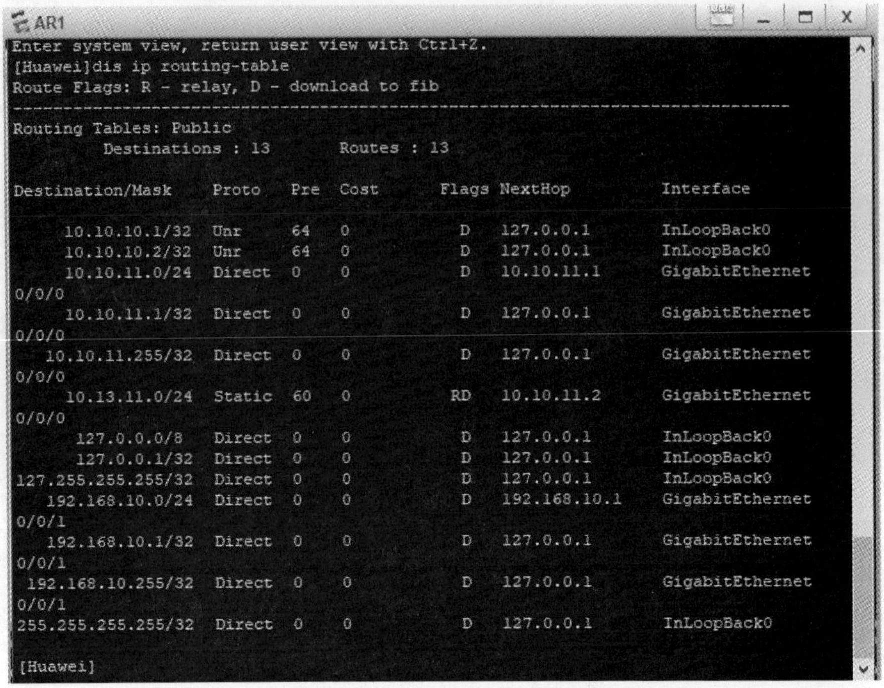

图 7-8 配置完静态 NAT 后 AR1 的路由表

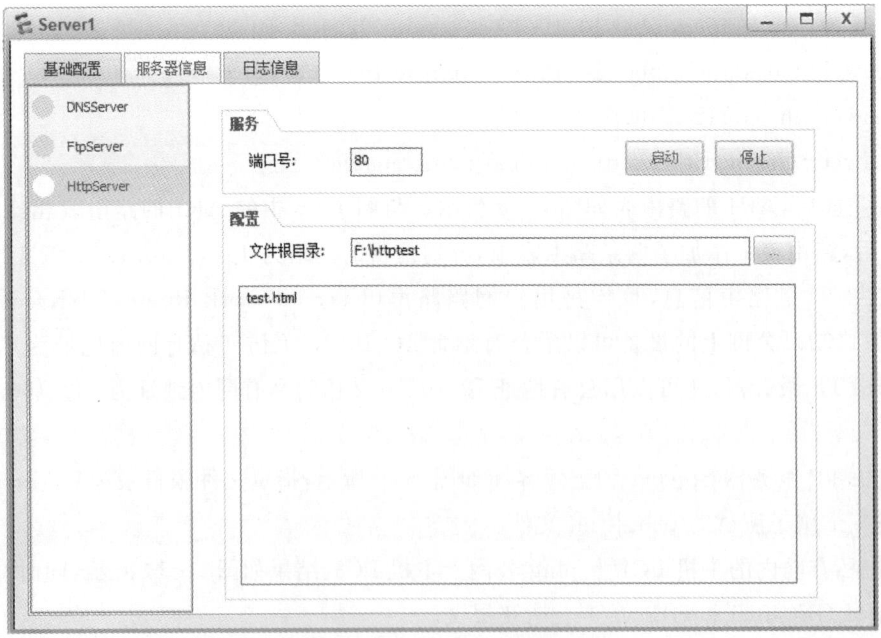

图 7-9 HTTP 服务器配置界面

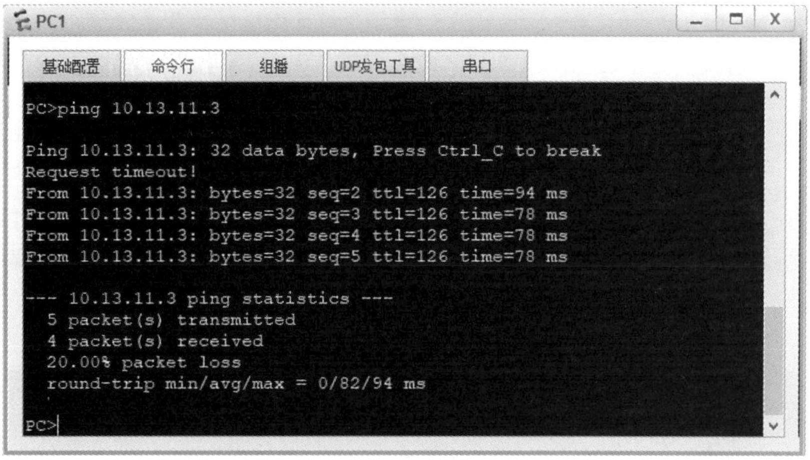

图 7-10　私有网内的主机 PC1 与公有网上的主机 PC3 通信过程

从结果来看,主机 PC1 和 PC3 之间可以正常通信。从在路由器 AR1 端口 GE0/0/1 上捕获的报文可以发现,主机 PC1 到路由器 AR1 私有网内的分组,其源地址是主机 PC1 的私有地址 192.168.10.3,目的地址是主机 PC3 的公有地址 10.13.11.3,如图 7-11 所示。

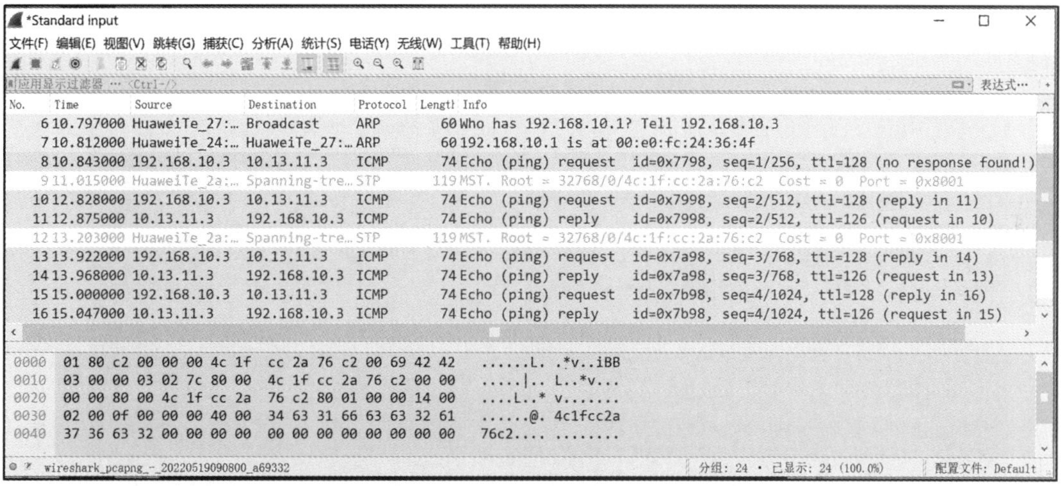

图 7-11　在路由器 AR1 的 GE0/0/1 端口上捕获的 ICMP 报文

从路由器 AR1 到主机 PC3 这段公网上的分组来看,ICMP 报文的源地址换成了主机 PC1 映射的公有地址 10.10.10.2,目的地址仍是 PC3 的公有地址 10.13.11.3,如图 7-12 所示。这说明从主机 PC1 发给 PC3 的 ICMP 报文经过 AR1 时,进行了 IP 地址的变换,并重新封装了 IP 分组。

需要解释的是,当主机 PC1 将 ICMP 报文发送给主机 PC3 时,因主机 PC1 和 PC3 不在同一个网段,需要解析网关的 MAC 地址。在获取网关 MAC 地址前,主机 PC1 发出的 ICMP 报文将被丢弃,如图 7-10 和图 7-11 所示,第一个报文请求超时。

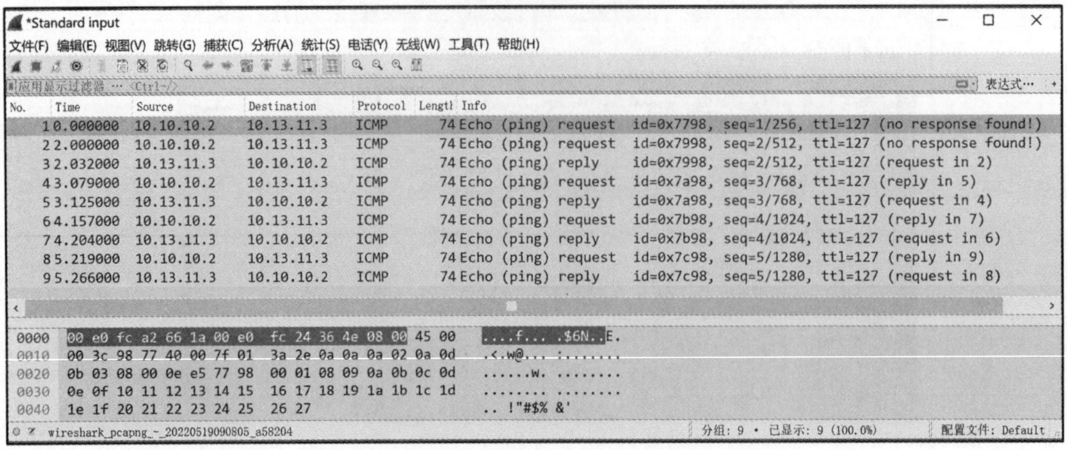

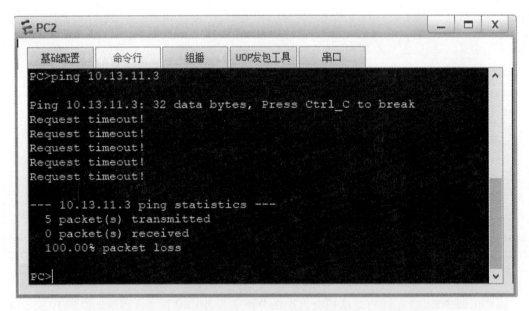

图 7-12　在路由器 AR1 的 GE0/0/0 端口上捕获的 ICMP 报文

（8）在私有网内的主机 PC2 上 ping 公网上主机 PC3，结果如图 7-13 所示。因为主机 PC2 的私有地址 192.168.10.4 未被映射为公有地址，所以主机 PC2 不能与公网上的设备进行通信，反之亦然。

图 7-13　私有网内的主机 PC2 与公有网上的主机 PC3 通信过程

（9）在公网内的主机 PC3 上 ping 私有网内的主机 PC1，结果如图 7-14 所示，并在 AR1 的端口 GE0/0/0 和 GE0/0/1 上捕获报文。需要说明的是，当用主机 PC3 ping 主机 PC1 时，需要 ping 主机 PC1 映射的公有地址 10.10.10.2，而不能 ping 其私有地址 192.168.10.3。从 ping 的结果看，主机 PC1 和 PC3 之间可以正常通信。

图 7-14　公有网上的主机 PC3 与私有网内的主机 PC1 的通信过程

从主机 PC3 到路由器 AR1 这段公网上的分组来看,ICMP 报文的源地址是主机 PC3 的公有地址 10.13.11.3,目的地址是主机 PC1 映射的公有地址 10.10.10.2,如图 7-15 所示。

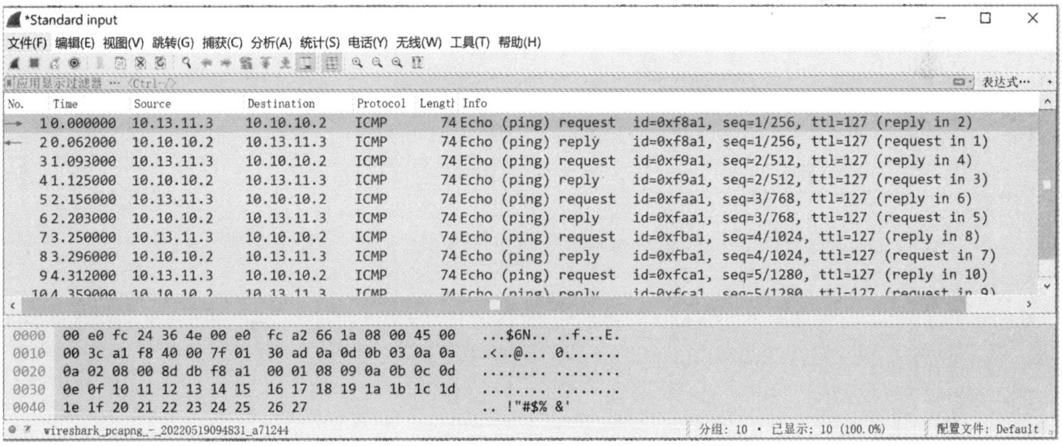

图 7-15　在路由器 AR1 的 GE0/0/0 端口上捕获的 ICMP 报文

从在路由器 AR1 端口 GE0/0/1 上捕获的报文可以发现,路由器 AR1 到主机 PC1 这段私有网内的分组,其源地址是仍是主机 PC3 的公有地址 10.13.11.3,目的地址则换成了主机 PC1 的私有地址 192.168.10.3,如图 7-16 所示。这说明,ICMP 报文经过路由器 AR1 时进行了地址转换,并重新封装了 IP 分组。

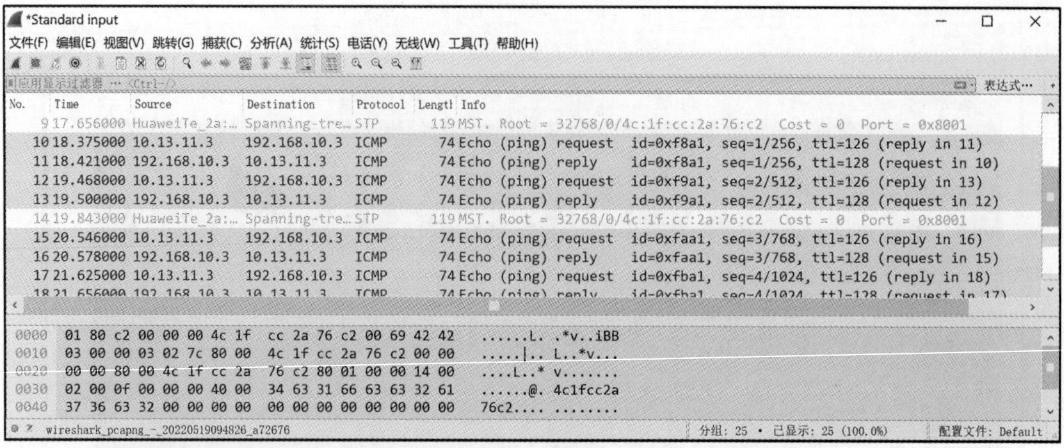

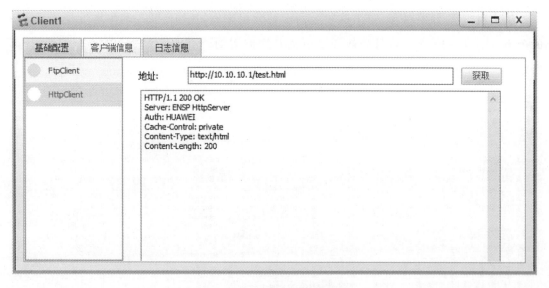

图 7-16　在路由器 AR1 的 GE0/0/1 端口上捕获的 ICMP 报文

(10)在公网上的 Client1 地址栏中输入 http://10.10.10.1/test.html,点击"获取"按钮,即可获得私有网内 HTTP 服务器 Server1 上的测试页面,如图 7-17 所示。URL 中的 IP 地址是 Server1 私有地址 192.168.10.2 映射的公有地址 10.10.10.1。

图 7-17　Client1 的浏览界面

同样,在路由器 AR1 的 GE0/0/0 和 GE0/0/1 端口分别捕获报文。图 7-18 显示了捕获的从 Client1 至路由器 AR1 这一段的报文,在请求报文中,封装 TCP 报文的 IP 分组的目的地址是公有地址 10.10.10.1,而在响应报文中,封装 TCP 报文的 IP 分组的源地址仍是公有地址 10.10.10.1。这些都表明,在公网上,Client1 与 Server1 的通信实际上是公有地址 10.13.11.2 与 10.10.10.1 之间的通信。

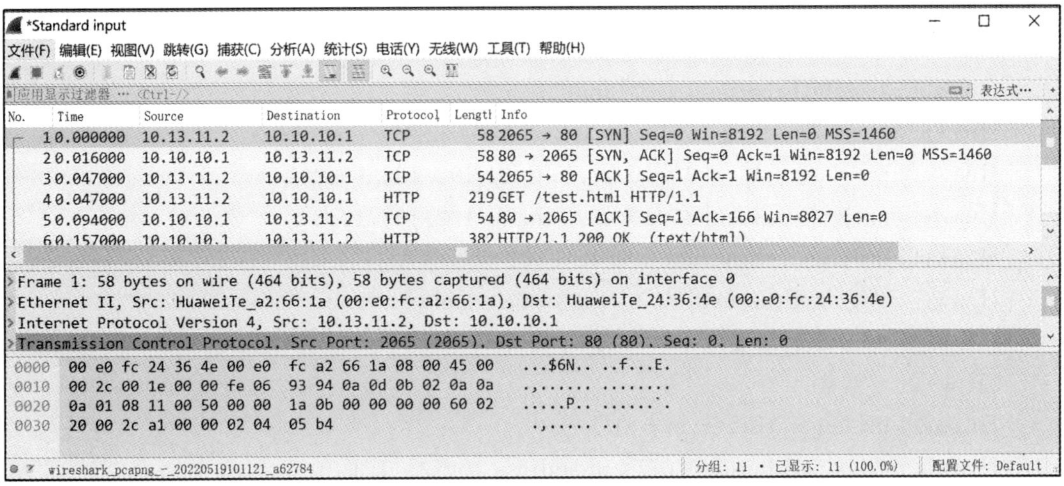

图 7-18　在路由器 AR1 的 GE0/0/0 端口上捕获的报文

在路由器 AR1 至 Server1 这一段,Client1 与 Server1 的通信换成了公有地址 10.13.11.2 与私有地址 192.168.10.2 之间的通信,如图 7-19 所示。由此可见,TCP 报文经过路由器 AR1 时,封装 TCP 报文的 IP 分组被更换了 IP 地址,并进行了重新封装。

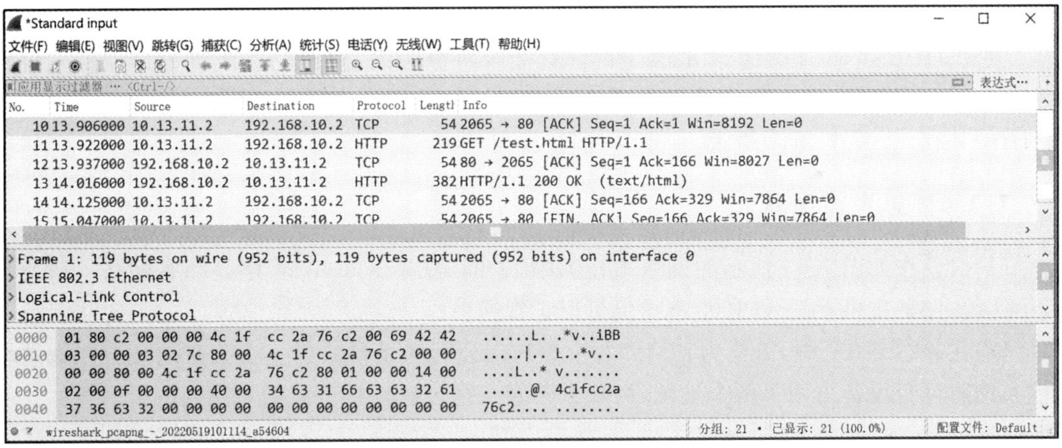

图 7-19　在路由器 AR1 的 GE0/0/1 端口上捕获的报文

通过 Client1 访问 Server1 的实验可以验证,利用静态 NAT 技术,可以让公网上设备访问私有网内的 HTTP 服务器。

7.2.5　设备配置命令

1. 路由器 AR1 上的配置命令

<Huawei> system-view

[Huawei]int GigabitEthernet 0/0/1

[Huawei-GigabitEthernet0/0/1]ip address 192.168.10.1 24

[Huawei-GigabitEthernet0/0/1] quit

[Huawei] int GigabitEthernet 0/0/0

[Huawei－GigabitEthernet0/0/0]ip address 10.10.11.1 24

[Huawei－GigabitEthernet0/0/0] quit

[Huawei]ip route－static 10.13.11.0 24 10.10.11.2

[Huawei] nat static global 10.10.10.1 inside 192.168.10.2

[Huawei] nat static global 10.10.10.2 inside 192.168.10.3

[Huawei] int GigabitEthernet 0/0/1

[Huawei－GigabitEthernet0/0/1] nat static enable

2. 路由器 AR2 上的配置命令

＜Huawei＞ system－view

[Huawei] int GigabitEthernet 0/0/1

[Huawei－GigabitEthernet0/0/1] ip address 10.13.11.1 24

[Huawei－GigabitEthernet0/0/1] quit

[Huawei] int GigabitEthernet 0/0/0

[Huawei－GigabitEthernet0/0/0] ip address 10.10.11.2 24

[Huawei－GigabitEthernet0/0/0] quit

[Huawei] ip route－static 10.10.10.0 24 10.10.11.1

3. 主机、HttpServer 和 HttpClient 上的配置命令

主机、HttpServer 和 HttpClient 上的配置命令可分为两部分：①在配置窗口配置主机的 IP 地址、子网掩码和网关；②在主机的命令窗口执行 ping 命令；指明 HttpServer 的根路径，并在 HttpClient 上发出 http 请求。

7.2.6 思考与创新

(1)假设在如图 7-4 所示的网络拓扑图中,子网 10.13.11.0/24 也是私有网络。请设计一个实验,保证主机 PC1 和主机 PC3 仍可以正常通信。

(2)在静态 NAT 中,需要为私网内每个想访问公网的设备映射一个公有地址。在此情境下,私网内每台设备占用了两个地址,为什么不直接把公有地址分配给私网内的设备呢?

7.3 动态 NAT 实验

假设在某公司财务部的私有网络内,有 n 台主机需要访问公网,但是可供使用的公有地址仅有 $m(m<n)$ 个。为了方便需要访问公网的设备轮流使用公有地址访问外部网络,需要在财务部的出口路由器上设置动态地址转换。

7.3.1 实验内容

动态 NAT 实验网络拓扑图如图 7-20 所示,私有网络由四台主机和一台交换机组成,其地址空间为 192.168.10.0/24。除私有网络外,拓扑图中的其余地址为公有地址。在路由器 R1 的端口 2 上有一组公网地址 10.10.10.1/24～10.10.10.5/24,私网内的三台主机 A、B 和 C 轮流使用这组公有地址访问外部网路,主机 D 不能与公网上的设备通信。

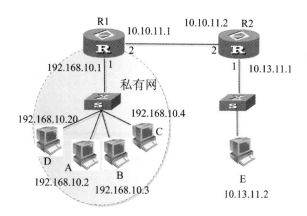

图 7-20　动态 NAT 实验网络拓扑图

私有地址与公有地址的映射关系如表 7-5 所示。需要特别注意的是,动态 NAT 不对私有地址 192.168.10.20 进行转换。

表 7-5　私有地址与公有地址的映射关系

私有地址	公有地址
	10.10.10.1
192.168.10.2	10.10.10.2
192.168.10.3	10.10.10.3
192.168.10.4	10.10.10.4
	10.10.10.5

路由器 R1 和 R2 的路由配置如表 7-6 所示。

表 7-6　路由器 R1 和 R2 的路由配置

路由器	目的网络	输出接口	下一跳
R1	192.168.10.0/24	1	直连
	10.10.11.0/24	2	直连
	10.13.11.0/24	2	10.10.11.2
R2	10.10.10.0/24	2	10.10.11.1
	10.10.11.0/24	2	直连
	10.13.11.0/24	1	直连

按网络拓扑图连接并配置设备有以下几个要求:①主机 A、B 和 C 都可以 ping 通主机 E;②主机 D 不能 ping 通主机 E;③验证在主机 E 上未必能 ping 通私有网内的所有主机;④在路由器 R1 上观察动态地址映射关系。

7.3.2 实验目的

(1)理解私有地址与公有地址的动态转换过程;

(2)掌握动态 NAT 配置方法;

(3)验证 IP 分组的动态转换过程。

7.3.3 关键命令解析

1. 确定需要地址转换的地址范围

利用基本访问控制列表(Access Control List,ACL)将需要地址转换的私有地址范围定义为 CIDR 地址块。

[Huawei] acl 2000

[Huawei－acl－basic－2000] rule 5 permit source 192.168.10.0 0.0.0.7

acl 2000 是系统视图下的命令,用来创建一个编号为 2000 的访问控制列表,进入基本 ACL 视图。

rule 5 permit source 192.168.10.0 0.0.0.7 是基本 ACL 视图下的命令,用来创建编号为 5 的规则,允许源地址属于 CIDR 地址块 192.168.10.0/29 的分组通过。在本实验中,该规则的含义是对源地址属于地址块 192.168.10.0/29 的地址进行转换。这里需要指出的是,地址块 192.168.10.0/29 包含的地址范围是 192.168.10.1～192.168.10.7。

2. 定义公有地址池

[Huawei] nat address－group 1 10.10.10.1 10.10.10.5

nat address－group 1 10.10.10.1 10.10.10.5 是系统视图下的命令,用来定义一个编号为 1 的地址范围为 10.10.10.1～10.10.10.5 的公有地址池。

3. 关联 ACL 与公有地址池

[Huawei] interface GigabitEthernet 0/0/0

[Huawei－GigabitEthernet0/0/0] nat outbound 2000 address－group 1 no－pat

nat outbound 2000 address－group 1 no－pat 是接口视图下的命令,用来建立 ACL 与公有地址池之间的关联,其中,2000 是 ACL 编号;1 是公有地址池编号;no－pat 指明在地址转换过程中不启用 PAT 功能。该命令的功能就是,如果数据分组中的源地址在编号为 2000 的 ACL 指定的地址范围之内,则在编号为 1 的公有地址池中选择一个公有地址替换该分组的源地址。

7.3.4 实验步骤

(1)启动华为 eNSP,路由器选择 AR1220,交换机选择 S5700,按照如图 7－20 所示实验拓扑图连接设备,然后启动所有的设备,eNSP 的界面如图 7－21 所示。

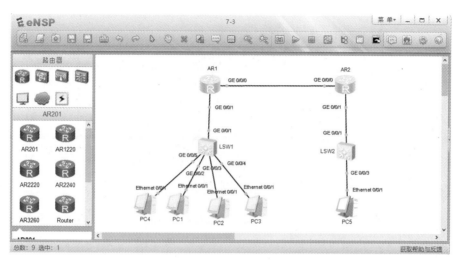

图 7-21　完成设备连接后的 eNSP 界面

（2）分别配置主机 PC1～PC5 的 IP 地址、子网掩码和网关，如表 7-7 所示。每台设备在配置完成后，点击"应用"按钮。

表 7-7　主机的配置信息

设　备	IP 地址	子网掩码	网　关
PC1	192.168.10.2		
PC2	192.168.10.3		
PC3	192.168.10.4	255.255.255.0	192.168.10.1
PC4	192.168.10.20		
PC5	10.13.11.2		10.13.11.1

（3）在路由器 AR1 上执行如下命令，配置路由器 AR1 端口 GE0/0/1 的 IP 地址 192.168.10.1 和子网掩码长度 24，该端口也是私有网的网关；配置路由器 AR1 端口 GE0/0/0 的 IP 地址为 10.10.11.1 和子网掩码长度为 24；配置到子网 10.13.11.0 的静态路由项。

<Huawei> system-view

[Huawei] int GigabitEthernet 0/0/1

[Huawei-GigabitEthernet0/0/1] ip address 192.168.10.1 24

[Huawei-GigabitEthernet0/0/1] quit

[Huawei] int GigabitEthernet 0/0/0

[Huawei-GigabitEthernet0/0/0] ip address 10.10.11.1 24

[Huawei-GigabitEthernet0/0/0] quit

[Huawei] ip route-static 10.13.11.0 24 10.10.11.2

配置完成后，路由器 AR1 上的路由表如图 7-22 所示。

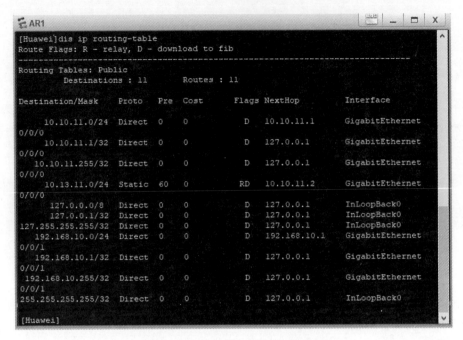

图 7-22　路由器 AR1 上的路由表

（4）在路由器 AR2 上执行如下命令，配置 AR2 端口 GE0/0/1 的 IP 地址 10.13.11.1 和子网掩码长度 24，该端口也是子网 10.13.11.1/24 的网关；配置 AR2 端口 GE0/0/0 的 IP 地址 10.10.11.2 和子网掩码长度 24；配置到子网 10.10.10.0 的静态路由项。

<Huawei> system-view

[Huawei] int GigabitEthernet 0/0/1

[Huawei-GigabitEthernet0/0/1] ip address 10.13.11.1 24

[Huawei-GigabitEthernet0/0/1] quit

[Huawei] int GigabitEthernet 0/0/0

[Huawei-GigabitEthernet0/0/0] ip address 10.10.11.2 24

[Huawei-GigabitEthernet0/0/0] quit

[Huawei] ip route-static 10.10.10.0 24 10.10.11.1

配置完成后，路由器 AR2 上的路由表如图 7-23 所示。

（5）依据表 7-5 列出的 NAT 配置信息，在路由器 AR1 上执行如下的动态 NAT 配置命令，将私有地址 192.168.10.1～192.168.10.7 映射到公有地址 10.10.10.1～10.10.10.5，并在路由器 AR1 的 GE0/0/0 上启用动态 NAT 功能。

[Huawei] acl 2000

[Huawei-acl-basic-2000] rule 5 permit source 192.168.10.0 0.0.0.7

[Huawei-acl-basic-2000] quit

[Huawei] nat address-group 1 10.10.10.1 10.10.10.5

[Huawei] int GigabitEthernet 0/0/0

[Huawei-GigabitEthernet0/0/0] nat outbound 2000 address-group 1 no-pat

[Huawei－GigabitEthernet0/0/0] quit

```
[Huawei]dis ip routing-table
Route Flags: R - relay, D - download to fib
------------------------------------------------------------------------------
Routing Tables: Public
         Destinations : 11       Routes : 11

Destination/Mask    Proto   Pre  Cost      Flags NextHop         Interface

     10.10.10.0/24  Static  60   0          RD   10.10.11.1      GigabitEthernet
0/0/0
     10.10.11.0/24  Direct  0    0           D   10.10.11.2      GigabitEthernet
0/0/0
     10.10.11.2/32  Direct  0    0           D   127.0.0.1       GigabitEthernet
0/0/0
   10.10.11.255/32  Direct  0    0           D   127.0.0.1       GigabitEthernet
0/0/0
     10.13.11.0/24  Direct  0    0           D   10.13.11.1      GigabitEthernet
0/0/1
     10.13.11.1/32  Direct  0    0           D   127.0.0.1       GigabitEthernet
0/0/1
   10.13.11.255/32  Direct  0    0           D   127.0.0.1       GigabitEthernet
0/0/1
      127.0.0.0/8   Direct  0    0           D   127.0.0.1       InLoopBack0
      127.0.0.1/32  Direct  0    0           D   127.0.0.1       InLoopBack0
127.255.255.255/32  Direct  0    0           D   127.0.0.1       InLoopBack0
255.255.255.255/32  Direct  0    0           D   127.0.0.1       InLoopBack0

[Huawei]
```

图 7－23　路由器 AR2 上的路由表

配置完成后，路由器 AR1 的路由表如图 7－24 所示。与图 7－22 中显示的路由器 AR1 上的路由表相比，配置动态 NAT 后，路由表中添加了五条路由表项，目的网络为 10.10.10.1/32～ 10.10.10.5/32 的 UNR 路由信息，表明动态 NAT 配置成功。

```
[Huawei]dis ip routing-table
Route Flags: R - relay, D - download to fib
------------------------------------------------------------------------------
Routing Tables: Public
         Destinations : 16       Routes : 16

Destination/Mask    Proto   Pre  Cost      Flags NextHop         Interface

     10.10.10.1/32  Unr     64   0           D   127.0.0.1       InLoopBack0
     10.10.10.2/32  Unr     64   0           D   127.0.0.1       InLoopBack0
     10.10.10.3/32  Unr     64   0           D   127.0.0.1       InLoopBack0
     10.10.10.4/32  Unr     64   0           D   127.0.0.1       InLoopBack0
     10.10.10.5/32  Unr     64   0           D   127.0.0.1       InLoopBack0
     10.10.11.0/24  Direct  0    0           D   10.10.11.1      GigabitEthernet
0/0/0
     10.10.11.1/32  Direct  0    0           D   127.0.0.1       GigabitEthernet
0/0/0
   10.10.11.255/32  Direct  0    0           D   127.0.0.1       GigabitEthernet
0/0/0
     10.13.11.0/24  Static  60   0          RD   10.10.11.2      GigabitEthernet
0/0/0
      127.0.0.0/8   Direct  0    0           D   127.0.0.1       InLoopBack0
      127.0.0.1/32  Direct  0    0           D   127.0.0.1       InLoopBack0
127.255.255.255/32  Direct  0    0           D   127.0.0.1       InLoopBack0
   192.168.10.0/24  Direct  0    0           D   192.168.10.1    GigabitEthernet
0/0/1
   192.168.10.1/32  Direct  0    0           D   127.0.0.1       GigabitEthernet
0/0/1
 192.168.10.255/32  Direct  0    0           D   127.0.0.1       GigabitEthernet
0/0/1
255.255.255.255/32  Direct  0    0           D   127.0.0.1       InLoopBack0

[Huawei]
```

图 7－24　配置完动态 NAT 后路由器 AR1 上的路由表

（6）在私有网内的主机 PC1 上 ping 公网上的主机 PC5，结果如图 7-25 所示，并在路由器 AR1 的端口 GE0/0/0 和 GE0/0/1 上捕获 ICMP 报文。

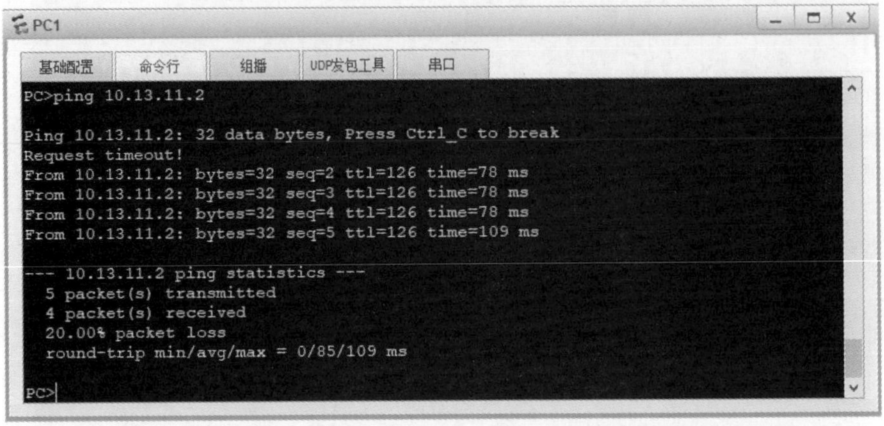

图 7-25　私有网内的主机 PC1 与公有网上的主机 PC5 通信过程

从结果来看，主机 PC1 和 PC5 可以正常通信。从在路由器 AR1 端口 GE0/0/1 上捕获的报文可以发现，主机 PC1 到路由器 AR1 私有网内的分组，其源地址是主机 PC1 的私有地址 192.168.10.2，目的地址是主机 PC5 的公有地址 10.13.11.2，如图 7-26 所示。

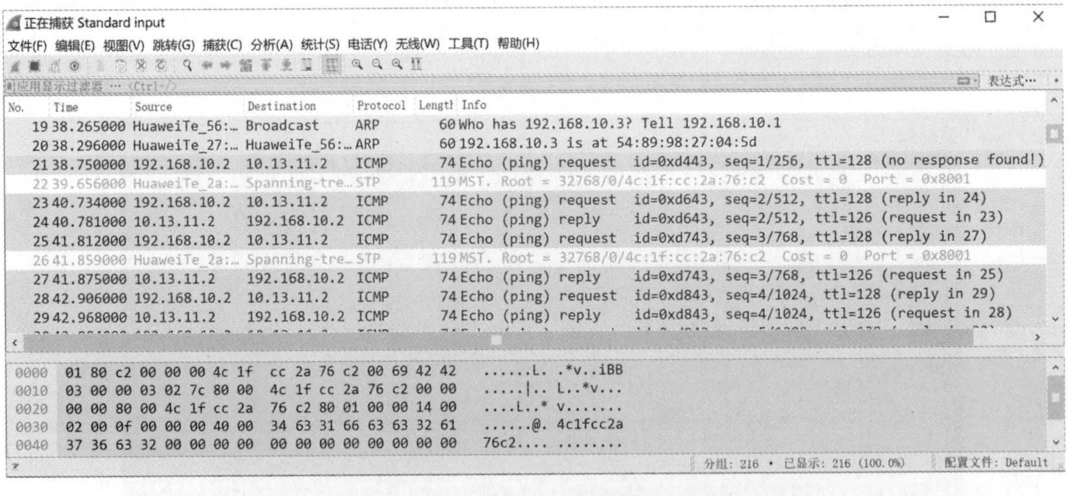

图 7-26　在 AR1 的 GE0/0/1 端口上捕获的 ICMP 报文

从路由器 AR1 到主机 PC5 这段公网上的分组来看，ICMP 报文的源地址换成了主机 PC1 映射的公有地址 10.10.10.1～10.10.10.5，目的地址仍是主机 PC5 的公有地址 10.13.11.2，如图 7-27 所示。这说明从主机 PC1 发给主机 PC5 的 ICMP 报文经过路由器 AR1 时，进行了 IP 地址变换，并重新封装了 IP 分组。需要特别注意的是，在主机 PC1 发出的 5 次 ICMP 报文中，源地址均不相同，这也就验证了动态地址的变换过程，每次变换的公有地址均不相同。

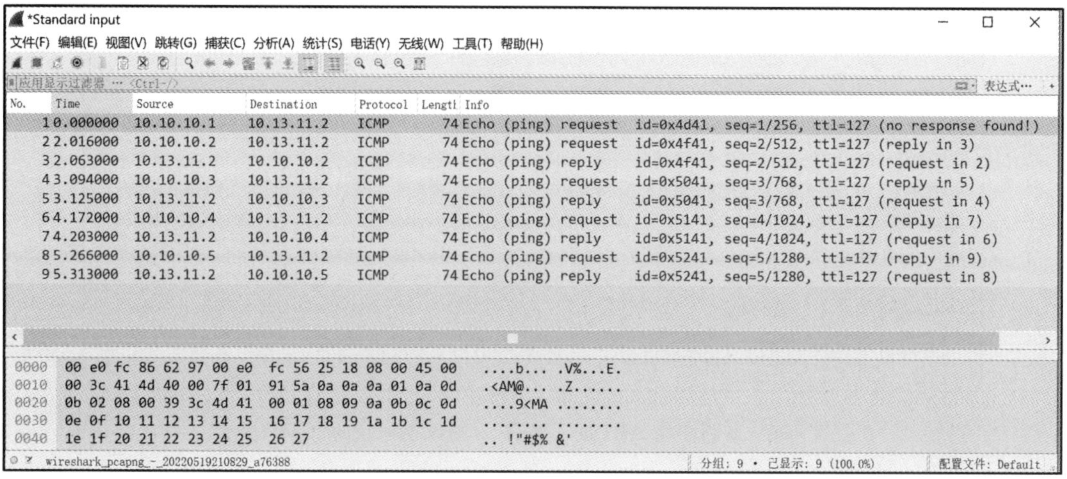

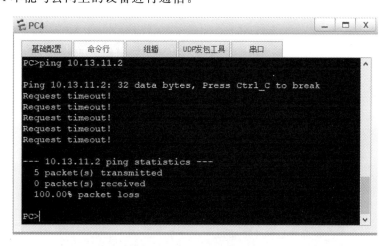

图 7 - 27　在路由器 AR1 的 GE0/0/0 端口上捕获的 ICMP 报文

在主机 PC1 将 ICMP 报文发送给主机 PC5 时,因需要解析网关的 MAC 地址,所以在获取网关的 MAC 地址之前,主机 PC1 发的 ICMP 报文将被丢弃,如图 7 - 25 和图 7 - 26 所示,第一个报文请求超时。

(7)在主机 PC2 和 PC3 上 ping 主机 PC5,结果与在主机 PC1 上 ping 的结果一样,主机 PC2 和 PC3 的私有地址均在 ACL 2000 定义的被转换的私有地址范围之内。

(8)在私有网内的主机 PC4 上 ping 公网上的主机 PC5,结果如图 7 - 28 所示。因为主机 PC4 的私有地址 192.168.10.20 不在 ACL 2000 定义的地址范围内,未被映射到公有地址上,所以主机 PC4 不能与公网上的设备进行通信。

图 7 - 28　私有网内的主机 PC4 与公有网上的主机 PC5 通信过程

从路由器 AR1 捕获的报文也显示主机 PC4 发出的 ICMP 报文未得到任何响应,如图 7 - 29 和图 7 - 30 所示。尤其是在 GE0/0/0 端口上捕获的 ICMP 报文显示,主机 PC4 的私有地址经过路由器 AR1 后并未被转换。

(9)在公网内的主机 PC5 上 ping 公有地址 10.10.10.1～10.10.10.5,均不能 ping 通,结果如图 7 - 31 所示,并在路由器 AR1 的端口 GE0/0/0 和 GE0/0/1 上捕获报文。

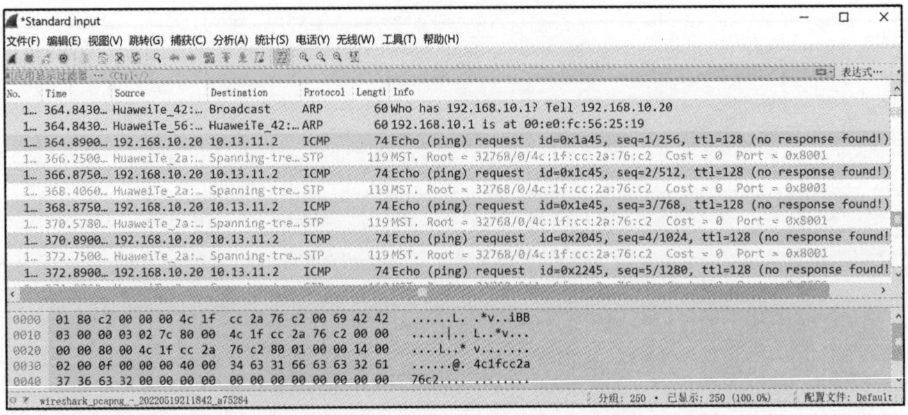

图 7-29 在路由器 AR1 的 GE0/0/1 端口上捕获的 ICMP 报文

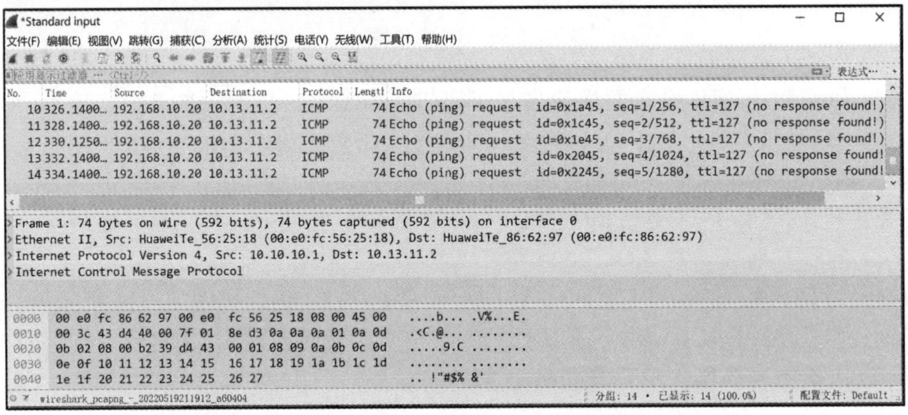

图 7-30 在路由器 AR1 的 GE0/0/0 端口上捕获的 ICMP 报文

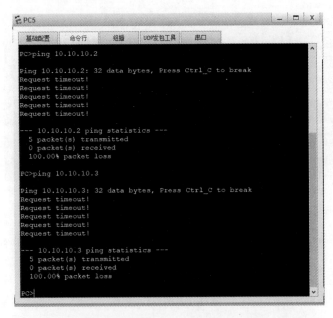

图 7-31 公有网内的主机 PC5 与私有网内的主机的通信过程

从主机 PC5 到路由器 AR1 这段公网上的分组来看,从主机 PC5 发出的五组 ICMP 报文均未得到响应,如图 7 - 32 所示。

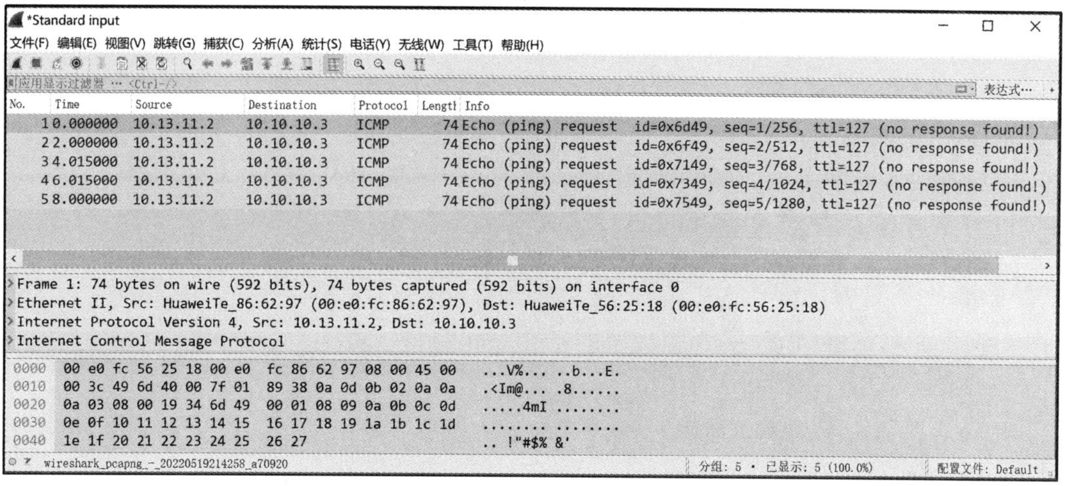

图 7 - 32 在路由器 AR1 的 GE0/0/0 端口上捕获的 ICMP 报文

从在路由器 AR1 的 GE0/0/1 端口上捕获的报文可以发现,路由器 AR1 到私有网这段未收到主机 PC5 发出的 ICMP 报文,如图 7 - 33 所示。这说明,ICMP 报文未通过 AR1。

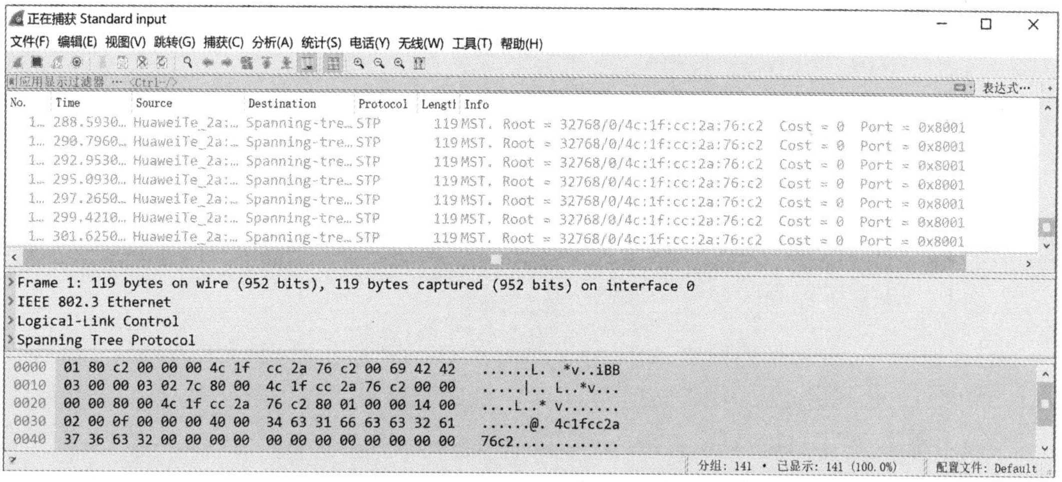

图 7 - 33 在路由器 AR1 的 GE0/0/1 端口上捕获的 ICMP 报文

利用动态 NAT 技术,可以让私有网络内的设备访问公有网络,但不能让公有网络上的设备访问私有网络,这样可以保护私有网络的安全。

7.3.5 设备配置命令

1. 路由器 AR1 上的配置命令

＜Huawei＞ system－view

［Huawei］ int GigabitEthernet 0/0/1

［Huawei－GigabitEthernet0/0/1］ ip address 192.168.10.1 24

［Huawei－GigabitEthernet0/0/1］quit

［Huawei］int GigabitEthernet 0/0/0

［Huawei－GigabitEthernet0/0/0］ip address 10. 10. 11. 1 24

［Huawei－GigabitEthernet0/0/0］quit

［Huawei］ip route－static 10. 13. 11. 0 24 10. 10. 11. 2

［Huawei］acl 2000

［Huawei－acl－basic－2000］rule 5 permit source 192. 168. 10. 0 0. 0. 0. 7

［Huawei－acl－basic－2000］quit

［Huawei］nat address－group 1 10. 10. 10. 1 10. 10. 10. 5

［Huawei］int GigabitEthernet 0/0/0

［Huawei－GigabitEthernet0/0/0］nat outbound 2000 address－group 1 no－pat

［Huawei－GigabitEthernet0/0/0］quit

2. 路由器 AR2 上的配置命令

＜Huawei＞system－view

［Huawei］int GigabitEthernet 0/0/1

［Huawei－GigabitEthernet0/0/1］ip address 10. 13. 11. 1 24

［Huawei－GigabitEthernet0/0/1］quit

［Huawei］int GigabitEthernet 0/0/0

［Huawei－GigabitEthernet0/0/0］ip address 10. 10. 11. 2 24

［Huawei－GigabitEthernet0/0/0］quit

［Huawei］ip route－static 10. 10. 10. 0 24 10. 10. 11. 1

3. 主机上的配置命令

主机上的配置命令可分为两部分：①在配置窗口配置主机的 IP 地址、子网掩码和网关；②在主机的命令窗口执行 ping 命令。

7.3.6　思考与创新

(1)在如图 7－20 所示的网络拓扑中，增加一个 HTTP 服务器，要求私有网络 192.168. 10.0/24 内的主机利用动态 NAT 访问外部网络，HTTP 服务器利用静态 NAT 与外部通信。请设计一个实验，满足上述要求。

(2)在动态 NAT 实验中，利用私有网内主机测试与外部网络的连通性时，为什么会发生间歇性丢包？

7.4　PAT 配置实验

在某公司财务部的私有网络内，除了财务部网站和少数几台主机外，其余设备不能和公网通信。此配置实验要求财务部网站能被公网上设备访问，少数主机可以从私有网络内发起访问公网的请求，但公网上设备不能访问除网站服务器外的其他主机。除了利用静态和动态相结合的 NAT 外，利用 PAT 也可以满足上述要求。

7.4.1　实验内容

PAT 实验网络拓扑图采用与静态 NAT 相同的拓扑图,如图 7-34 所示,私有网络由一台 Web 服务器、一台交换机和两台主机组成,其地址空间为 192.168.10.0/24。除私有网络外, 拓扑图中的其余地址为公有地址。

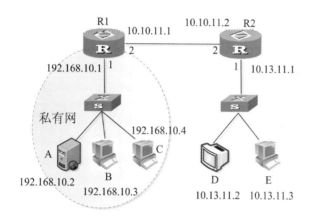

图 7-34　PAT 实验网络拓扑图

静态 PAT 的映射关系如表 7-8 所示,其余地址转换为动态 PAT。

表 7-8　静态 PAT 映射关系

私有地址	公有地址
192.168.10.2:80	10.10.11.1:8000

路由器 R1 的路由表配置如表 7-9 所示,路由器 R2 的路由表配置如表 7-10 所示。

表 7-9　路由器 R1 的路由表配置

目的网络	输出接口	下一跳
192.168.10.0/24	1	直连
10.10.11.0/24	2	直连
10.13.11.0/24	2	10.10.11.2

表 7-10　路由器 R2 的路由表配置

目的网络	输出接口	下一跳
10.10.11.0/24	2	直连
10.13.11.0/24	1	直连

按照网络拓扑图连接并配置设备有以下几个要求:①在主机 B 和主机 C 上可以 ping 通主 机 E;②在主机 E 上不能 ping 通主机 B 和主机 C;③从 Http 客户端可以访问 Http 服务器上 的 html 文件;④在 R1 上可以查看 PAT 的转换过程。

7.4.2 实验目的

(1)理解 PAT 转换过程；
(2)掌握 PAT 配置方法。

7.4.3 关键命令解析

1.在指定端口启动 PAT 功能

［Huawei］interface GigabitEthernet 0/0/1

［Huawei－GigabitEthernet0/0/1］nat outbound 2000

nat outbound 2000 是端口视图下的命令，用来在该端口下启动 PAT 功能，并关联编号为 2000 的访问控制列表(ACL 2000)。该命令被成功执行后，一是对从该端口输出的源地址在 ACL 2000 规定范围内的 IP 分组，实施动态 PAT；二是转换后的源地址为该端口的地址，数据分组中的端口号由 PAT 动态分配。

2.建立静态 PAT 映射

［Huawei］interface GigabitEthernet 0/0/1

［Huawei－GigabitEthernet0/0/1］nat server protocol tcp global current－interface 8080 inside 192.168.10.2 80

nat server protocol tcp global current－interface 8080 inside 192.168.10.2 80 是端口视图下的命令，用来建立静态 PAT 映射关系 10.10.11.1:8080 到 192.168.10.2:80。命令中的 tcp 指明对 TCP 报文实施 PAT，该参数除可选择 tcp 外，还可选择 udp；current－interface 指明用当前端口的地址作为 PAT 后的源地址，该参数还有另外两个选项，一是直接给出 PAT 转换后的公有地址；二是给出接口类型和端口号，PAT 转换时用该端口的地址作为共有地址；8080 是 PAT 时指定的全局端口号；192.168.10.2 是需要转换的私有地址；80 是主机 192.168.10.2 的本地端口号。

7.4.4 实验步骤

(1)启动华为 eNSP，路由器选择 AR1220，交换机选择 S5700，按照如图 7-34 所示实验拓扑图连接设备，然后启动所有的设备，eNSP 的界面如图 7-35 所示。

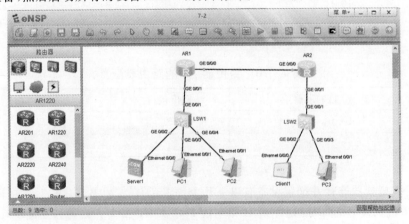

图 7-35　完成设备连接后的 eNSP 界面

(2)分别配置主机 PC1~PC3、Server1 和 Client1 的 IP 地址、子网掩码和网关,如表 7-11 所示。每台设备在配置完成后,点击"应用"按钮。

表 7-11 主机、HTTP 服务器和 HTTP 客户端的配置信息

设备	IP 地址	子网掩码	网关
PC1	192.168.10.3		192.168.10.1
PC2	192.168.10.4		192.168.10.1
PC3	10.13.11.2	255.255.255.0	10.13.11.1
Server1	192.168.10.2		192.168.10.1
Client1	10.13.11.3		10.13.11.1

(3)在路由器 AR1 上执行如下命令,配置路由器 AR1 端口 GE0/0/1 的 IP 地址 192.168. 10.1 和子网掩码长度 24,该端口是私有网的网关;配置路由器 AR1 端口 GE0/0/0 的 IP 地址 10.10.11.1 和子网掩码长度 24;配置到子网 10.13.11.0 的静态路由项。

<Huawei> system-view

[Huawei] int GigabitEthernet 0/0/1

[Huawei-GigabitEthernet0/0/1] ip address 192.168.10.1 24

[Huawei-GigabitEthernet0/0/1] quit

[Huawei] int GigabitEthernet 0/0/0

[Huawei-GigabitEthernet0/0/0] ip address 10.10.11.1 24

[Huawei-GigabitEthernet0/0/0] quit

[Huawei] ip route-static 10.13.11.0 24 10.10.11.2

配置完成后,路由器 AR1 上的路由表如图 7-36 所示。

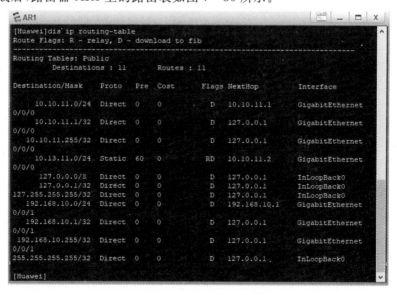

图 7-36 路由器 AR1 上的路由表

(4)在路由器 AR2 上执行如下命令,配置路由器 AR2 端口 GE0/0/1 的 IP 地址 10.13.11.1 和子网掩码长度 24,该端口是网络 10.13.11.0/24 的网关;配置路由器 AR2 端口 GE0/0/0 的 IP 地址 10.10.11.2 和子网掩码长度 24。

＜Huawei＞ system－view

[Huawei] int GigabitEthernet 0/0/1

[Huawei－GigabitEthernet0/0/1] ip address 10.13.11.1 24

[Huawei－GigabitEthernet0/0/1] quit

[Huawei] intGigabitEthernet 0/0/0

[Huawei－GigabitEthernet0/0/0] ip address 10.10.11.2 24

[Huawei－GigabitEthernet0/0/0] quit

配置完成后,路由器 AR2 上的路由表如图 7-37 所示。

图 7-37　路由器 AR2 上的路由表

(5)HTTP 服务器 Server1 的配置界面如图 7-38 所示,指定文件根目录为 F:\httptest,该目录下有一个用于测试的文件 test.html。

图 7-38　HTTP 服务器配置界面

(6)在私有网内的主机 PC1 ping 公网上主机 PC3,结果如图 7-39 所示,私有网和公有网上的主机间还不能正常通信。

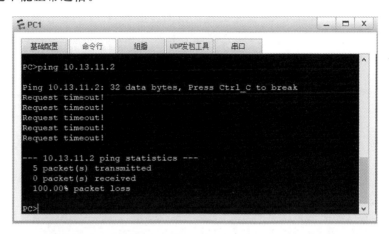

图 7-39　配置 PAT 前主机 PC1 和主机 PC3 的通信过程

利用 Client1 访问 Server1 的结果如图 7-40 所示,显示不能正常访问。

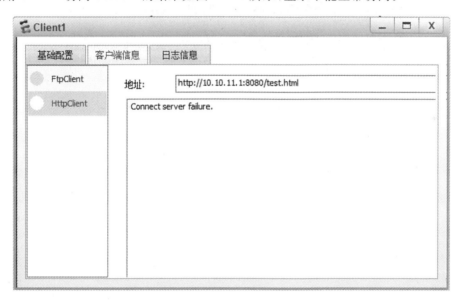

图 7-40　配置 PAT 前 Client1 访问 Server1 的结果

(7)依据表 7-8 列出的配置信息,在路由器 AR1 上执行如下的 PAT 配置命令,将私有地址 192.168.10.2:80 映射到公有地址 10.10.10.1:8080。同时,在路由器 AR1 的端口 GE0/0/1 上启用动态 PAT 功能。

［Huawei］acl 2000

［Huawei－acl－basic－2000］rule 5 permit source 192.168.10.0 0.0.0.255

［Huawei－acl－basic－2000］quit

［Huawei］int GigabitEthernet 0/0/0

［Huawei－GigabitEthernet0/0/0］nat outbound 2000

〔Huawei－GigabitEthernet0/0/0〕nat server protocol tcp global current－interface 8080 inside 192.168.10.2 80

需要指出的是,因为 ACL 2000 指定的地址范围包括 Server1 的私有地址,所以静态 PAT 命令要放在动态 PAT 命令之后执行,以免执行结果被覆盖。

配置完成后,路由器 AR1 的路由表与配置 PAT 前没有变化,如图 7－36 所示。

(8)再次在私有网内的主机 PC1 上 ping 公网内的主机 PC3,结果如图 7－41 所示,并在路由器 AR1 的端口 GE0/0/0 和 GE0/0/1 上捕获报文。

图 7-41   配置 PAT 后主机 PC1 与 PC3 的通信过程

从结果来看,主机 PC1 和 PC3 之间可以正常通信。需要指明的是,在主机 PC1 上向主机 PC3 发送 ping 命令时,有可能会出现请求超时,这是因为在 ping 的过程中需要解析网关的 MAC 地址。在获取网关 MAC 地址前,主机 PC1 发出的 ICMP 报文将被丢弃。

从在路由器 AR1 端口 GE0/0/1 上捕获的报文可以发现,主机 PC1 到路由器 AR1 私有网内的分组的源地址是主机 PC1 的私有地址 192.168.10.3,目的地址是主机 PC3 的公有地址 10.13.11.2,如图 7－42 所示,其中第二个 ICMP 请求报文的标识符为 23328(BE,0x5b20)。

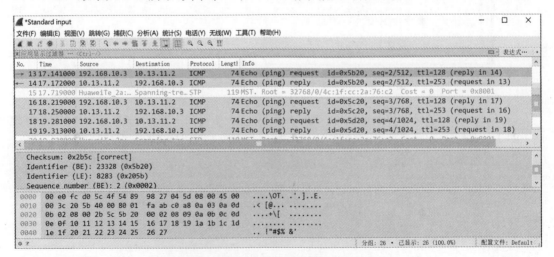

图 7-42   在路由器 AR1 的 GE0/0/1 端口上捕获的 ICMP 报文

从路由器 AR1 到主机 PC3 这段公网上的分组来看,ICMP 报文的源地址换成了路由器 AR1 的端口 GE0/0/0 的 IP 地址 10.10.11.1,目的地址仍是主机 PC3 的公有地址 10.13.11.2,如图 7-43 所示。但需要注意的是,第二个 ICMP 报文的标识符变成了 4136(BE,0x1028),这说明从主机 PC1 发给 PC3 的 ICMP 报文经过路由器 AR1 时,进行了 PAT 变换(192.168.10.2:23328⇆10.10.11.1:4136),并重新封装了 IP 分组。

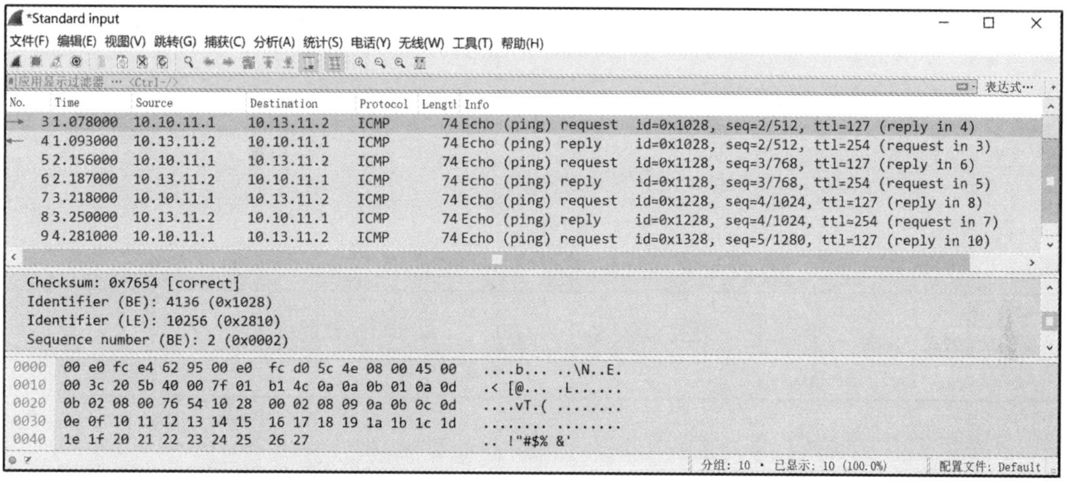

图 7-43　在路由器 AR1 的 GE0/0/0 端口上捕获的 ICMP 报文

需要解释的是,由于 ICMP 协议是网络层协议,而端口是传输层的概念,所以这里用标识符来表示。在 PAT 转换时,端口复用在 ICMP 协议中就变成了标识符复用。

(9)在公网内的主机 PC3 上 ping 私有网内的主机 PC1,因为主机 PC1 的私有地址 192.168.10.2 对主机 PC3 是透明的,所以只能 ping 10.10.11.1,结果如图 7-44 所示。由此可以看出,主机 PC3 和地址 10.10.11.1 之间可以正常通信。进一步在路由器 AR1 两侧接口上捕获报文可以发现,ICMP 报文仅到达路由器 AR1 的接口 GE0/0/0,而未经过路由器 AR1,如图 7-45 和图 7-46 所示。

图 7-44　主机 PC3 与地址 10.10.11.1 的通信过程

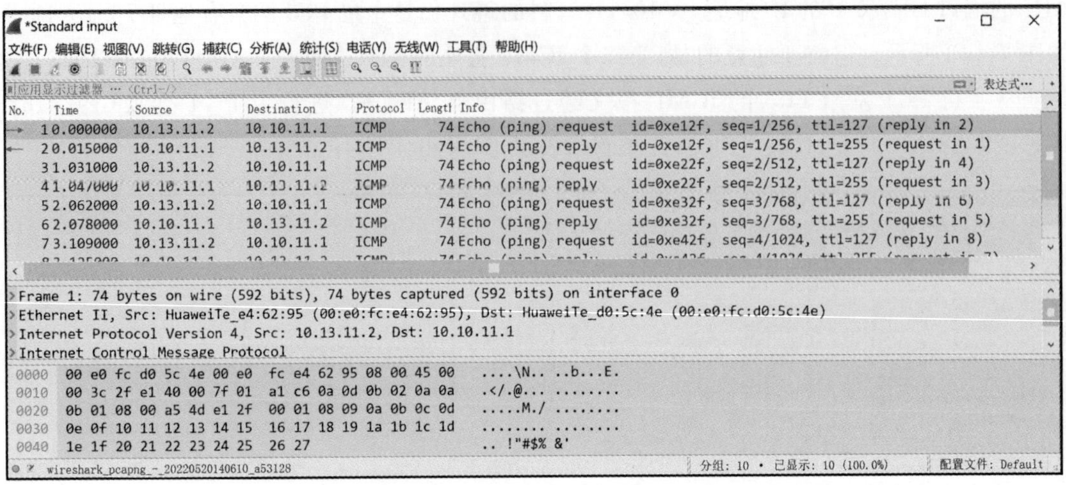

图 7-45　在路由器 AR1 的 GE0/0/0 端口上捕获的报文

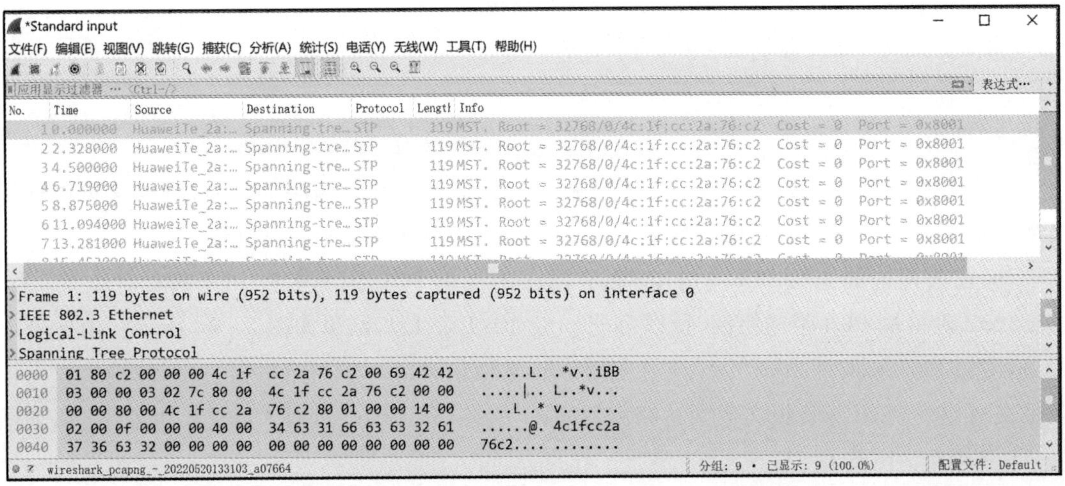

图 7-46　在路由器 AR1 的 GE0/0/1 端口上捕获的报文

　　(10)在公网上的 Client1 地址栏中输入 http://10.10.10.1:8080/test.html,点击"获取"按钮,即可看到私有网内 HTTP 服务器 Server1 上的测试页面,如图 7-47 所示。地址栏中的 IP 地址是路由器 AR1 端口 GE0/0/0 的公有地址 10.10.10.1。

　　在路由器 AR1 的 GE0/0/0 和 GE0/0/1 端口分别捕获报文。图 7-48 显示了捕获的从 Client1 至路由器 AR1 这一段的报文。在请求报文中,封装 TCP 报文的 IP 分组的目的地址是公有地址 10.10.10.1,目的端口号为 8080,源地址为 Client1 的 IP 地址 10.13.11.3,源端口号为 2052。这表明,在公网上,Client1 与 Server1 的通信实际上是公有地址 10.13.11.2 与公有地址 10.10.10.1 之间的通信。

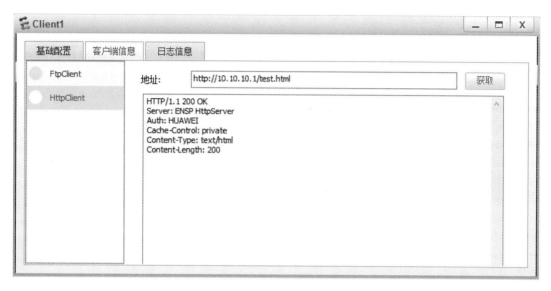

图 7 - 47　Client1 的浏览界面

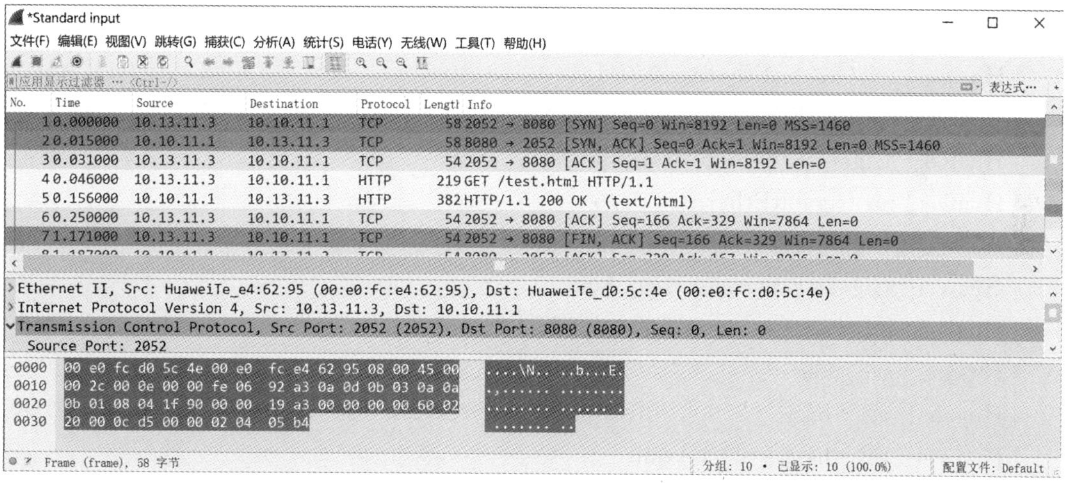

图 7 - 48　在路由器 AR1 的 GE0/0/0 端口上捕获的报文

在路由器 AR1 至 Server1 这一段,Client1 与 Server1 之间的通信换成了公有地址 10.13.11.2 与私有地址 192.168.10.2 之间的通信,如图 7 - 49 所示。TCP 报文源地址仍是 Client1 的 IP 地址 10.13.11.3,源端口号依旧是 2052;而目的地址则换成了 Server1 的 IP 地址 192.168.10.2,目的端口号为 80。由此可见,TCP 报文经过路由器 AR1 时,封装 TCP 报文的 IP 分组被更换了 IP 地址和端口号,并进行了重新封装。

通过 Client1 访问 Server1 的实验可以验证,利用静态 PAT 技术,可以让公网上设备访问私有网内的 HTTP 服务器。

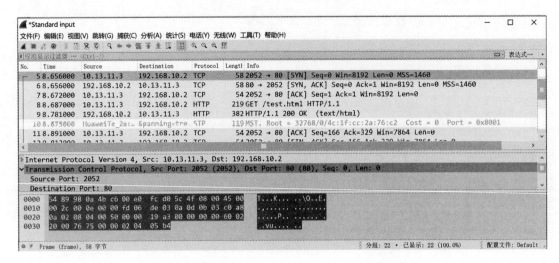

图 7-49 在路由器 AR1 的 GE0/0/1 端口上捕获的报文

7.4.5　设备配置命令

1. 路由器 AR1 上的配置命令

＜Huawei＞ system－view

［Huawei］int GigabitEthernet 0/0/1

［Huawei－GigabitEthernet0/0/1］ip address 192.168.10.1 24

［Huawei－GigabitEthernet0/0/1］quit

［Huawei］int GigabitEthernet 0/0/0

［Huawei－GigabitEthernet0/0/0］ip address 10.10.11.1 24

［Huawei－GigabitEthernet0/0/0］quit

［Huawei］ip route－static 10.13.11.0 24 10.10.11.2

［Huawei］acl 2000

［Huawei－acl－basic－2000］rule 5 permit source 192.168.10.0 0.0.0.255

［Huawei－acl－basic－2000］quit

［Huawei］int GigabitEthernet 0/0/0

［Huawei－GigabitEthernet0/0/0］nat outbound 2000

［Huawei－GigabitEthernet0/0/0］nat server protocol tcp global current－interface 8080
inside 192.168.10.2 80

［Huawei－GigabitEthernet0/0/0］quit

2. 路由器 AR2 上的配置命令

＜Huawei＞ system－view

［Huawei］int GigabitEthernet 0/0/1

［Huawei－GigabitEthernet0/0/1］ip address 10.13.11.1 24

［Huawei－GigabitEthernet0/0/1］quit

［Huawei］int GigabitEthernet 0/0/0

［Huawei－GigabitEthernet0/0/0］ip address 10.10.11.2 24

［Huawei－GigabitEthernet0/0/0］quit

3. 主机、HttpServer 和 HttpClient 上的配置命令

主机、HttpServer 和 HttpClient 上的配置命令可分为两部分：①在配置窗口配置主机的 IP 地址、子网掩码和网关；②在主机的命令窗口执行 ping 命令；指明 HttpServer 的根路径并启动；在 HttpClient 上发出 http 请求。

7.4.6　思考与创新

（1）设计一个实验，在此时实验中同时验证动态 NAT、静态 NAT、静态 PAT 和动态 PAT。

（2）分析动态 NAT、静态 NAT、静态 PAT 和动态 PAT 的应用场景。

第8章　无线局域网实验

自 20 世纪 90 年代末,无线局域网因可提供移动接入功能,方便人们的工作和生活,逐渐发展起来。在一个校园或园区里面,若用线缆将楼宇内各个办公室的设备连接在一起,成本很高,但是若使用无线接入方式,不但可以降低成本,而且组建网络也很便捷。此外,当漫步在校园或园区的人们有上网需求时,很难确定铺设线缆的合适路径,而无线局域网则很容易满足这个随时随地的联网需求。尤其是近年来由于移动智能设备的普及,所以通过无线局域网接入到互联网的需求也日益增长。

8.1　无线局域网介绍

无线局域网(Wireless Local Area Network,WLAN)是指利用无线通信技术连接网络设备,形成可以相互通信并实现资源共享的网络系统。WLAN 可分为有基础设施的 WLAN 和无基础设施的 WLAN。本章的实验对象是有基础设施的 WALN。在下文中,除特别声明外,WLAN 特指有基础设施的 WLAN。

无线局域网的通用标准是 IEEE 802.11 系列标准。在此基础上,我国颁布了系列国家标准——无线局域网鉴别与保密基础结构(WLAN Authentication and Privacy Infrastructure,WAPI)。WAPI 是符合我国安全规范的 WLAN 标准,属于国家强制执行的标准。

8.1.1　WLAN 的基本概念

802.11 系列标准比较复杂,在本实验中不讨论其细节。为便于理解和操作实验,只是从网络结构视角来解读有基础设施的 WLAN 的组成元素。简单地讲,802.11 系列标准是无线以太网标准,使用星形拓扑接入无线设备。图 8-1 展示了 WLAN 的基本构成单元,基本服务集(Basic Service Set,BSS)和扩展服务集(Extended Service Set,ESS)。

在 802.11 系列标准中,接入 WLAN 的设备通常被称为站点(Station),图 8-1 为带有无线网卡的笔记本电脑。

在 WLAN 中还有个关键设备叫作接入点(Access Point,AP),也被称为无线接入点(Wireless Access Point,WAP),是无线网络和有线网络的接口,如图 8-1 所示的两个接入点 AP1 和 AP2。无线站点通过接入点连接到网络。

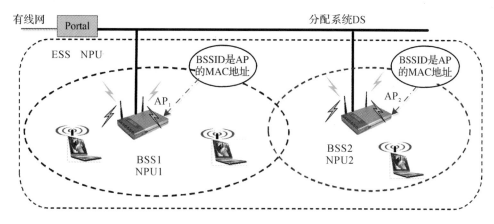

图 8-1　IEEE 802.11 标准中的 BSS 和 ESS 示例

　　一个接入点和若干台无线站点组成一个基本服务集,这是 WLAN 的最小构件。在配置接入点 AP 时,AP 被分配一个不超过 32 字节的服务集标识符(Service Set Identifier,SSID),也就是基本服务集的名字。如图 8-1 所示,接入点 AP1 的 SSID 是 NPU1。此外,每个 AP 在出厂时,会被分配一个 48 位的 MAC 地址,该地址又被称为基本服务集标识符(Basic Service Set Identifier,BSSID)。在无线数据帧中出现的是 AP 的 BSSID,而不是其 SSID;而当用户连接 WLAN 时,看到的是 AP 的 SSID,而不是其 BSSID。一个基本服务集覆盖的区域被称为基本服务区(Basic Service Area,BSA)。通常情况下,BSA 的直径较小,比如 100m。

　　一个基本服务集可以连接到一个分配系统(Distribution System,DS),然后再连接到另一个基本服务集,构成一个扩展服务集(Extended Service Set,ESS)。每个 ESS 也有一个唯一的不超过 32 字符的标识符,被叫作扩展服务集标识符(Extended Service Set Identifier,ESSID),如图 8-1 所示,扩展服务集 ESS 的 ESSID 是 NPU。ESSID 通常被用于在大规模的无线网络中标识无线信号。也就是说,网络中的多个 AP,通过 DS 桥接的方式构成一个无线网络,那么所有连接该无线网络的设备都使用同一个 ESSID,如图 8-1 中的 NPU。

8.1.2　WLAN 的基本结构

　　在本章中,WLAN 网络架构主要是指站点到 AP 之间的无线网络结构,通常被分为自治式架构和集中式架构。

　　自治式架构又称为胖接入点(Fat AP)架构,是早期 WLAN 广泛采用的架构。图 8-2 显示了一种基于自治式架构的 WLAN 网络架构。该架构下的 AP 实现了所有无线接入功能,通常自带完整操作系统,是可以独立工作的网络设备,能实现拨号、路由等功能。一个典型的例子就是家庭用的无线路由器。

　　胖 AP 的功能强大,独立性好。然而因为其独立性较强,所以每个接入点通常需要单独维护,增加了维护成本。尤其是随着部署数量的增加,胖 AP 的维护成本增加明显,因此自治式架构在大规模无线网路中的应用逐渐减少。目前,胖 AP 常见的应用场景是家庭或办公室等里的小规模无线网络。

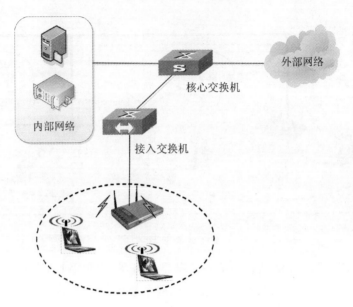

图 8-2　一种基于自治式架构的 WLAN 网络架构

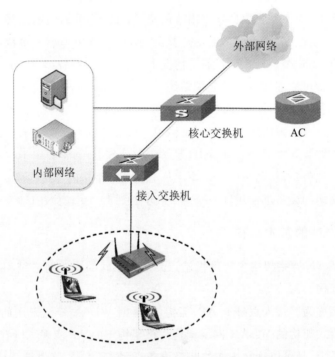

图 8-3　一种基于集中式架构的 WLAN 网络架构

　　瘦 AP 形象的理解就是把胖 AP 瘦身,去掉路由、DHCP 服务等诸多功能,只提供可靠、高性能的无线连接功能,其他功能在无线控制器(Access Controller,AC)上集中配置。瘦 AP 作为无线局域网的一个组件,不能独立工作,须与 AC 配合才能成为一个完整的无线接入系统。图 8-3 显示了一种典型的基于 AC 和瘦 AP 的 WLAN 结构,这里的 AC 部署方式是旁挂式的。除此之外,AC 部署方式还有直连、路由、网桥和认证等方式。

瘦 AP 可配合 AC 进行集中管理,无需单独配置。尤其是在 AP 数量较多的情况下,集中管理具有明显优势。瘦 AP 一般应用于大、中型无线网络,应用场景通常包括商场、酒店、餐饮、园区等。

本章的实验对象就是基于 AC 和瘦 AP 架构的无线局域网,这也是企业无线网中常见的无线网络架构。

8.1.3 基于 AC 和瘦 AP 架构的 WLAN 配置

图 8-4 所示是一个典型的基于 AC 和瘦 AP 的 WLAN 结构。移动站点经过 AP、接入交换机、核心交换机分别与 AC、业务网络(如企业内网或互联网)连接。在本例中,业务网络主要用于测试移动站点 STA 能否正常上线。

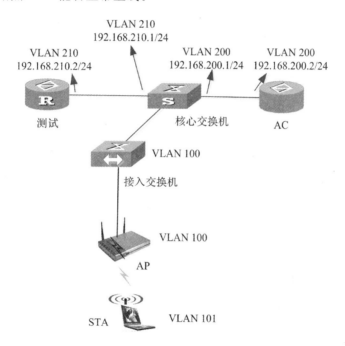

图 8-4 一种基于 AC 和瘦 AP 架构的 WLAN 结构示例

首先,介绍几个在 WLAN 配置中经常提及的概念。

(1)无线接入点控制和配置协议(Control And Provisioning of Wireless Access Points, CAPWAP),该协议用于 AP 和 AC 之间的通信交互,实现 AC 对关联 AP 的集中管理和控制。该协议主要包含:①AP 发现 AC 及 AP 和 AC 的状态维护;②AC 对 AP 进行管理和下发业务配置;③封装移动站点 STA 的数据,并用 CAPWAP 隧道进行转发。

(2)AP 的管理 VLAN,是指负责传输通过 CAPWAP 隧道转发的报文,包括管理报文和通过 CAPWAP 隧道转发的业务报文。通常是在 AC 上用命令 capwap source interface 明确的 VLAN。需要注意的是,缺省情况下,AP 管理报文不带 VLAN 标签,由 AP 直连的接入交换机给管理报文加 VLAN 标签,因此,应将与 AP 直连的接入交换机接口的 PVID 配置为管理 VLAN。

（3）AP 的业务 VLAN，负责传输业务数据报文。建议配置成与管理 VLAN、缺省 VLAN（如 VLAN1）不同的 VLAN。如果不配置的话，默认业务 VLAN 为 VLAN1。默认的 VLAN 可能会受 VLAN1 广播域过大的影响，导致网络阻塞，影响用户体验。

基于 AC 和瘦 AP 的 WLAN 配置主要分为三部分：一是基本网络配置，确保 AP 能与核心交换机、AC 和测试路由器相互通信；二是配置 AC，保证 AP 能在 AC 上注册成功；三是 WLAN 业务配置，让站点成功接入 WLAN。

（1）在基本网络配置中，需要配置的包括以下几个部分：

1）配置 AP 的管理 VLAN、AC 的管理 VLAN，保证 VLAN 之间可以相互通信；

2）配置 DHCP 服务器，保证 AP 可以动态地获得 IP 地址，并获知 AC 的 IP 地址。

（2）AP 向 AC 的注册过程主要包括以下几下步骤：

1）进一步配置 DHCP 服务器，向自动获取 IP 地址的 AP 告知 AC 的 IP 地址，这主要因为在三层网络中，AP 无法通过广播方式发现 AC；

2）指定 CAPWAP 协议的信令源地址，用来建立 AP 和 AC 之间的 CAPWAP 隧道；

3）指明 AC 的验证方式，也就是 AP 在向 AC 注册时采用的验证方式；

4）创建域配置模板，明确 AP 所使用的是哪个国家的无线频率范围；

5）创建 AP 组，并与域配置模板绑定。创建 AP 组的目的是为了管理方便，降低维护成本；

6）向 AC 中添加 AP。

至此，在 AC 上可以看到上线的所有 AP。

（3）配置 WLAN 业务，主要包括以下几个步骤：

1）创建安全模板，明确移动站点接入 WLAN 时需要的安全策略和口令；

2）创建 SSID 模板，指明 AP 的 SSID；

3）创建 AP 的业务 VLAN，每个 AP 可以对应一个业务 VLAN；

4）创建 VAP 模板，绑定安全模板、SSID 模板和业务 VLAN；

5）开启 AP 的无线信号；

6）为业务 VLAN 配置 DHCP 服务。

至此，移动站点就可以通过口令接入 WLAN，并自动获取 IP 地址。

8.1.4　无基础设施的 WLAN

无固定基础设施的 WLAN，也被称为移动自组网络。在移动自组网络中，网络不是由接入点 AP 组成，而是由一些处于平等状态的移动站互相通信组成的。无线传感器网络就是一种典型的无固定基础设施的 WLAN，它的出现引起人们的广泛关注。无线传感器网络是由大量传感器结点通过无线通信技术构成的自组网络，其目的是进行多种数据的采集、处理和传输，通常对带宽要求不是很高。这类网络不是本章实验的对象，在这里不作详细的介绍。

8.2　基于 CLI 的 WLAN 配置实验

为方便某公司员工在公司内可以随时随地地访问内部网络或互联网，公司领导层决定部署公司 WLAN。考虑到维护成本和管理便利，网络管理员建议采用瘦 AP 和 AC 的架构建设公司 WLAN。

8.2.1　实验内容

实验网络拓扑图如图8-4所示,WLAN的AP通过各部门的接入交换机连接到公司网络中,然后再通过核心交换机与AC、测试路由器(公司内部网络或互联网)相连接。核心交换机作为DHCP服务器,为公司内AP和移动站点提供动态IP地址分配服务。该实验网络中各VLAN的配置信息如表8-1所示。

表8-1　实验网络中各个VLAN的配置信息

VLAN	地址范围及掩码	网关
管理VLAN	192.168.100.0/24	192.168.100.1
业务VLAN	192.168.110.0/24	192.168.110.1
AC VLAN	192.168.200.0/24	192.168.200.1
测试VLAN	192.168.210.0/24	192.168.210.1

为保证各VLAN之间能够相互通信,需要在测试路由和AC上添加路由信息。因为网络拓扑图相对简单,所以本实验可采用添加静态的缺省路由实现,如表8-2所示。

表8-2　路由器的路由配置

设备	目的网络	下一跳
测试路由器	0.0.0.0/0	192.168.300.1
AC	0.0.0.0/0	192.168.200.1

DHCP和AC的配置参数如表8-3所示。

表8-3　DHCP和AC的配置表

配置项	数据
DHCP服务器	核心交换机,为AP和STA分配地址
AP的IP地址池	192.168.100.0/24
STA的IP地址池	192.168.110.0/24
AP网关	192.168.100.1/24
STA的网关	192.168.110.1/24
AC的源接口	VLANIF200(192.168.200.1/24)
AP组	名称:mytest 关联模板:域配置模板China、安全模板APSec、SSID模板APSSID、VAP模板APVap
域配置模板	名称:China;国家码:CN

续 表

配置项	数据
SSID 模板	名称：APSSID；SSID：NPU1
安全模板	名称：APSec；密码：abc123654； 安全策略：WPA－WPA2＋PSK＋AES
VAP 模板	名称：APVap 业务 VLAN：VLAN110 关联模板：SSID 模板、安全模板
AP1	ap－id：1；ap－name：NPU；ap－group：mytest

按网络拓扑图连接并配置设备有如下几点要求：①AP 可以获取 192.168.100.0/24 网络的动态 IP 地址；②从 AP 可以 ping 通测试路由的 IP 地址 192.168.210.2/24，也可以 ping 通 AC 的 IP 地址 192.168.200.2/24；③移动站点可以成功接入 WLAN，并获取 192.168.110.0/24 网络的动态 IP 地址；④从移动站点可以 ping 通测试路由的 IP 地址 192.168.210.2/24，也可以 ping 通 AC 的 IP 地址 192.168.200.2/24；⑤可以查看移动站点与测试路由器之间通信时的报文转发情况。

8.2.2 实验目的

(1)了解 WLAN 的设计过程；
(2)理解 WLAN 的工作原理；
(3)掌握基于 CLI 的 WLAN 配置方法。

8.2.3 关键命令解析

1. 配置 DHCP 服务器
[Huawei] dhcp enable
[Huawei] ip pool 4vlan100
[Huawei－ip－pool－4vlan100] network 192.168.100.0 mask 24
[Huawei－ip－pool－4vlan100] gateway－list 192.168.100.1
[Huawei－ip－pool－4vlan100] int vlan 100
[Huawei－Vlanif100]dhcp select global
dhcp enable 是系统视图下命令，用来开启动态主机配置协议（Dynamic Host Configuration Protocol，DHCP）。

ip pool 4vlan100 是系统视图下的命令，用来创建一个地址池，命名为 4vlan100。

network 192.168.100.0 mask 24 是 IP 地址池视图下的命令，用来指明该 IP 地址池的地址范围，192.168.100.0 是网络地址段，24 是 IP 地址池的网络掩码长度。

gateway－list 192.168.100.1 是 IP 地址池视图下的命令，用来指明网关地址。

dhcp select global 是 VLANIF 接口视图下命令，用来开启接口采用全局地址池的 DHCP 功能。此命令应用在 DHCP 服务器上，在 DHCP 服务器收到 DHCP 客户端发来的 DHCP 报文后,从 IP 地址池中查找合适的 IP 地址分配给客户端。

成功执行上述命令后,Vlan 100 内的设备就可自动从地址段 192.168.100.0/24 中获取 IP 地址。

2. AP 获取 AC 的 IP 地址

[Huawei] ip pool 4vlan100

[Huawei−ip−pool−4vlan100] option 43 sub−option 3 ascii 192.168.200.2

ip pool 4vlan100 是系统视图下的命令,用来进入地址池视图。

option 43 sub−option 3 ascii 192.168.200.2 是地址池视图命令,用来把 AC 的 IP 地址告知 AP。option 是 DHCP 协议报文的一个字段,option 43 是一个用户自定义选项,表示厂商特定信息选项,用于实现与不同终端的对接。

当 AP 工作在瘦 AP 模式时,由 AC 统一配置和管理。AP 要想在 AC 上成功注册,先要获取 AC 的 IP 地址,然后与 AC 建立链接。AP 获取 IP 地址是通过 DHCP 实现的,AP 作为 DHCP 客户端,向 DHCP 服务器发起地址请求。

sub−option 支持三种不同选项,除了 ascii 外,还支持 1 HEX 和 2 ip−address 两个选项,分别对应 16 进制和 10 进制的 IP 地址表示方式。示例中的 option 43 与下面的两条命令等效。

option 43 sub−option 1 hex c0a8c802

option 43 sub−option 2 ip−address 192.168.200.2

需要注意的是,选项 2 ip−address 和 3 ascii 是有区别的,前者后面的 IP 地址是用 10 进制来表示的,而后者是用 ASCII 码来表示的。

3. 配置 capwap 隧道的源地址或源接口

[AC6005] capwap source interface Vlanif 200 或

[AC6005] capwap source ip−address 192.168.200.1

capwap source interface Vlanif 200 是执行在 AC 上的系统视图命令,用来指明 AP 与 AC 之间 capwap 隧道的源接口或源地址。注意该命令和 option 43 命令的差异,该命令运行在 AC 上,指明的是 capwap 隧道的源头,而 option 43 命令是运行在 DHCP 服务器上,把 AC 的 IP 地址告知 AP。

4. 配置 AC 认证模式

[AC−wlan−view] ap auth−mode mac−auth

ap auth−mode mac−auth 是 WLAN 视图命令,用来指明当 AP 上线时,AC 认证 AP 的方式。

5. 配置安全模板

[AC6005−wlan−view] security−profile name APSec

[AC6005−wlan−sec−prof−APSec] security wpa2 psk pass−phrase abc123654 aes

security−profile name APSec 是 WLAN 视图命令,用来创建安全模板并命名为 APSec。

security wpa2psk pass−phrase abc123654 aes 是安全模板视图命令,用来指明站点接入 AP 时,采用 wpa2+psk+aes 安全策略,密码是 abc123654。

6. 配置 AP 射频的信道

[AC6005−wlan−ap−group−mytest] vap−profile APVap wlan 1 radio 0

［AC6005－wlan－ap－group－mytest］vap－profile APVap wlan 1 radio 1

vap－profile APVap wlan 1 radio 0 是 AP 组视图命令，用来绑定 AP 组和 VAP 模板，指明射频信道为 0。AP2050 的射频信道 0 为 2.4 GHz 射频，射频信道 1 为 5 GHz 射频。

8.2.4 实验步骤

（1）启动华为 eNSP，按照如图 8－4 所示实验拓扑图连接设备，然后启动所有的设备，eNSP 的界面如图 8－5 所示。

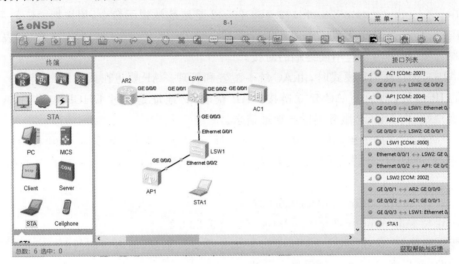

图 8－5 完成设备连接后的 eNSP 界面

（2）在接入交换机 LSW1 上依次执行如下命令配置管理 VLAN。

＜Huawei＞ undo terminal monitor

undo terminal monitor 命令用来禁止日志信息输出到当前终端，但允许日志信息输出到控制台。

＜Huawei＞ sys

［Huawei］vlan 100

［Huawei］int e0/0/2

［Huawei－Ethernet0/0/2］port link－type trunk

［Huawei－Ethernet0/0/2］port trunk pvid vlan 100

port trunk pvid vlan 100 用来设置 Trunk 类型接口的缺省 VLAN 为 VLAN100。

［Huawei－Ethernet0/0/2］port trunk allow－pass vlan all

［Huawei－Ethernet0/0/2］int e0/0/1

［Huawei－Ethernet0/0/1］port link－type trunk

［Huawei－Ethernet0/0/1］port trunk allow－pass vlan all

［Huawei－Ethernet0/0/1］quit

［Huawei］dis vlan

完成上述配置后，接入交换机 LSW1 上的 VLAN 设置如图 8－6 所示，端口 Eth0/0/1 和 Eth0/0/2 均属于 VLAN100。

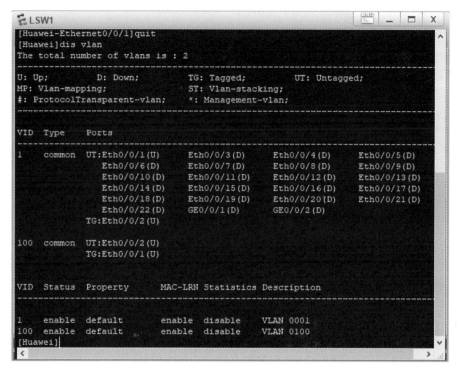

图 8 - 6　LSW1 配置完成后的 VLAN 信息

(3)在核心交换机上依次执行如下命令配置 VLAN。

<Huawei> undo terminal monitor

<Huawei> sys

[Huawei] vlan batch 100 200 210

[Huawei] int g0/0/3

[Huawei－GigabitEthernet0/0/3] port link－type trunk

[Huawei－GigabitEthernet0/0/3] port trunk pvid vlan 100

[Huawei－GigabitEthernet0/0/3] port trunk allow－pass vlan all

[Huawei－GigabitEthernet0/0/3] quit

[Huawei] int vlan 100

[Huawei－Vlanif100] ip address 192.168.100.1 24

[Huawei－Vlanif100] quit

[Huawei] int g0/0/2

[Huawei－GigabitEthernet0/0/2] port link－type access

[Huawei－GigabitEthernet0/0/2] port default vlan 200

[Huawei－GigabitEthernet0/0/2] int vlan 200

[Huawei－Vlanif200] ip address 192.168.200.1 24

[Huawei－Vlanif200] quit

[Huawei] int g0/0/1

[Huawei－GigabitEthernet0/0/1] port link－type access

〔Huawei－GigabitEthernet0/0/1〕port default vlan 210

〔Huawei－GigabitEthernet0/0/1〕int vlan 210

〔Huawei－Vlanif210〕ip address 192.168.210.1 24

完成上述配置后,核心交换机 LSW2 上的接口信息如图 8－7 所示。

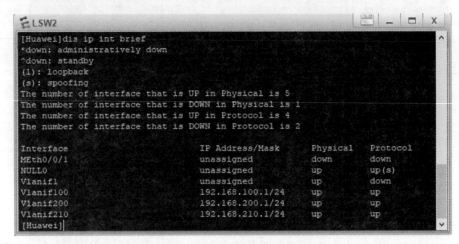

图 8－7　LSW2 上的接口配置信息

(4)在核心交换机 LSW2 上依次执行如下命令为管理 VLAN100 内的 AP 配置 DHCP 服务器。

〔Huawei〕dhcp enable

〔Huawei〕ip pool 4vlan100

〔Huawei－ip－pool－4vlan100〕network 192.168.100.0 mask 24

〔Huawei－ip－pool－4vlan100〕gateway－list 192.168.100.1

〔Huawei－ip－pool－4vlan100〕int Vlanif 100

〔Huawei－Vlanif100〕dhcp select global

完成上述配置后,在核心交换机 LSW2 上执行 dis ip pool 命令,可以显示 IP 地址池的情况,如图 8－8 所示。

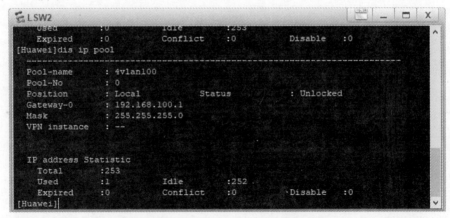

图 8－8　核心交换机 LSW1 的地址池信息

从图中可以发现,地址池 4vlan100 中共有 253 个可用 IP 地址,已经分配 1 个。在 AP 上执行 dis ip int brief 命令显示接口信息,如图 8 - 9 所示。从图中可以看出,AP 已经从 DHCP 上获得 IP 地址 192.168.100.254/24。注意,因未在 AP 上划分 VLAN 接口,接口的 VLAN 是 AP 上的缺省 VLAN。

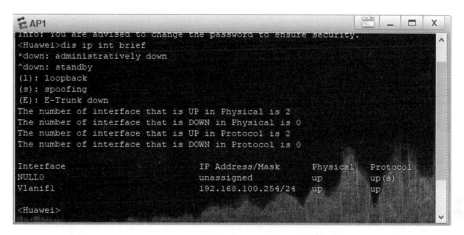

图 8 - 9　接入点 AP 上的接口信息

(5)在 AC 上依次执行如下命令配置 VLAN200。

<AC6005> undo terminal monitor

<AC6005> sys

[AC6005] vlan 200

[AC6005-vlan200] int vlan 200

[AC6005-Vlanif200] ip address 192.168.200.2 24

[AC6005-Vlanif200] int g0/0/1

[AC6005-GigabitEthernet0/0/1] port link-type access

[AC6005-GigabitEthernet0/0/1] port default vlan 200

[AC6005-GigabitEthernet0/0/1] quit

[AC6005] ip route-static 0.0.0.0 0 192.168.200.1

因为 AC 与核心交换机直接连在一起,网络结构相对简单,所以采用静态缺省路由来保证 VLAN 200 与其他 VLAN 之间的正常通信。

完成上述配置后,AC 的接口和路由信息如图 8 - 10 所示。

(6)在测试路由器上依次执行如下命令配置 VLAN210。

<Huawei> undo terminal monitor

<Huawei>sys

[Huawei] int g0/0/0

[Huawei-GigabitEthernet0/0/0] ip address 192.168.210.2 24

[Huawei-GigabitEthernet0/0/0] quit

[Huawei] ip route-static 0.0.0.0 0 192.168.210.1

完成上述配置后,测试路由器的接口和路由信息如图 8 - 11 所示。

AC1

```
[AC6005]dis ip int brief
*down: administratively down
^down: standby
(l): loopback
(s): spoofing
(E): E-Trunk down
The number of interface that is UP in Physical is 2
The number of interface that is DOWN in Physical is 0
The number of interface that is UP in Protocol is 2
The number of interface that is DOWN in Protocol is 0

Interface                         IP Address/Mask      Physical   Protocol
NULL0                             unassigned           up         up(s)
Vlanif200                         192.168.200.2/24     up         up

[AC6005]dis ip rout
[AC6005]dis ip routing-table
Route Flags: R - relay, D - download to fib
------------------------------------------------------------------------------
Routing Tables: Public
         Destinations : 8        Routes : 8

Destination/Mask    Proto   Pre  Cost      Flags NextHop         Interface

        0.0.0.0/0   Static  60   0           RD   192.168.200.1   Vlanif200
      127.0.0.0/8   Direct  0    0            D   127.0.0.1       InLoopBack0
     127.0.0.1/32   Direct  0    0            D   127.0.0.1       InLoopBack0
127.255.255.255/32  Direct  0    0            D   127.0.0.1       InLoopBack0
  192.168.200.0/24  Direct  0    0            D   192.168.200.2   Vlanif200
  192.168.200.2/32  Direct  0    0            D   127.0.0.1       Vlanif200
192.168.200.255/32  Direct  0    0            D   127.0.0.1       Vlanif200
255.255.255.255/32  Direct  0    0            D   127.0.0.1       InLoopBack0

[AC6005]
```

图 8-10　AC 上的配置信息

AR2

```
[Huawei]dis ip int brief
*down: administratively down
^down: standby
(l): loopback
(s): spoofing
The number of interface that is UP in Physical is 2
The number of interface that is DOWN in Physical is 1
The number of interface that is UP in Protocol is 2
The number of interface that is DOWN in Protocol is 1

Interface                         IP Address/Mask      Physical   Protocol
GigabitEthernet0/0/0              192.168.210.2/24     up         up
GigabitEthernet0/0/1              unassigned           down       down
NULL0                             unassigned           up         up(s)
[Huawei]dis ip rou
[Huawei]dis ip routing-table
Route Flags: R - relay, D - download to fib
------------------------------------------------------------------------------
Routing Tables: Public
         Destinations : 8        Routes : 8

Destination/Mask    Proto   Pre  Cost      Flags NextHop         Interface

        0.0.0.0/0   Static  60   0           RD   192.168.210.1   GigabitEthernet
0/0/0
      127.0.0.0/8   Direct  0    0            D   127.0.0.1       InLoopBack0
     127.0.0.1/32   Direct  0    0            D   127.0.0.1       InLoopBack0
127.255.255.255/32  Direct  0    0            D   127.0.0.1       InLoopBack0
  192.168.210.0/24  Direct  0    0            D   192.168.210.2   GigabitEthernet
0/0/0
  192.168.210.2/32  Direct  0    0            D   127.0.0.1       GigabitEthernet
0/0/0
192.168.210.255/32  Direct  0    0            D   127.0.0.1       GigabitEthernet
0/0/0
255.255.255.255/32  Direct  0    0            D   127.0.0.1       InLoopBack0

[Huawei]
```

图 8-11　测试路由器上的配置信息

(7)在接入点 AP 上分别 ping 测试路由器 G0/0/0 接口(192.168.210.2/24)和 AC 的 G0/0/1 接口(192.168.200.2/24),结果如图 8-12 所示,均可以正常通信。

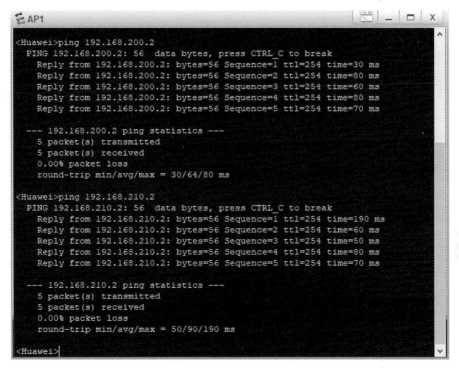

图 8-12　在 AP 上分别 ping 测试路由器和 AC 的结果

至此,完成了 WLAN 配置的第一部分,可以保证此实验网络中的 AP 与测试路由器、AC 的相互通信。

(8)在三层网络中,AP 无法通过广播方式发现 AC。在 AP 的接口 G0/0/0 上捕获的报文显示,AP 发出的广播报文并未得到响应,如图 8-13 所示。

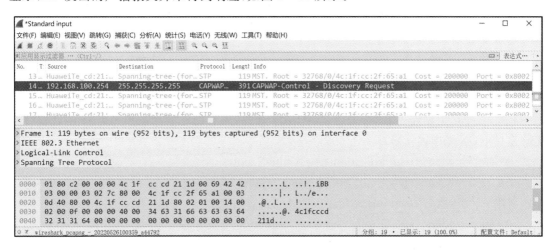

图 8-13　在 AP 上查询 AC 的广播报文

因此,需要配置 DHCP 服务器。执行如下命令可以从地址池4vlan100 中获取动态地址的 AP 指明 AC 的地址。

<Huawei> sys

[Huawei] ip pool 4vlan100

[Huawei—ip—pool—4vlan100] option 43 sub—option 3 ascii 192.168.200.2

在 DHCP 服务器上配置 option 43 字段,填入 AC 的 IP 地址用于通告 AP,使 AP 能够发现 AC。配置完该字段后,AP 只会对 option 43 通告的 IP 地址发送单播 Discovery Request 报文,如图 8-14 所示。

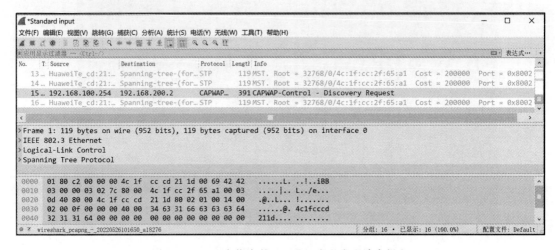

图 8-14 AP 向指定的 AC 地址发送发现请求报文

(9)在 AC 上执行如下命令配置 AP 与 AC 建立 CAPWAP 隧道的源接口。

[AC6005] capwap source interface Vlanif 200

AC 管理的 AP 学习到此 IP 地址或者此接口下配置的 IP 地址,用于和 AC 建立 CAP-WAP 隧道。在本实验中,该 IP 地址为 192.168.200.1/24,也就是 VLAN200 的网关地址。

(10)在 AC 上执行如下命令配置域配置模板,明确 AP 所使用的是哪个国家的无线频率范围。

[AC6005] wlan

[AC6005—wlan—view] regulatory—domain—profile name China

[AC6005—wlan—regulate—domain—China] country—code CN

首先,在 AC 上创建 WLAN 并进入 WLAN 视图,然后创建域配置模板 China,设置国家代码为 CN(CN 是中国代码)。

[AC6005—wlan—regulate—domain—China] quit

[AC6005—wlan—view] ap—group name mytest

创建 AP 组,取名为 mytest。

[AC6005—wlan—ap—group—mytest] regulatory—domain—profile China

Warning:Modifying the country code will clear channel, power and antenna gain configurations of the radio and reset the AP. Continue? [Y/N]:y

[AC6005—wlan—ap—group—mytest] quit

绑定域配置模板和 AP 组。

(11)添加 AP 到 AC。在本实验中,采用 AP 的 MAC 地址进行注册。为此,现在查询 AP 的 MAC 地址,在 AP 上执行 display int g0/0/0 命令,得到如图 8-15 所示的结果。

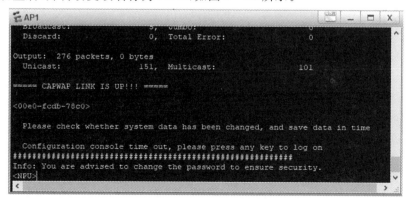

图 8-15　AP 接口 G0/0/0 的信息

从图中可以得知,AP 接口 G0/0/0 的 MAC 地址是 00e0-fcdb-78c0。执行如下命令将该 AP 手工注册到 AC,首先指明验证方式为 MAC 地址验证,该 AP 被编号为 1(类似学生在学校的学号),被命名为 NPU(类似学生在学校的姓名),并被加入前期创建的 AP 组 mytest (类似学生所在学院)中。

［AC6005-wlan-view］ap auth-mode mac-auth

［AC6005-wlan-view］ap-id 1 ap-mac 00e0-fcdb-78c0

［AC6005-wlan-ap-1］ap-name NPU

［AC6005-wlan-ap-1］ap-group mytest

Warning：This operation may cause AP reset. If the country code changes, it will clear channel, power and antenna gain configurations of the radio, whether to continue?［Y/N］：y

Info：This operation may take a few seconds. Please wait for a moment. done.

上述配置被正确执行后,在 AP 上可以看到如下提示信息:

===== CAPWAP LINK IS UP!!! =====

AP 自动重启,并自动更改名称为 NPU,如图 8-16 所示。

图 8-16　AP 成功上线后的界面

在 AC 上执行 dis ap all 命令可以显示上线的 AP 信息,如图 8－17 所示。从图中可以看到,一个上线 AP 的 MAC 地址是 00e0－fcdb－78c0,IP 地址是 192.168.100.254,名称为 NPU,所属 AP 组为 mytest,AP 类型为 AP2050,状态为 nor(normal 缩写)。

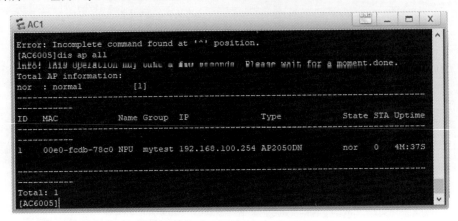

图 8－17　AC 中所有上线 AP 的信息

至此,AP 上线配置成功。接下来,进行 WLAN 业务相关的配置。

(12)执行如下命令在 AC 上创建 AP 的业务 VLAN110。

［AC6005］vlan 110

(13)执行如下命令设置安全模板,为 AP 设置指定接入口令。

［AC6005］wlan

［AC6005－wlan－view］security－profile name APSec

［AC6005－wlan－sec－prof－APSec］security wpa2 psk pass－phrase abc123654 aes

［AC6005－wlan－sec－prof－APSec］quit

上述命令把安全模板命名为 APSec,接入口令设置为 abc123654。安全模板中的安全策略可以根据 AP 支持的策略进行变换。若不采取适当的安全策略,业务数据就存在安全风险。

(14)执行如下命令设置 SSID 模板。

［AC6005－wlan－view］ssid－profile name APSSID

［AC6005－wlan－ssid－prof－APSSID］ssid NPU1

Info：This operation may take a few seconds, pleasewait. done.

［AC6005－wlan－ssid－prof－APSSID］quit

上述命令把 SSID 模板命名为 APSSID,AP 的 SSID 命名为 NPU1。这里要与 AP 的名字 NPU 区分开,AP 名字是在系统内有效,AP 的 SSID 则是用户看到的名字。

(15)执行如下命令设置 VAP 模板,绑定安全模板和 SSID 模板。

［AC6005－wlan－view］vap－profile name APVap

VAP 模板被命名为 APVap。

［AC6005－wlan－vap－prof－APVap］service－vlan vlan 110

该 VAP 模板适用于 AP 的业务 VLAN110。

［AC6005－wlan－vap－prof－APVap］security－profile APSec

在该 VAP 模板中绑定安全模板。

[AC6005－wlan－vap－prof－APVap] ssid－profile APSSID

在该 VAP 模板中绑定 SSID 模板。

[AC6005－wlan－vap－prof－APVap] quit

[AC6005－wlan－view] ap－group name mytest

[AC6005－wlan－ap－group－mytest] vap－profile APVap wlan 1 radio 0

[AC6005－wlan－ap－group－mytest] vap－profile APVap wlan 1 radio 1

绑定 AP 组与 VAP 模板。在成功绑定 VAP 模板和 AP 组后，就可以看到 AP 发出无线信号，如图 8－18 所示。

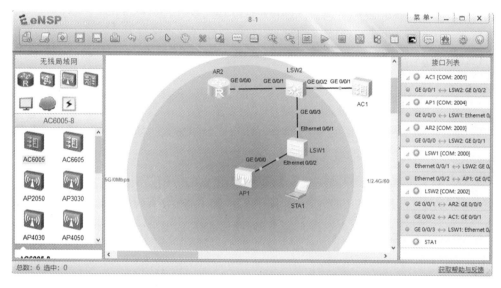

图 8－18　AP 发出无线信号的界面

虽然 AP 发出了无线信号，但是移动站点和 AP 之间还未建立链接。从移动站点 STA1 的 Wi－Fi 接口捕获的报文中不难发现，移动站点 STA1 仅发出 Beacon 数据帧，还未获取到相应的 IP 地址，如图 8－19 所示。

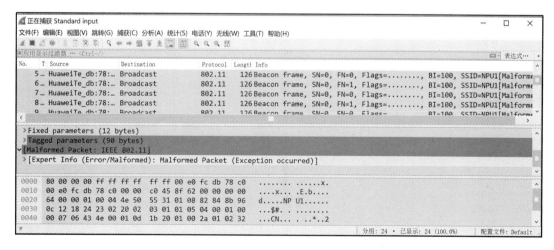

图 8－19　在移动站点 STA1 的 Wi－Fi 接口上捕获到的报文

(16)在接入交换机 LSW1 和核心交换机 LSW2 上分别创建业务 VLAN110。

(17)在核心交换机上依次执行如下命令配置业务 VLAN 的网关地址,并开启为业务 VLAN 动态分配地址的 DHCP 服务。

[Huawei-vlan110] int vlan 110

[Huawei-Vlanif110] ip address 192.168.110.1 24

[Huawei-Vlanif110] quit

[Huawei] ip pool 4vlan110

[Huawei-ip-pool-4vlan110] network 192.168.110.0 mask 24

[Huawei-ip-pool-4vlan110] gateway-list 192.168.110.1

[Huawei-ip-pool-4vlan110] quit

[Huawei] int vlan 110

[Huawei-Vlanif110] dhcp select global

(18)在实验网络中,双击移动站点 STA1,打开其 VAP 列表,如图 8-20 所示。从图中可以看出,STA1 的 VAP 列表中出现了两个不同信道(信道 1 对应 2.4 GHz,信道 149 对应 5 GHz)的 NPU1,安全策略是 WPA2,这与实验步骤 13~15 的配置信息相符。双击 VAP 列表中任何一项,即可进入连接 AP 的界面,如图 8-21 所示,输入密码(本实验中密码被设置为 abc123654)即可完成把移动站点 STA1 接入 WLAN,结果如图 8-22 所示,VAP 状态变为已连接。

图 8-20 移动站点 STA1 的 VAP 列表

图 8 - 21　移动站点 STA1 接入 AP 界面

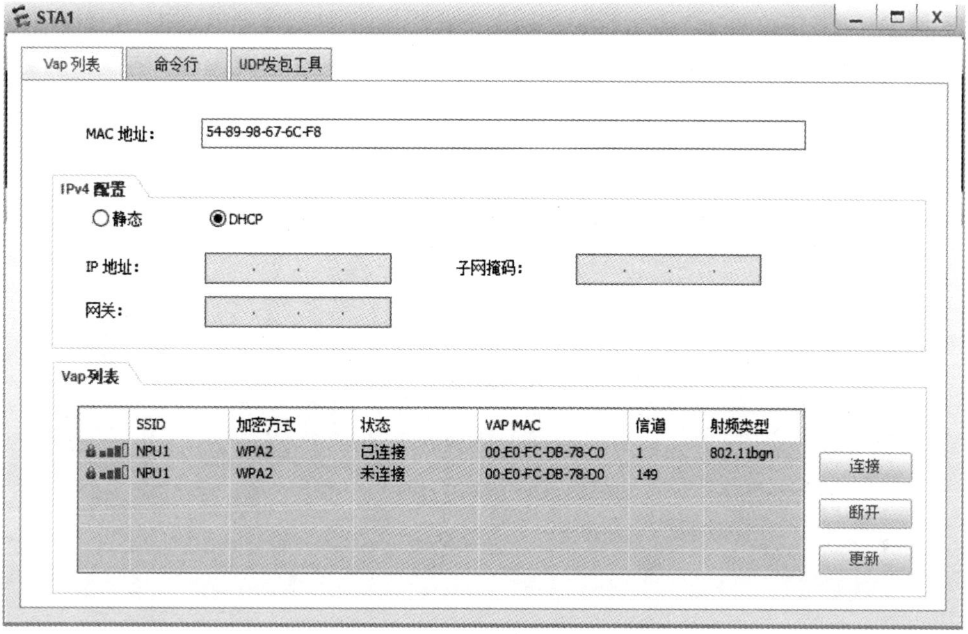

图 8 - 22　移动站点 STA1 已接入 WLAN

在移动站点 STA1 的 Wi-Fi 接口捕获报文,结果如图 8 - 23 所示。从图中可以看出,STA1 从 DHCP 服务器上获取了动态 IP 地址 192.168.110.254/24。

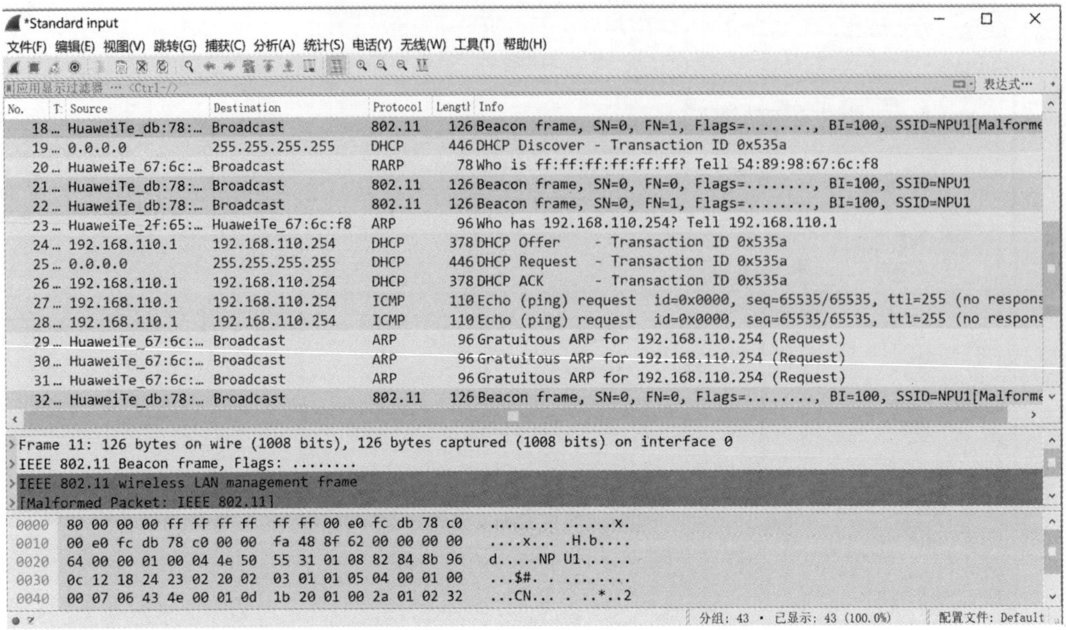

图 8-23　在移动站点 STA1 的 Wi-Fi 接口上捕获到的报文

在移动站点 STA1 的配置界面上，从 VAP 列表切换至命令行页面，输入 ipconfig 命令获取 STA1 的配置信息，如图 8-24 所示。从图中可以看出，STA1 的 IP 地址为 192.168.110.254/24，MAC 地址为 5489-9867-6cf8。这里需要注意的是，在 AC 中添加 AP 时，用到的是 AP 的 MAC 地址，而这里用到的是 STA1 的 MAC 地址。

图 8-24　移动站点 STA1 的配置信息

在移动站点 STA1 上 ping 测试路由器的接口 GE0/0/0，结果如图 8-25 所示，表明可以正常通信。换句话说，至此移动站点 STA1 就可以访问公司内部网络或互联网了。

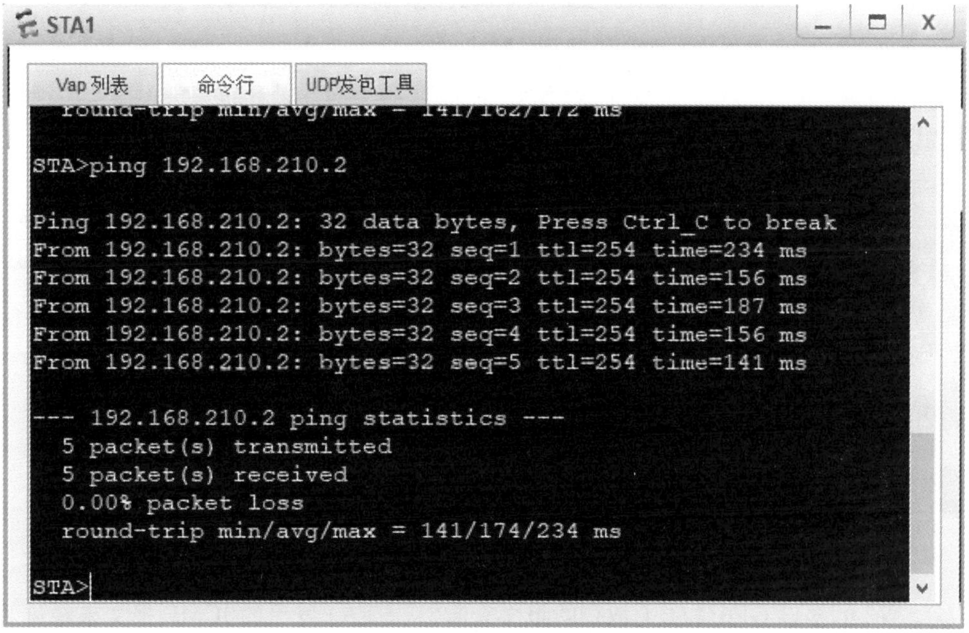

图 8-25　移动站点 STA1 与测试路由器的通信过程

（19）为进一步分析报文流经途径，分别在 AP 的接口 GE0/0/0、LSW2 的接口 GE0/0/1
和接口 GE0/0/2 上捕获报文，结果分别如图 8-26~图 8-28 所示。从图 8-26 中可以看出，
先利用 ARP 协议查询业务 VLAN 网关的 MAC 地址，然后把 ICMP 报文发给测试路由器的
接口 GE0/0/0。如图 8-27 所示的在 LSW2 的接口 GE0/0/1 上捕获的报文展示了类似信息。
注意，对比从这两个接口上捕获的同一条报文发现，TTL 减少了 1。比如图 8-26 所示的 77
号报文的 TTL=128，而图 8-27 所示的 36 号报文的 TTL=127，这说明该报文经过一次路由
器，从 LSW2 的接口 GE0/0/3 被直接路由到其接口 GE0/0/2。

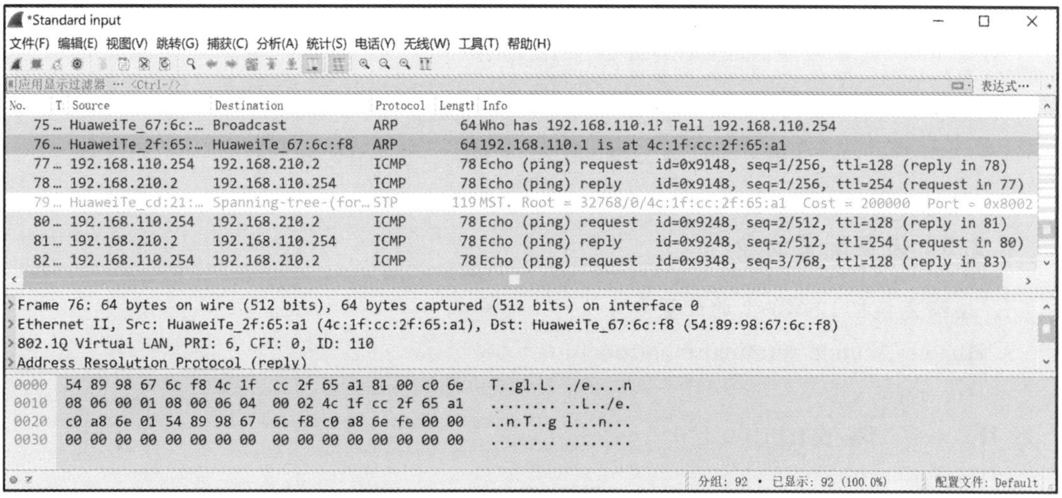

图 8-26　在 AP 的接口 GE0/0/0 上捕获的报文

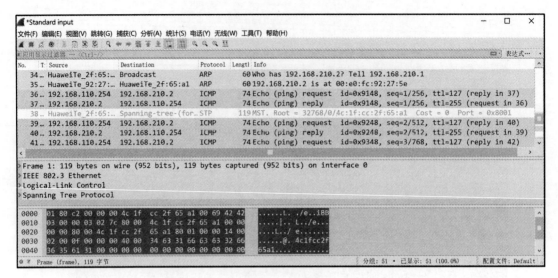

图 8-27 在 LSW2 的接口 GE0/0/1 上捕获的报文

从 LSW2 的接口 GE0/0/1 上捕获的报文来看,从 STA1 发出的 ICMP 报文未经过 AC。

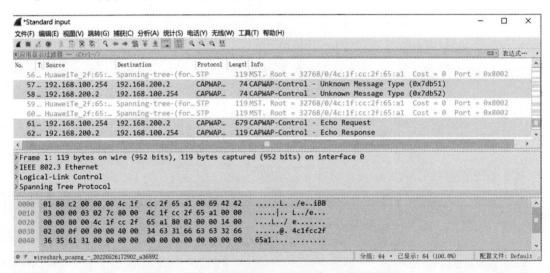

图 8-28 在 LSW2 的接口 GE0/0/2 上捕获的报文

8.2.5 设备配置命令

1. 接入交换机 LSW1 上的配置命令

<Huawei> undo terminal monitor

<Huawei> sys

[Huawei] vlan batch 100 110

[Huawei] int e0/0/2

[Huawei—Ethernet0/0/2] port link—type trunk

[Huawei—Ethernet0/0/2] port trunk pvid vlan 100

[Huawei—Ethernet0/0/2] port trunk allow—pass vlan all

[Huawei—Ethernet0/0/2] int e0/0/1

[Huawei—Ethernet0/0/1] port link—type trunk

[Huawei—Ethernet0/0/1] port trunk allow—pass vlan all

[Huawei—Ethernet0/0/1] quit

2. 核心交换机 LSW2 上的配置命令

<Huawei> undo terminal monitor

<Huawei> sys

[Huawei] vlan batch 100 200 210

[Huawei] int g0/0/3

[Huawei—GigabitEthernet0/0/3] port link—type trunk

[Huawei—GigabitEthernet0/0/3] port trunk pvid vlan 100

[Huawei—GigabitEthernet0/0/3] port trunk allow—pass vlan all

[Huawei—GigabitEthernet0/0/3] quit

[Huawei] int vlan 100

[Huawei—Vlanif100] ip address 192.168.100.1 24

[Huawei—Vlanif100] quit

[Huawei]int g0/0/2

[Huawei—GigabitEthernet0/0/2] port link—type access

[Huawei—GigabitEthernet0/0/2] port default vlan 200

[Huawei—GigabitEthernet0/0/2] int vlan 200

[Huawei—Vlanif200] ip address 192.168.200.1 24

[Huawei—Vlanif200] quit

[Huawei] int g0/0/01

[Huawei—GigabitEthernet0/0/1] port link—type access

[Huawei—GigabitEthernet0/0/1] port default vlan 210

[Huawei—GigabitEthernet0/0/1] int vlan 210

[Huawei—Vlanif210] ip address 192.168.210.1 24

[Huawei—Vlanif210] dhcp enable

[Huawei] ip pool 4vlan100

[Huawei—ip—pool—4vlan100] network 192.168.100.0 mask 24

[Huawei—ip—pool—4vlan100] gateway—list 192.168.100.1

[Huawei—ip—pool—4vlan100] int Vlanif 100

[Huawei—Vlanif100] dhcp select global

[Huawei—Vlanif100] quit

[Huawei] ip pool 4vlan100

[Huawei—ip—pool—4vlan100] option 43 sub—option 3 ascii 192.168.200.2

[Huawei—ip—pool—4vlan100] quit

[Huawei] vlan 110

[Huawei－vlan110] int vlan 110

[Huawei－Vlanif110] ip address 192.168.110.1 24

[Huawei－Vlanif110] quit

[Huawei] ip pool 4vlan110

[Huawei－ip－pool－4vlan110] network 192.168.110.0 mask 24

[Huawei－ip－pool－4vlan110] gateway－list 192.168.110.1

[Huawei－ip－pool－4vlan110] quit

[Huawei－vlan110] int vlan 110

[Huawei－Vlanif110] dhcp select global

[Huawei－Vlanif110] quit

3. AC 上配置命令

<AC6005> undo terminal monitor

<AC6005> sys

[AC6005] vlan 200

[AC6005－vlan200] int vlan 200

[AC6005－Vlanif200]ip address 192.168.200.2 24

[AC6005－Vlanif200] int g0/0/1

[AC6005－GigabitEthernet0/0/1] port link－type access

[AC6005－GigabitEthernet0/0/1] port default vlan 200

[AC6005－GigabitEthernet0/0/1] quit

[AC6005]ip route－static 0.0.0.0 0 192.168.200.1

[AC6005]capwap source interface Vlanif 200

[AC6005]wlan

[AC6005－wlan－view] regulatory－domain－profile name China

[AC6005－wlan－regulate－domain－China] country－code CN

[AC6005－wlan－regulate－domain－China] quit

[AC6005－wlan－view] ap－group name mytest

[AC6005－wlan－ap－group－mytest] regulatory－domain－profile China

[AC6005－wlan－ap－group－mytest] quit

[AC6005－wlan－view] ap auth－mode mac－auth

[AC6005－wlan－view] ap－id 1 ap－mac 00e0－fcdb－78c0

[AC6005－wlan－ap－1] ap－name NPU

[AC6005－wlan－ap－1] ap－group mytest

[AC6005－wlan－ap－1] quit

[AC6005] vlan 110

[AC6005－vlan110] quit

[AC6005] wlan

[AC6005－wlan－view] security－profile name APSec

[AC6005－wlan－sec－prof－APSec]security wpa2 psk pass－phrase abc123654 aes

[AC6005－wlan－sec－prof－APSec] quit

[AC6005－wlan－view] ssid－profile name APSSID

[AC6005－wlan－ssid－prof－APSSID] ssid NPU1

[AC6005－wlan－ssid－prof－APSSID] quit

[AC6005－wlan－view] vap－profile name APVap

[AC6005－wlan－vap－prof－APVap] service－vlan vlan 110

[AC6005－wlan－vap－prof－APVap] security－profile APSec

[AC6005－wlan－vap－prof－APVap] ssid－profile APSSID

[AC6005－wlan－vap－prof－APVap] quit

[AC6005－wlan－view] ap－group name mytest

[AC6005－wlan－ap－group－mytest] vap－profile APVap wlan 1 radio 0

[AC6005－wlan－ap－group－mytest] vap－profile APVap wlan 1 radio 1

4. 测试路由器上的配置命令

＜Huawei＞ undo terminal monitor

＜Huawei＞ sys

[Huawei] int g0/0/0

[Huawei－GigabitEthernet0/0/0] ip address 192.168.210.2 24

[Huawei－GigabitEthernet0/0/0] quit

[Huawei] ip route－static 0.0.0.0 0 192.168.210.1

8.2.6　思考与创新

假设图 8-4 所示的网络拓扑图中,AC 由旁挂式改为直连式,如图 8-29 所示。参照实验 8.2 设计一个新实验,要求移动站点 SAT 可以和测试路由器 RTA 正常通信。

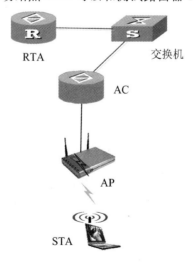

图 8-29　直连式 AC 的 WLAN 实验拓扑图

8.3 基于 Web 的 WLAN 配置实验

从实验 8.2 可以看出，某公司 WLAN 的配置和管理较为烦琐，要求网络管理员熟知配置命令，额外增加了工作负担。为此，部分网络设备，除 CLI 方式网管外，也提供了 Web 方式的网管服务。被管设备作为服务器，管理人员可以登录设备的 Web 网管页面。设备还提供图形化的操作界面，这样管理人员可以直观、方便地管理和维护设备。

8.3.1 实验内容

基于 Web 的 WLAN 配置实验网络拓扑图如图 8-30 所示，与基于 CLI 的 WLAN 配置实验（如图 8-4 所示）相比，增加一台与 AC 相连的网管主机。本实验中的设备配置信息与实验 8.2 中的配置信息保持一致。此外，在 AC 上增加一个 VLAN202 用于网管主机与 AC 之间通信，如表 8-4 所示。

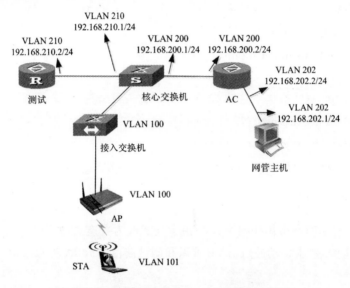

图 8-30 基于 Web 的 WLAN 配置实验拓扑图

表 8-4 VLAN202 的配置信息

VLAN	网管主机地址	AC 地址
Vlan 202	192.168.202.1/24	192.168.202.2/24

为保证各 VLAN 之间能够相互通信，需要在测试路由和 AC 上添加路由信息。因为网络拓扑图相对简单，所以本实验可采用添加静态的缺省路由实现，如表 8-2 所示。

在本实验中，仅利用 Web 方式配置 AC，其余设备仍采用 CLI 方式进行配置，实验的要求与实验 8.2 一样。

8.3.2 实验目的

(1)了解 WLAN 的设计过程；

（2）理解 WLAN 的工作原理；

（3）掌握基于 Web 的 WLAN 配置方法。

8.3.3　关键命令解析

请参考实验 8.2 中的关键命令。

8.3.4　实验步骤

（1）在实验开始前，建议在网管主机上安装 Microsoft KM－TEST 环回网络适配器，用于建立网管主机和 AC 之间的逻辑连接。以操作系统 Windows 10 为例，在主机上按下"win＋x"组合键，然后选择"设备管理器"，启动设备管理器。从设备类型中选择网络适配器，再从菜单"操作"中选择"添加过时硬件"，如图 8－31 所示，点击进入向导的下一步。

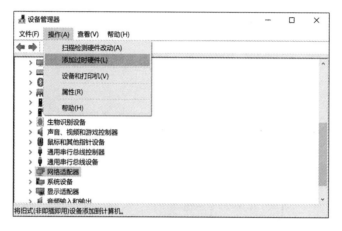

图 8－31　添加过时硬件界面

（2）根据向导进行添加。选择"安装我手动从列表选择的硬件（高级）（M）"项，如图 8－32所示，并进入下一步。

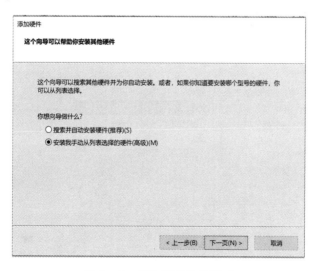

图 8－32　添加硬件途径界面

（3）从"常见硬件类型（H）"中，选择"网络适配器"，如图 8-33 所示，并进入下一步。

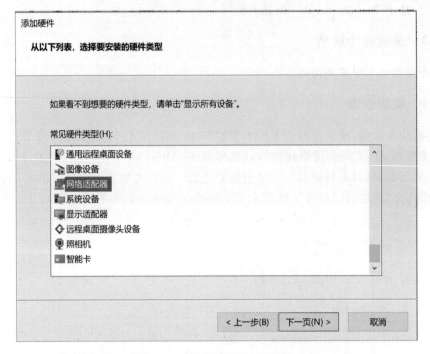

图 8-33　选择添加硬件类型界面

（4）在选择设备驱动程序时，先选择厂商"Microsoft"，再选择型号"Microsoft KM-TEST 环回适配器"，如图 8-34 所示，并进入下一步。

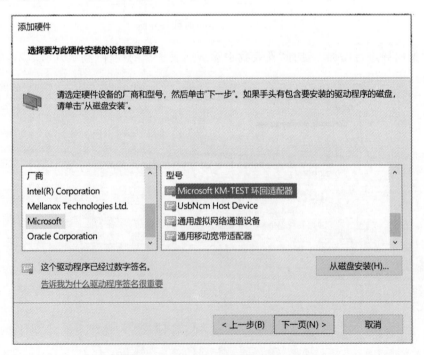

图 8-34　选择添加硬件驱动程序界面

（5）系统自动安装微软环回适配器。安装完成后,在"网络连接"中就可以看到安装好的环回适配器,如图 8-35 所示。点击该适配器,配置其 IP 和掩码分别为 192.168.202.1 和 255.255.255.0。

图 8-35　安装微软环回适配器后的网络连接界面

（6）启动华为 eNSP,按照图 8-30 所示的实验拓扑图连接设备,然后启动所有设备,eNSP 的界面如图 8-36 所示。

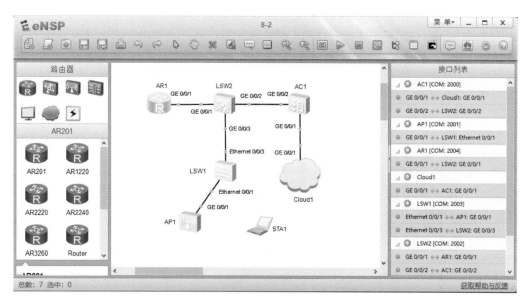

图 8-36　完成设备连接后的 eNSP 界面

（7）双击 Cloud1 图标,进入 Cloud1 的配置界面,绑定真实主机与 AC 的链接关系,如图 8-37 所示。分别选择 UDP 和环回适配器并添加,再配置端口映射关系,配置后的结果如图 8-38 所示,其中 UDP 端口对应 AC,环回适配器代表真实主机。

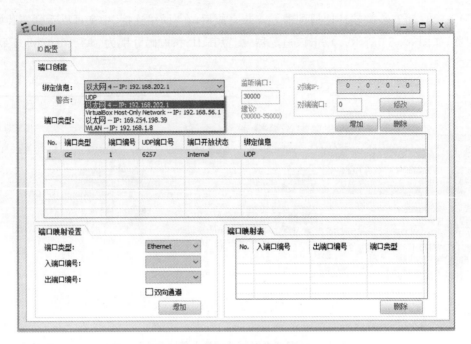

图 8-37　Cloud1 的配置界面

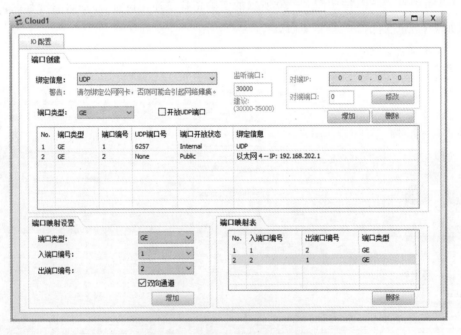

图 8-38　Cloud1 的配置完成界面

(8)依次执行如下命令在 AC1 上设置 VLAN 202,并设置 AC 接口 GE0/0/1 的 IP 地址为 192.168.202.2/24。在本实验中,依据此地址访问 AC 的网管页面。

<AC6005> sys

[AC6005] vlan 202

[AC6005－vlan202] int vlan 202

[AC6005－Vlanif202] ip address 192.168.202.2 24

[AC6005－Vlanif202] quit

[AC6005] int g0/0/1

[AC6005－GigabitEthernet0/0/1] port link－type access

[AC6005－GigabitEthernet0/0/1] port default vlan 202

在 AC1 上成功执行上述命令后,AC1 和 Cloud1 之间可以正常通信,分别如图 8－39 和图 8－40 所示。

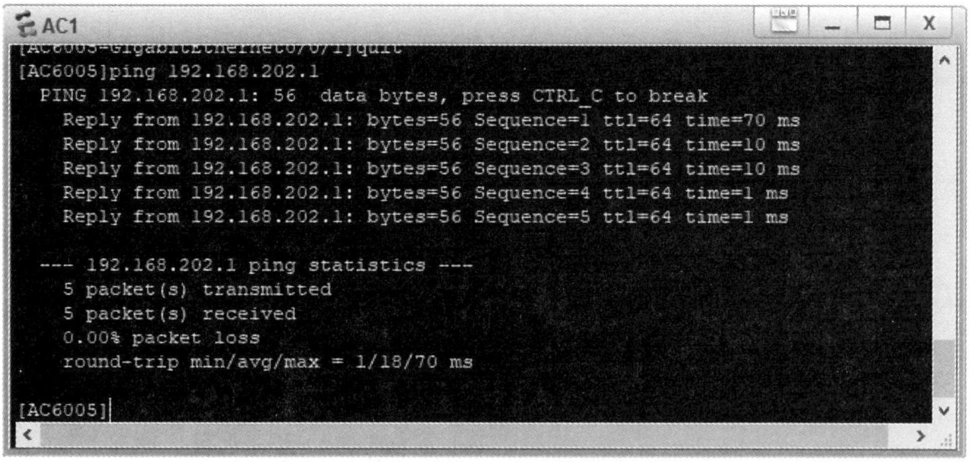

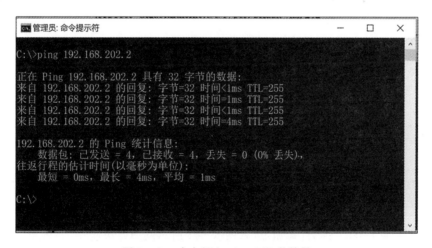

图 8－39　在 AC1 上 ping 主机的结果

图 8－40　在主机上 ping AC1 的结果

(9)按照实验 8.2 中的步骤(2)～步骤(8)配置实验网络中其余设备,保证网络中各设备之间能够互相通信。

(10)在浏览器中输入 https://192.168.202.2/,就可以登录 AC 的 web 网管页面,如图 8－41 所示。华为 AC 网管的用户名是 admin,初始口令是 admin@huawei.com。在第一次登录后,系统会提示修改口令。如果进入登录页面时,显示安全提示信息,忽略即可。

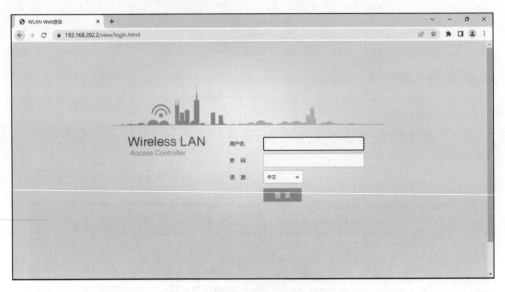

图 8-41 AC 管理的登录页面

(11)成功登录后,进入 AC 管理页面,如图 8-42 所示。

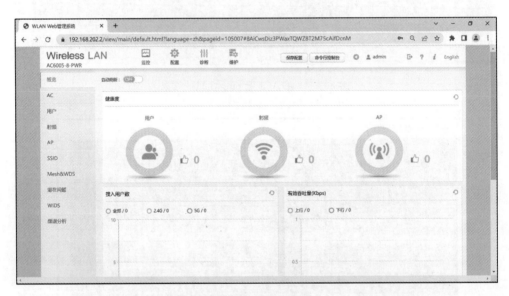

图 8-42 AC 管理页面

(12)点击页面上方的"配置"按钮,进入图 8-43 所示的 AC 快速配置,共分为五个步骤。

第一步是配置 AC 的以太网接口,指明接口所属 VLAN、链路类型(access、trunk 或 hybrid)。在本实验中,前期已完成接口 GE0/0/1 和接口 GE0/0/2 的配置,因此可以直接进入下一步。

第二步是配置虚拟接口,前期已用 CLI 完成配置,直接进入下一步。

第三步是配置 DHCP 服务。如果把 DHCP 服务放置在 AC 上,就需在这一步进行配置,点击"新建"按钮,进入如图 8-44 所示的配置界面。

图 8-43　AC 快速配置界面

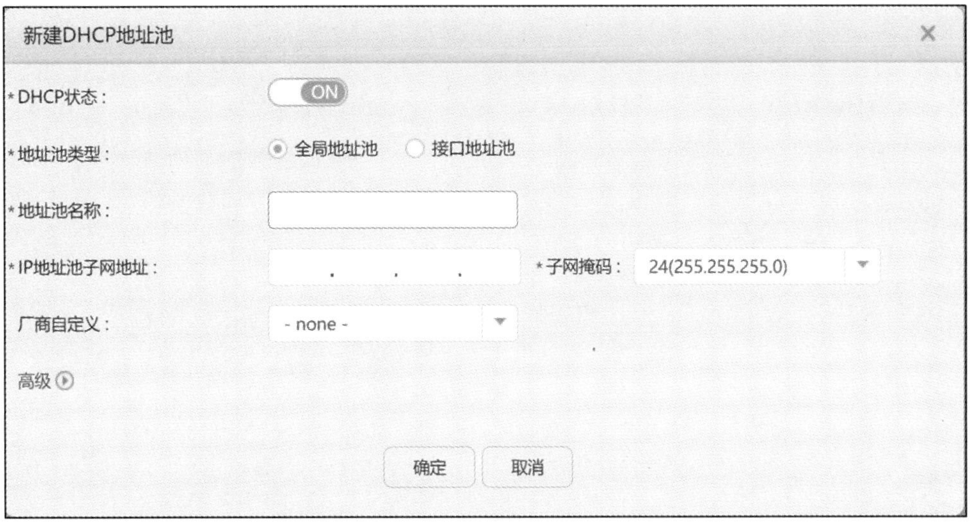

图 8-44　DHCP 配置界面

在本实验中,DHCP 服务器放在核心交换机 LSW2 上,因此可以忽略 DHCP 服务配置这一步,直接进入下一步。

第四步是配置 AC 源地址,如图 8-45 所示。在本实验中,选择 Vlanif200 即可,然后进入下一步。

第五步是确认上述四步配置,并点击"完成"按钮。

(13)进入 AP 快速配置,如图 8-46 所示。

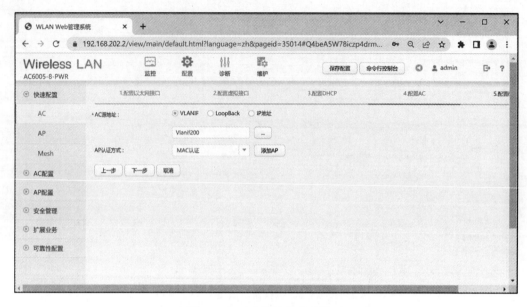

图 8 - 45　AC 源地址配置界面

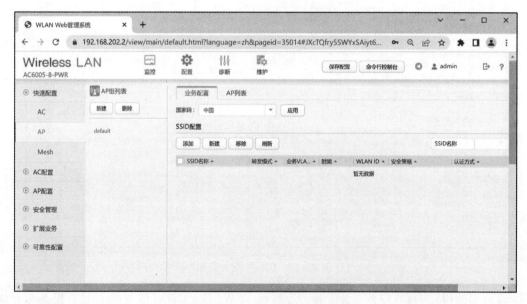

图 8 - 46　AP 快速配置界面

首先,创建 AP 组 mytest,然后,新建 SSID,如图 8 - 47 所示。在 SSID 配置部分,把 SSID
名称设置为 NPU,转发方式选择直接转发,业务 VLAN 选择单个 VLAN,业务 VLAN ID 为
110(110 是实验配置中指定的,根据网络规划填写)。在安全配置中,安全强度选择 WPA -
WPA2 PSK 安全策略,加密方式选择 AES,密码设置为 abc123654。在认证配置中,认证方式
选择不涉及。最后,点击"确定"按钮即完成配置。

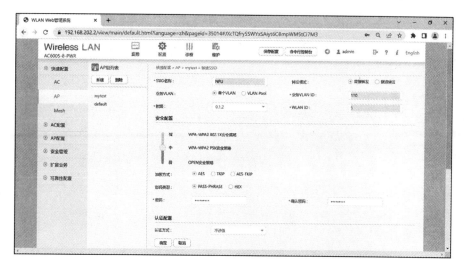

图 8-47 SSID 配置界面

需要注意的是,选择不同的转发方式,移动站点发出的业务报文所经过的路径也不同。当选择直接转发时,在 STA1 上 ping AR1 的 ICMP 报文直接发往 AR1,如实验 8.2 中在核心交换机 LSW2 接口 GE0/0/1 上捕获的报文那样。当选择隧道转发时,在 STA1 上 ping AR1 的 ICMP 报文通过 CAPWAP 隧道先到 AC,AC 去掉隧道封装后再发给 AR1。

在完成 SSID 配置和安全配置后,相当于完成了实验 8.2 中 VAP 模板、安全模板和 SSID 模板的配置,并绑定在一起。进入 AP 列表维护页面,选择添加 AP,如图 8-48 所示。添加方式选择手动添加,关键字选择 AP MAC,AP MAC 地址输入 00e0-fc11-6070,AP ID 输入 1,AP 类型选择 AP2050DN(根据实验拓扑中的设备类型进行选择),最后,点击"确定"按钮即可。

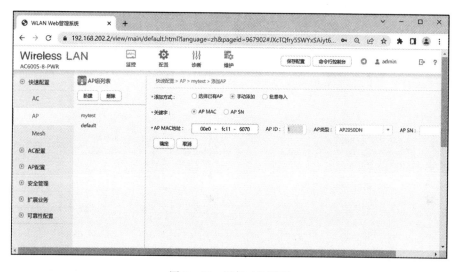

图 8-48 添加 AP 界面

至此,基于 Web 的 AC 和 AP 配置就已经完成,稍等一段时间,即可看到 AP1 发出的信号,如图 8-49 所示。

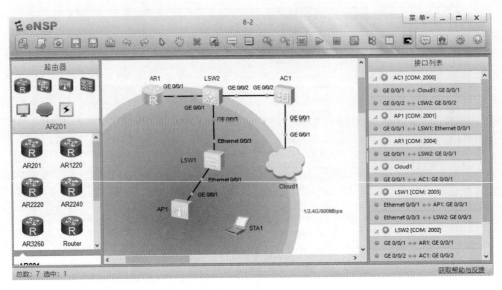

图 8-49 配置完成后 AP1 发出信号的实验网络

（14）双击 STA1 进入其配置界面，可以看到 VAP 列表，如图 8-50 所示。选择信道 1 或信道 149 对应的 VAP，输入密码 abc123654，即可建立连接。当 VAP 的状态变为已连接时，STA1 就接入到实验 WLAN 中。此时，STA1 可以正常 ping 通 AR1，如图 8-51 所示。

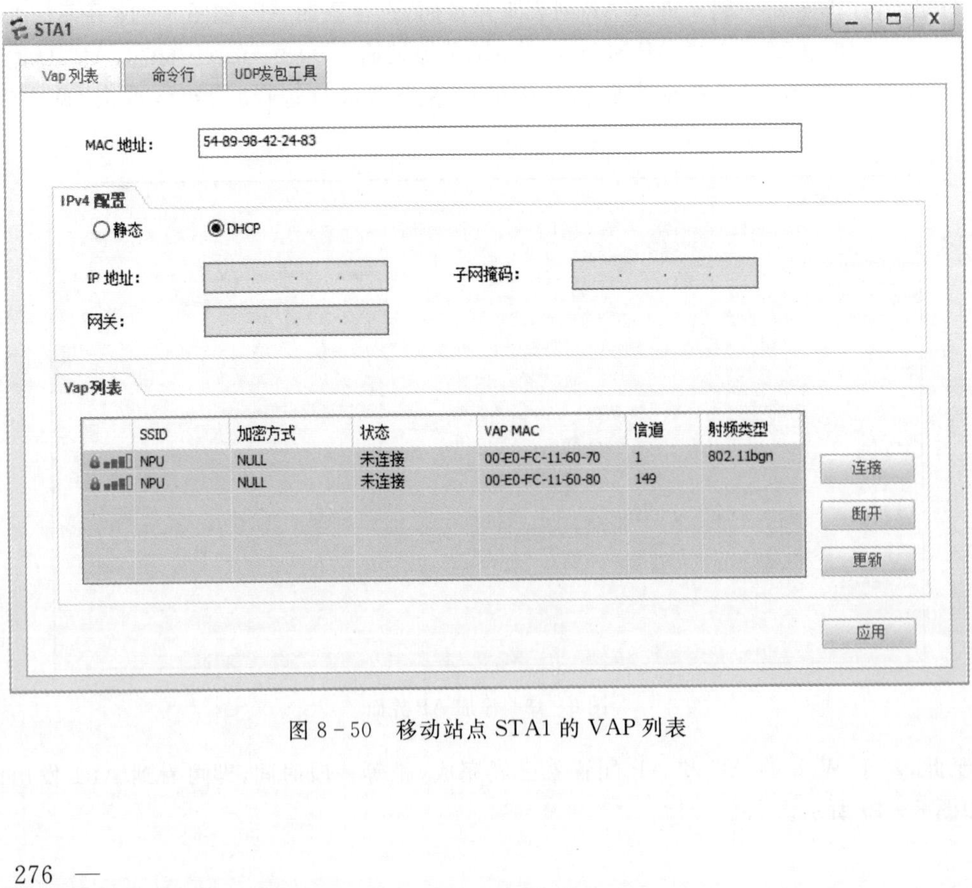

图 8-50 移动站点 STA1 的 VAP 列表

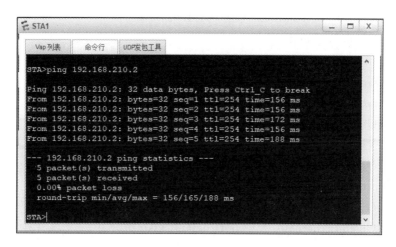

图 8-51　STA1 与 AR1 的通信结果

（15）本实验与实验 8.2 的配置信息一致，其捕获和分析报文的过程与实验 8.2 的一样，此处不再赘述。

8.3.5　设备配置命令

1. 接入交换机 LSW1 上的配置命令

＜Huawei＞ undo terminal monitor

＜Huawei＞ sys

［Huawei］ vlan batch 100 110

［Huawei］ int e0/0/1

［Huawei－Ethernet0/0/1］ port link－type trunk

［Huawei－Ethernet0/0/1］ port trunk pvid vlan 100

［Huawei－Ethernet0/0/1］ port trunk allow－pass vlan all

［Huawei－Ethernet0/0/1］ int e0/0/3

［Huawei－Ethernet0/0/3］ port link－type trunk

［Huawei－Ethernet0/0/3］ port trunk allow－pass vlan all

［Huawei－Ethernet0/0/3］ quit

2. 核心交换机 LSW2 上的配置命令

＜Huawei＞ undo terminal monitor

＜Huawei＞ sys

［Huawei］ vlan batch 100 200 210

［Huawei］ int g0/0/3

［Huawei－GigabitEthernet0/0/3］ port link－type trunk

［Huawei－GigabitEthernet0/0/3］ port trunk pvid vlan 100

［Huawei－GigabitEthernet0/0/3］ port trunk allow－pass vlan all

［Huawei－GigabitEthernet0/0/3］ quit

［Huawei］ int vlan 100

[Huawei-Vlanif100] ip address 192. 168. 100. 1 24

[Huawei-Vlanif100] quit

[Huawei] int g0/0/2

[Huawei-GigabitEthernet0/0/2] port link-type access

[Huawei-GigabitEthernet0/0/2] port default vlan 200

[Huawei-GigabitEthernet0/0/2] int vlan 200

[Huawei-Vlanif200] ip address 192. 168. 200. 1 24

[Huawei-Vlanif200] quit

[Huawei] int g0/0/1

[Huawei-GigabitEthernet0/0/1] port link-type access

[Huawei-GigabitEthernet0/0/1] port default vlan 210

[Huawei-GigabitEthernet0/0/1] int vlan 210

[Huawei-Vlanif210] ip address 192. 168. 210. 1 24

[Huawei-Vlanif210] dhcp enable

[Huawei] ip pool 4vlan100

[Huawei-ip-pool-4vlan100] network 192. 168. 100. 0 mask 24

[Huawei-ip-pool-4vlan100] gateway-list 192. 168. 100. 1

[Huawei-ip-pool-4vlan100] int Vlanif 100

[Huawei-Vlanif100] dhcp select global

[Huawei-Vlanif100] quit

[Huawei]ip pool 4vlan100

[Huawei-ip-pool-4vlan100] option 43 sub-option 3 ascii 192. 168. 200. 2

[Huawei-ip-pool-4vlan100] quit

[Huawei] vlan 110

[Huawei-vlan110] int vlan 110

[Huawei-Vlanif110] ip address 192. 168. 110. 1 24

[Huawei-Vlanif110] quit

[Huawei] ip pool 4vlan110

[Huawei-ip-pool-4vlan110] network 192. 168. 110. 0 mask 24

[Huawei-ip-pool-4vlan110] gateway-list 192. 168. 110. 1

[Huawei-ip-pool-4vlan110] quit

[Huawei-vlan110] int vlan 110

[Huawei-Vlanif110] dhcp select global

[Huawei-Vlanif110] quit

3. AC 上的配置命令

<AC6005> undo terminal monitor

<AC6005> sys

[AC6005] vlan 200

[AC6005-vlan200] int vlan 200

［AC6005－Vlanif200］ip address 192.168.200.2 24

［AC6005－Vlanif200］int g0/0/2

［AC6005－GigabitEthernet0/0/2］port link－type access

［AC6005－GigabitEthernet0/0/2］port default vlan 200

［AC6005－GigabitEthernet0/0/2］quit

［AC6005］ip route－static 0.0.0.0 0 192.168.200.1

［AC6005］vlan 202

［AC6005－vlan202］int vlan 202

［AC6005－Vlanif202］ip address 192.168.202.2 24

［AC6005－Vlanif202］quit

［AC6005］int g0/0/1

［AC6005－GigabitEthernet0/0/1］port link－type access

［AC6005－GigabitEthernet0/0/1］port default vlan 202

［AC6005－GigabitEthernet0/0/1］quit

4. AR1 上的配置命令

＜Huawei＞ undo terminal monitor

＜Huawei＞ sys

［Huawei］int g0/0/1

［Huawei－GigabitEthernet0/0/1］ip address 192.168.210.2 24

［Huawei－GigabitEthernet0/0/1］quit

［Huawei］ip route－static 0.0.0.0 0 192.168.210.1

5. Cloud1 上的配置信息

绑定信息选择 UDP 和实验中安装的微软回环适配器。注意,在端口映射时,要选定双向通道,具体的配置信息如图 8－52 所示。

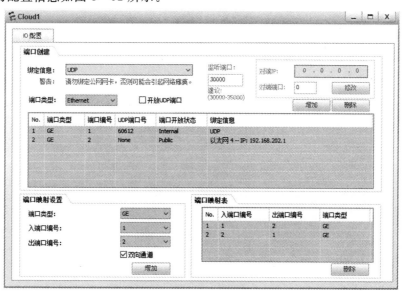

图 8－52　Cloud1 上的配置信息

8.3.6 思考与创新

采用图 8-30 所示实验拓扑图设置 SSID 时,转发模式选择隧道转发,如图 8-53 所示,重新规划和配置实验。配置成功后,在移动站点 STA1 上 ping 测试路由器 AR1,在核心交换机的三个端口上分别捕获并分析 ICMP 报文,然后绘制报文经过的路径。

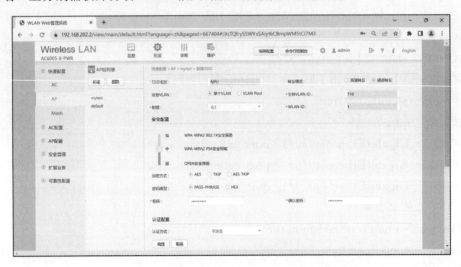

图 8-53 配置 SSID 的界面设置隧道转发模式

第9章 综合实验

为进一步了解某企业网(或校园网)的建设方案,增强对前面章节所涉及知识点的综合应用能力,本章设置了一个面向企业网络的综合实验,用华为 eNSP 对企业网络进行规划和模拟,该网络设计方案也适用于校园、医院等场景。

9.1 实验内容

在实际应用中,企业网络一般会涉及多个部门或分公司。为了叙述简便,本实验选择两个企业部门和一个分公司构建网络,这两个部门分别是财务部和销售部,分公司处于异地,通过广域网与总部互通。通常,具备一定规模的企业网络结构采用接入层、汇聚层、核心层的三层结构,本实验简化为核心层和接入层两层结构。当设计网络结构时,可以合并汇聚层和接入层(统称为接入层),在该层完成用户接入和用户流量汇聚,在核心层提供高速、可靠的数据传输服务。依据上述设想模拟的某企业网网络拓扑图如图9-1所示。

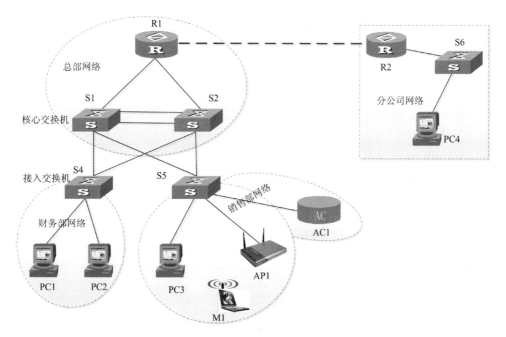

图 9-1 某企业网网络拓扑图

在本实验中,每个部门组成一个 VLAN。在财务部门的网络中,考虑到数据安全,需要限定部分主机只能从固定的交换机端口访问企业网络。为方便访问企业网络,在销售部的网络中增加了 WLAN。为增强网络可靠性,在接入层和核心层之间采用了冗余链路,核心交换机 S1 和 S2 之间采用多条链路连接增加带宽。核心交换机通过路由器 R1 与分公司网络连接在一起。利用一台交换机和一台主机来模拟分公司的网络。

9.2 实验目标与设计

综合利用前面章节涉及的技术或协议完成设定的实验内容,具体包括以下几个部分:

(1)端口绑定技术,限制财务部门部分主机接入企业网络的位置;

(2)链路聚合技术,提升核心交换机之间的链路带宽;

(3)VLAN 技术,为企业各部门创建各自的 VLAN;

(4)生成树协议,消除接入层和核心层交换机之间的环路;

(5)网络路由配置,设置总部网络内路由协议和广域网协议;

(6)地址转换技术,保证分公司设备可以访问企业内部设备;

(7)WLAN 技术,为销售部门搭建无线网络,提高办公效率;

(8)DHCP 技术,为销售部门的移动设备动态分配 IP 地址。

在此实验网络中,除移动设备外,其余主机均采用静态 IP 地址。销售部门的移动设备均采用动态 IP 地址,地址池为 192.168.20.0/24。此实验网络的各个网段或 VLAN 的配置信息如表 9 - 1 所示。

表 9 - 1 网络中各网段或 VLAN 的配置信息

部门		VLAN	网络地址空间	虚拟接口/网关地址
财务部		10	192.168.10.0/24	192.168.10.1
销售部	业务 VLAN	20	192.168.20.0/24	192.168.20.1
	管理 VLAN	30	192.168.30.0/24	192.168.30.1
	AC VLAN	40	192.168.40.0/24	192.168.40.1
总部网络		50	192.168.50.0/24	192.168.50.1
		60	192.168.60.0/24	192.168.60.1
分公司			10.13.11.0/24	10.13.11.1

在总部网络中,交换机 S1 和路由器 R1 的网段组成 VLAN50,交换机 S2 和路由器 R1 的网段组成 VLAN60。

两台路由器的配置信息如表 9 - 2 所示,其中路由器 R1 连接的总部网络的 IP 地址是内部地址,路由器 R2 所连接的分公司网络的 IP 地址是全局地址,在分公司网络内不设置 VLAN。

表 9 - 2　路由器的配置信息

设备	接口	IP 地址
R1	S1	192.168.50.2
	S2	192.168.60.2
	R2	10.10.11.1
R2	R1	10.10.11.2
	S6	10.13.11.1

　　总部网络的路由协议采用 OSPF 协议。路由器 R1 和 R2 之间的广域网协议采用双向
PAP 认证,静态配置路由信息,在 R1 上应用动态端口地址转换技术。

　　交换机均采用三层交换机,利用最小生成树技术防止环路。

　　网络设置完成后,需要保证企业总部内的主机之间(包括移动站点)可以相互访问;财务部
内的主机 PC1 只能从固定端口访问企业网;VLAN10 内的主机可以访问分公司的主机,但分
公司的主机不能访问总部网络内的主机。

9.3　实验步骤

　　(1)启动华为 eNSP,按照图 9-1 所示的实验拓扑图连接设备,然后启动所有设备,eNSP
的界面如图 9-2 所示。

　　(2)如果选择的路由器没有串行接口模块,可以参考本书 1.2.4 节的设备模块安装章节,
在路由器 R1 和 R2 上安装串行接口模块。

　　(3)按照实验要求的设备配置信息(如表 9 - 1 和表 9 - 2 所示)分别设置主机 PC1、PC2、
PC3 和 PC4 的 IP 地址、子网掩码和网关,如表 9 - 3 所示。

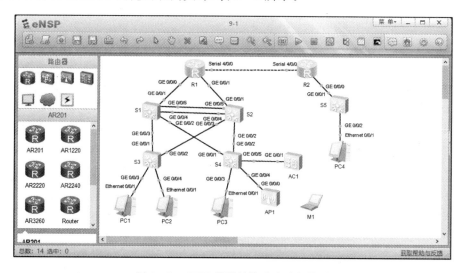

图 9 - 2　eNSP 模拟的综合实验拓扑图

表 9-3　部分主机和服务器的配置信息

主机名	IP 地址	网关	子网掩码
PC1	192.168.10.2	192.168.10.1	255.255.255.0
PC2	192.168.10.3		
PC3	192.168.20.2	192.168.20.1	
PC4	10.13.11.2	10.13.11.1	

设置成功后,主机 PC1 可以 ping 通主机 PC2。

(4)创建财务部 VLAN10。在交换机 S3 上执行如下命令:

＜Huawei＞ undo terminal monitor

＜Huawei＞ sys

［Huawei］vlan 10

［Huawei－vlan10］int g0/0/3

［Huawei－GigabitEthernet0/0/3］port link－type access

［Huawei－GigabitEthernet0/0/3］port default vlan 10

［Huawei－GigabitEthernet0/0/3］int g0/0/4

［Huawei－GigabitEthernet0/0/4］port link－type access

［Huawei－GigabitEthernet0/0/4］port default vlan 10

［Huawei－GigabitEthernet0/0/4］int g0/0/1

［Huawei－GigabitEthernet0/0/1］port link－type trunk

［Huawei－GigabitEthernet0/0/1］port trunk allow－pass vlan all

［Huawei－GigabitEthernet0/0/1］int g0/0/2

［Huawei－GigabitEthernet0/0/2］port link－type trunk

［Huawei－GigabitEthernet0/0/2］port trunk allow－pass vlan all

［Huawei－GigabitEthernet0/0/2］quit

［Huawei］quit

＜Huawei＞ save

在交换机 S3 上创建 VLAN10,其中连接边缘主机的端口 GigabitEthernet0/0/3 和 GigabitEthernet0/0/4 属于 Access 类型的端口,而连接核心交换机的端口 GigabitEthernet0/0/1 和 GigabitEthernet0/0/2 属于 Trunk 类型的端口。创建成功后的结果如图 9-3 所示。

(5)创建销售部的 VLAN。销售部有 3 个 VLAN,分别是业务 VLAN20、WLAN 的管理 VLAN30 和 AC VLAN40。在交换机 S4 上执行如下命令:

＜Huawei＞ undo terminal monitor

＜Huawei＞ sys

［Huawei］vlan batch 20 30 40

［Huawei］int g0/0/3

［Huawei－GigabitEthernet0/0/3］port link－type access

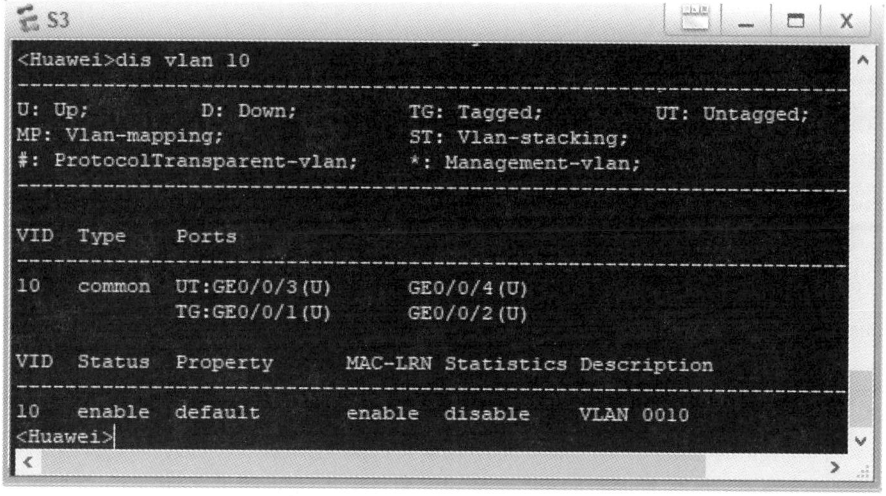

图 9-3　在交换机 S3 上成功创建财务部 VLAN 后的结果

图 9-4　在交换机 S4 上成功创建销售部 VLAN 后的结果

〔Huawei－GigabitEthernet0/0/3〕port default vlan 20

〔Huawei－GigabitEthernet0/0/3〕int g0/0/4

〔Huawei－GigabitEthernet0/0/4〕port link－type trunk

〔Huawei－GigabitEthernet0/0/4〕port trunk allow－pass vlan 20 30

〔Huawei－GigabitEthernet0/0/4〕int g0/0/5

〔Huawei－GigabitEthernet0/0/5〕port link－type access

〔Huawei－GigabitEthernet0/0/5〕port default vlan 40

〔Huawei－GigabitEthernet0/0/5〕int g0/0/1

〔Huawei－GigabitEthernet0/0/1〕port link－type trunk

〔Huawei－GigabitEthernet0/0/1〕port trunk allow－pass vlan all

〔Huawei－GigabitEthernet0/0/1〕int g0/0/2

〔Huawei－GigabitEthernet0/0/2〕port link－type trunk

〔Huawei－GigabitEthernet0/0/2〕port trunk allow－pass vlan all

〔Huawei－GigabitEthernet0/0/2〕quit

〔Huawei〕quit

＜Huawei＞save

上述命令执行完成后,在交换机 S4 上创建了 VLAN20、VLAN30 和 VLAN40。其中,连接边缘主机的端口 GigabitEthernet0/0/3 以及连接 AC 的端口 GigabitEthernet0/0/5 均属于 Access 类型的端口;连接 AP 的端口 GigabitEthernet0/0/4,因需要传输业务 VLAN 数据和管理 VLAN 数据,所以设置为 Trunk 类型的;连接核心交换机的端口 GigabitEthernet0/0/1 和 GigabitEthernet0/0/2 属于 Trunk 类型的端口。创建成功后的结果如图 9-4 所示。

(6)分别在核心交换机 S1 和 S2 上创建 VLAN。在交换机 S1 和 S2 上执行的命令类似,区别是连接路由器网段的 VLAN 不一样,连接 S1 和 R1 的 VLAN 是 VLAN50,而连接 S2 和 R1 的 VLAN 是 VLAN60。为节省篇幅,在此仅列出在交换机 S1 上执行的命令,请读者参考在交换机 S1 上执行的命令补充交换机 S2 上的命令。

＜Huawei＞undo terminal monitor

＜Huawei＞sys

〔Huawei〕vlan batch 10 20 50

〔Huawei〕int g0/0/1

〔Huawei－GigabitEthernet0/0/1〕port link－type access

〔Huawei－GigabitEthernet0/0/1〕port default vlan 50

〔Huawei－GigabitEthernet0/0/1〕int g0/0/2

〔Huawei－GigabitEthernet0/0/2〕port link－type trunk

〔Huawei－GigabitEthernet0/0/2〕port trunk allow－pass vlan all

〔Huawei－GigabitEthernet0/0/2〕int g0/0/3

〔Huawei－GigabitEthernet0/0/3〕port link－type trunk

〔Huawei－GigabitEthernet0/0/3〕port trunk allow－pass vlan all

〔Huawei－GigabitEthernet0/0/3〕quit

〔Huawei〕quit

<Huawei> save

上述命令执行完成后,也就在核心交换机 S1 上创建了 VLAN10、VLAN20 和 VLAN50。其中,连接路由器 R1 的端口 GigabitEthernet0/0/1 属于 Access 类型的端口,其余端口均属于 Trunk 类型的端口。创建成功后的结果如图 9-5 所示。

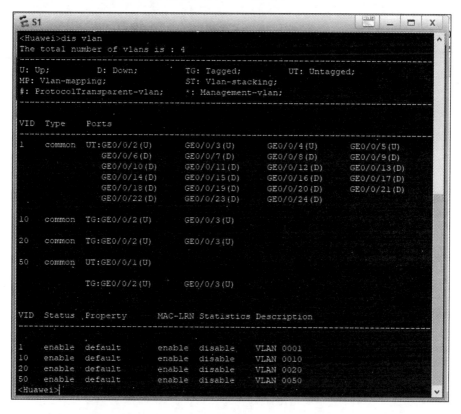

图 9-5 在核心交换机 S1 上成功创建 VLAN 后的结果

在核心交换机 S2 上创建的 VLAN 分别为 VLAN10、VLAN20 和 VLAN60。除端口 GigabitEthernet0/0/1 属于 Access 类型的端口外,其余端口均设置为 Trunk 类型的端口。

(7)将财务部主机 PC1 绑定在交换机 S3 的端口 GigabitEthernet0/0/3 上。在端口绑定前,交换机 S3 的 MAC 地址表如图 9-6 所示。在交换机 S3 上执行如下命令,完成端口绑定功能。

<Huawei> undo terminal monitor

<Huawei> sys

[Huawei] int g0/0/3

[Huawei-GigabitEthernet0/0/3] mac-address learning disable

[Huawei-GigabitEthernet0/0/3] mac-address static 5489-98a9-2411 g0/0/3 vlan 10

[Huawei-GigabitEthernet0/0/3] quit

[Huawei] quit

<Huawei> save

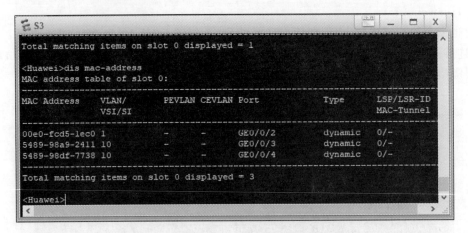

图 9-6 端口绑定前交换机 S3 的 MAC 地址表

在绑定端口前,先查看主机 PC1 的 MAC 地址,保证绑定的 MAC 地址和端口是对应的。在本例中,PC1 的 MAC 地址为 5489-98a9-2411。在成功绑定后,交换机 S3 的 MAC 地址表如图 9-7 所示。从图中可以发现,主机 PC1 的 MAC 地址 5489-98a9-2411 与端口 GigabitEthernet0/0/3 的绑定类型由 dynamic 变成了 static。

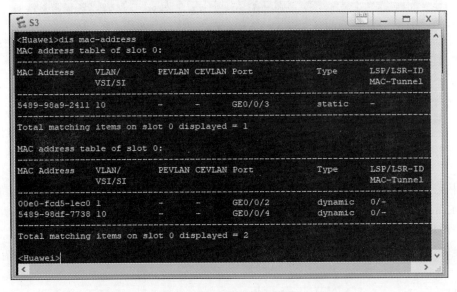

图 9-7 端口绑定后的交换机 S3 的 MAC 地址表

(8)聚合核心交换机 S1 和 S2 上的两条链路。分别在交换机 S1 和 S2 上执行如下命令,创建 eth-trunk 接口,完成链路聚合。

<Huawei> undo terminal monitor

<Huawei> sys

[Huawei] int eth-trunk 1

[Huawei-Eth-Trunk1]port link-type trunk

[Huawei-Eth-Trunk1]port trunk allow-pass vlan all

［Huawei－Eth－Trunk1］int g0/0/4

［Huawei－GigabitEthernet0/0/4］eth－trunk 1

［Huawei－GigabitEthernet0/0/4］int g0/0/5

［Huawei－GigabitEthernet0/0/5］eth－trunk 1

［Huawei－GigabitEthernet0/0/5］quit

［Huawei］quit

＜Huawei＞ save

在交换机 S1 和 S2 上，成功配置链路聚合功能后，交换机 S1 上的端口聚合信息如图 9－8 所示，端口 GE0/0/4 和 GE0/0/5 被聚合在一起。交换机 S2 上的端口聚合信息与图 9－8 中的内容类似。

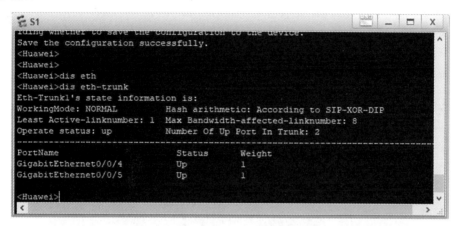

图 9－8　交换机 S1 上的端口聚合信息

（9）为消除交换机之间的环路，需要在核心交换机 S1 和 S2 上执行生成树协议。在交换机 S1 上执行如下命令：

＜Huawei＞ undo terminal monitor

＜Huawei＞ sys

［Huawei］stp mode mstp

［Huawei］stp region－configuration

［Huawei－mst－region］region－name aaa

［Huawei－mst－region］revision－level 1

［Huawei－mst－region］instance 10 vlan 10

［Huawei－mst－region］instance 20 vlan 20

［Huawei－mst－region］active region－configuration

［Huawei－mst－region］quit

［Huawei］stp instance 1 root primary

［Huawei］stp instance 2 root secondary

［Huawei］quit

＜Huawei＞ save

交换机 S2 上与 S1 不同的配置命令如下：

［Huawei］stp instance 1 root secondary

［Huawei］stp instance 2 root primary

也就是说,可以通过设置生成树实例的优先级来设置生成树实例的根桥和备份根桥,详细的设置步骤可参见本教材第 4 章的生成树实验。

在交换机 S3 和 S4 上执行如下命令:

［Huawei］stp mode mstp

［Huawei］stp region—configuration

［Huawei—mst—region］region—name aaa

［Huawei—mst—region］revision—level 1

［Huawei—mst—region］instance 10 vlan 10

［Huawei—mst—region］instance 20 vlan 20

［Huawei—mst—region］active region—configuration

［Huawei—mst—region］quit

［Huawei］quit

＜Huawei＞save

交换机 S1、S2、S3 和 S4 的端口状态分别如图 9－9～图 9－12 所示。从各交换机状态可以勾勒出 VLAN10 和 VLAN20 的各自生成树,其中交换机之间的虚线表示备份链路,如图 9－13 所示。

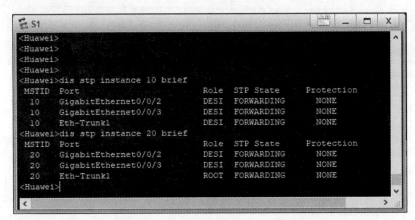

图 9－9　启用 MSTP 后交换机 S1 的端口状态

图 9－10　启用 MSTP 后交换机 S2 的端口状态

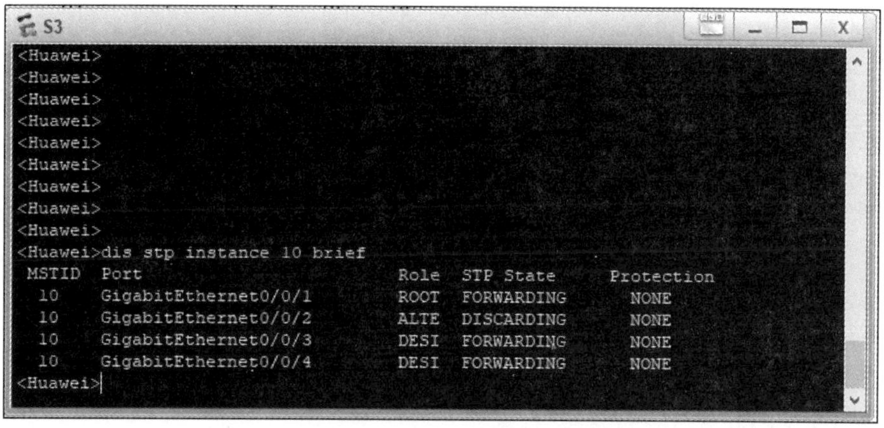

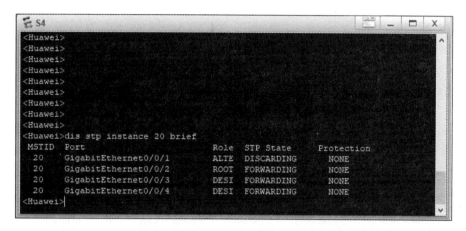

图 9 - 11 启用 MSTP 后交换机 S3 的端口状态

图 9 - 12 启用 MSTP 后交换机 S4 的端口状态

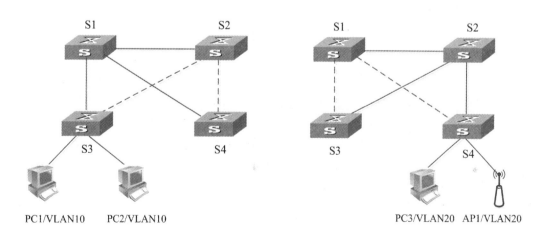

图 9 - 13 VLAN10 和 VLAN20 的生成树

(10)配置 VLAN 的虚拟接口 IP 地址。在核心交换机 S1 上配置 VLAN10、VLAN20 和

VLAN50 的虚拟接口地址,执行如下配置命令:

<Huawei> undo terminal monitor

<Huawei> sys

[Huawei] int vlan 10

[Huawei-Vlanif10] ip address 192.168.10.250 24

[Huawei-Vlanif10] vrrp vrid 1 virtual-ip 192.168.10.1

[Huawei-Vlanif10] vrrp vrid 1 priority 120

[Huawei-Vlanif10] int vlan 20

[Huawei-Vlanif20] ip address 192.168.20.250 24

[Huawei-Vlanif20] vrrp vrid 2 virtual-ip 192.168.20.1

[Huawei-Vlanif20] int vlan 50

[Huawei-Vlanif50] ip address 192.168.50.1 24

[Huawei-Vlanif50] quit

[Huawei] quit

<Huawei> save

成功执行配置命令后,核心交换机 S1 上 VLAN 的虚拟接口 IP 地址以及 VRRP 虚拟 IP 地址信息如图 9-14 所示。

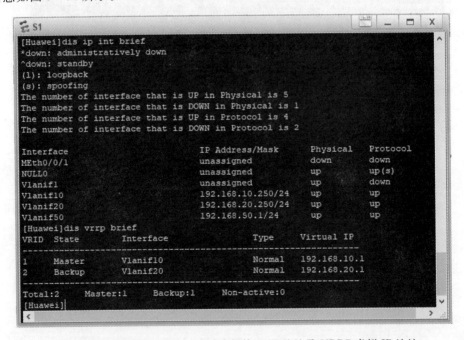

图 9-14　交换机 S1 上 VLAN 的虚拟接口 IP 地址及 VRRP 虚拟 IP 地址

在核心交换机 S2 上配置 VLAN10、VLAN20 和 VLAN60 的虚拟接口地址,执行如下配置命令:

<Huawei> undo terminal monitor

<Huawei> sys

〔Huawei〕int vlan 10

〔Huawei－Vlanif10〕ip address 192.168.10.251 24

〔Huawei－Vlanif10〕vrrp vrid 1 virtual－ip 192.168.10.1

〔Huawei－Vlanif10〕int vlan 20

〔Huawei－Vlanif20〕ip address 192.168.20.251 24

〔Huawei－Vlanif20〕vrrp vrid 2 virtual－ip 192.168.20.1

〔Huawei－Vlanif20〕vrrp vrid 2 priority 120

〔Huawei－Vlanif20〕int vlan 60

〔Huawei－Vlanif60〕ip address 192.168.60.1 24

〔Huawei－Vlanif60〕quit

〔Huawei〕quit

＜Huawei＞save

成功执行配置命令后,核心交换机 S2 上 VLAN 的虚拟接口 IP 地址以及 VRRP 虚拟 IP
地址信息如图 9－15 所示。

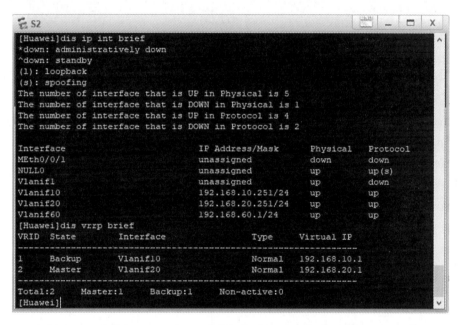

图 9－15　交换机 S2 上 VLAN 的虚拟接口 IP 地址及 VRRP 虚拟 IP 地址

分别配置路由器的接口 GigabitEthernet0/0/0 和 GigabitEthernet0/0/1 的 IP 地址,配置
命令如下:

＜Huawei＞undo terminal monitor

＜Huawei＞sys

〔Huawei〕int g0/0/1

〔Huawei－GigabitEthernet0/0/1〕ip address 192.168.50.2 24

〔Huawei－GigabitEthernet0/0/1〕int g0/0/1

〔Huawei－GigabitEthernet0/0/1〕ip address 192.168.60.2 24

［Huawei－GigabitEthernet0/0/1］quit

［Huawei］quit

＜Huawei＞ save

成功执行配置命令后，路由器 R1 上接口的 IP 地址信息如图 9－16 所示。

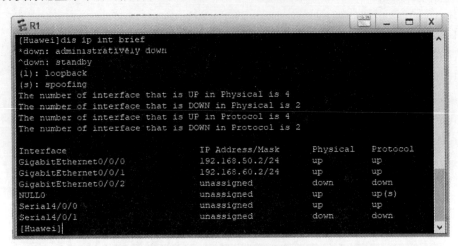

图 9－16　路由器 R1 上接口的 IP 地址信息

（11）分别在路由器 R1、交换机 S1 和交换机 S2 上启用 OSPF 协议，保证各个 VLAN 之间
可以互通。在路由器 R1 执行如下命令，启动 OSPF 协议。

＜Huawei＞ undo terminal monitor

＜Huawei＞ sys

［Huawei］ ospf 1

［Huawei－ospf－1］ area 0.0.0.0

［Huawei－ospf－1－area－0.0.0.0］ network 192.168.50.2 0.0.0.0

［Huawei－ospf－1－area－0.0.0.0］ network 192.168.60.2 0.0.0.0

［Huawei－ospf－1－area－0.0.0.0］ quit

［Huawei－ospf－1］ quit

［Huawei］ quit

＜Huawei＞ save

在核心交换机 S1 上执行如下命令，启动 OSPF 协议。需要注意的是，核心交换机需要选
择三层交换机。

＜Huawei＞ undo terminal monitor

＜Huawei＞ sys

［Huawei］ ospf 1

［Huawei－ospf－1］ area 0.0.0.0

［Huawei－ospf－1－area－0.0.0.0］ network 192.168.10.0 0.0.0.255

［Huawei－ospf－1－area－0.0.0.0］ network 192.168.20.0 0.0.0.255

［Huawei－ospf－1－area－0.0.0.0］ network 192.168.50.1 0.0.0.0

［Huawei－ospf－1－area－0.0.0.0］ quit

［Huawei－ospf－1］quit

［Huawei］quit

＜Huawei＞ save

同样，在交换机 S2 上执行类似命令，区别在于交换机 S2 连接的是 VLAN60。

＜Huawei＞ undo terminal monitor

＜Huawei＞ sys

［Huawei］ospf 1

［Huawei－ospf－1］area 0.0.0.0

［Huawei－ospf－1－area－0.0.0.0］network 192.168.10.0 0.0.0.255

［Huawei－ospf－1－area－0.0.0.0］network 192.168.20.0 0.0.0.255

［Huawei－ospf－1－area－0.0.0.0］network 192.168.60.1 0.0.0.0

［Huawei－ospf－1－area－0.0.0.0］quit

［Huawei－ospf－1］quit

［Huawei］quit

＜Huawei＞ save

在路由器 R1、交换机 S1 和 S2 上成功启动 OSPF 协议后，主机 PC1 可以 ping 通主机 PC3。同样，主机 PC3 也可以分别 ping 通主机 PC1 和主机 PC2，如图 9－17 所示。

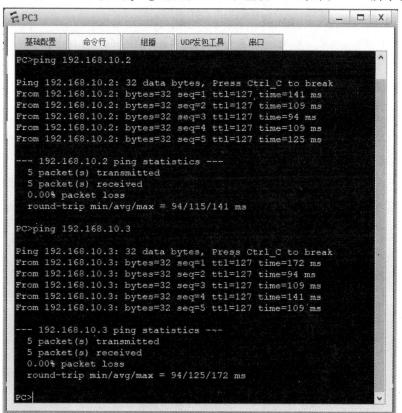

图 9－17　主机 PC3 与 PC1、PC2 的通信结果

（12）执行如下命令，配置路由器 R1 的 Serial4/0/0 接口的 IP 地址。

<Huawei> undo terminal monitor

<Huawei> sys

[Huawei] int Serial 4/0/0

[Huawei-Serial4/0/0] ip add 10.10.11.2 24

[Huawei-Serial4/0/0] quit

[Huawei] quit

<Huawei> save

IP 地址配置成功后的结果如图 9-18 所示。

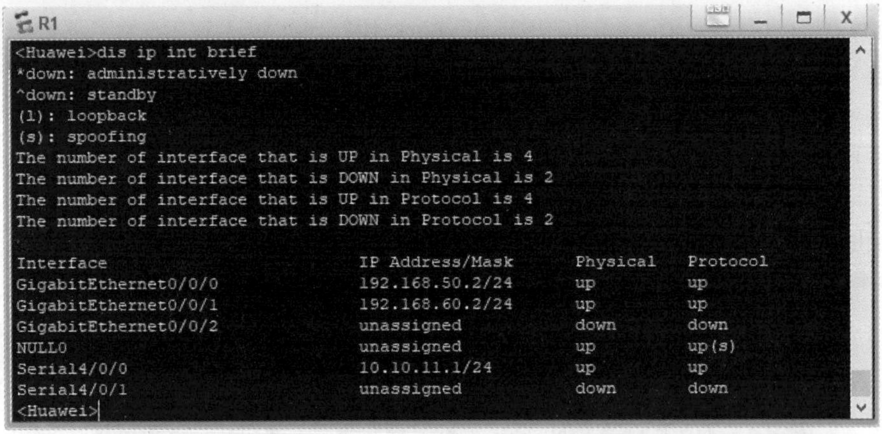

图 9-18　路由器 R1 上的接口地址信息

注意，在 R1 上启动 OSPF 协议时，未含网段 10.10.11.0/24，这是因为公司总部网络内的 IP 地址是内部地址，而 10.10.11.0/24 是全局地址。在本实验中，利用网络地址转换技术实现了内、外部网络之间的互通。

（13）为实现分公司网络与公司总部网络互通，需进一步配置分公司网络。为了简便，在本实验中，分公司网络中的设备配置全局 IP 地址。执行如下命令配置路由器接口 Serial4/0/0 和接口 GigabitEthernet0/0/0 的 IP 地址。成功配置后的结果如图 9-19 所示。

<Huawei> undo terminal monitor

<Huawei> sys

[Huawei] int Serial 4/0/0

[Huawei-Serial4/0/0] ip add 10.10.11.2 24

[Huawei-Serial4/0/0] int g0/0/0

[Huawei-GigabitEthernet0/0/0] ip add 10.13.11.1 24

[Huawei-GigabitEthernet0/0/0] quit

[Huawei] quit

<Huawei> save

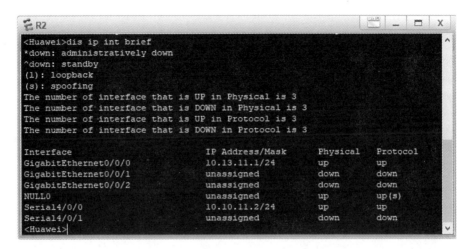

图 9 - 19 路由器 R2 上的接口地址信息

等待一段时间,直至 R1 路由表生成表项 10.10.11.0/24,如图 9 - 20 所示。注意,为缩短等待时间,可以用如下命令关闭和重启路由器接口。

[Huawei—Serial4/0/0] shutdown

[Huawei—Serial4/0/0] undo shutdown

```
R2                                                            _  □  X
<Huawei>dis ip routing-table
Route Flags: R - relay, D - download to fib
--------------------------------------------------------------------
Routing Tables: Public
        Destinations : 11        Routes : 11

Destination/Mask    Proto   Pre  Cost      Flags NextHop        Interface
      10.10.11.0/24  Direct  0    0          D    10.10.11.2     Serial4/0/0
      10.10.11.1/32  Direct  0    0          D    10.10.11.1     Serial4/0/0
      10.10.11.2/32  Direct  0    0          D    127.0.0.1      Serial4/0/0
    10.10.11.255/32  Direct  0    0          D    127.0.0.1      Serial4/0/0
      10.13.11.0/24  Direct  0    0          D    10.13.11.1     GigabitEthernet
0/0/0
      10.13.11.1/32  Direct  0    0          D    127.0.0.1      GigabitEthernet
0/0/0
    10.13.11.255/32  Direct  0    0          D    127.0.0.1      GigabitEthernet
0/0/0
       127.0.0.0/8   Direct  0    0          D    127.0.0.1      InLoopBack0
       127.0.0.1/32  Direct  0    0          D    127.0.0.1      InLoopBack0
127.255.255.255/32   Direct  0    0          D    127.0.0.1      InLoopBack0
255.255.255.255/32   Direct  0    0          D    127.0.0.1      InLoopBack0

<Huawei>
```

图 9 - 20 路由器 R2 的路由表项

至此,主机 PC4 可以 ping 通路由器 R2 的接口 GigabitEthernet0/0/0 和接口 Serial4/0/0,但不能 ping 通路由器 R1 的接口 Serial4/0/0,这是因为回应报文在 R1 路由表中不存在相应的路由表项。在路由器 R1 上执行如下命令,可以实现主机 PC4 和路由器 R1 相互 ping 通。

<Huawei> undo terminal monitor

<Huawei> sys

[Huawei] int Serial 4/0/0

[Huawei—Serial4/0/0] ip route—static 10.13.11.0 24 10.10.11.2

[Huawei—Serial4/0/0] quit

[Huawei] quit

<Huawei> save

查看路由器 R1 的路由表,如图 9-21 所示。

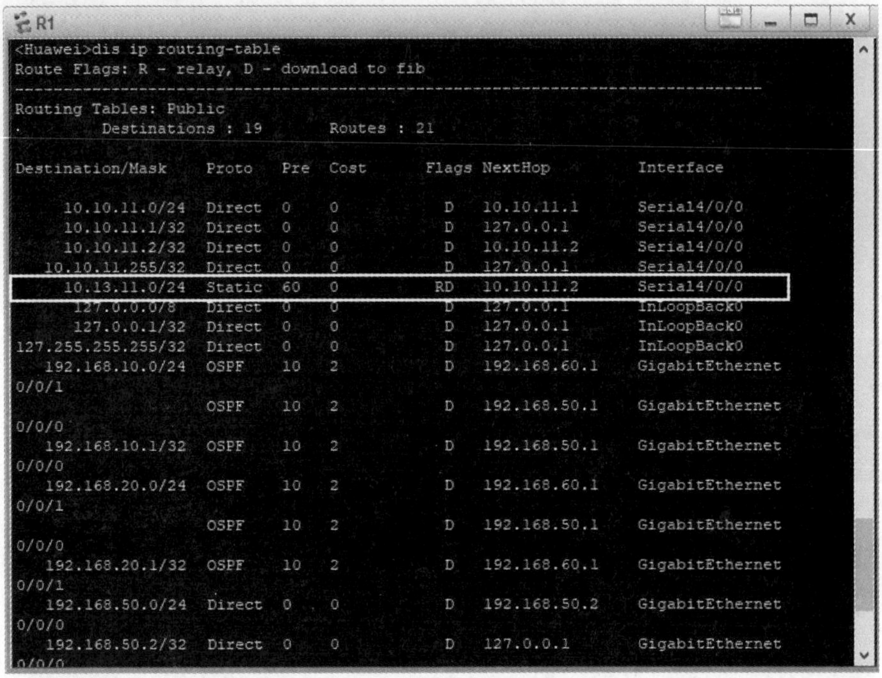

图 9-21 路由器 R1 的路由表项

至此,主机 PC4 可以 ping 通路由器 R1 的接口 Serial4/0/0,但 ping 不通总部网络的内部设备。同样,公司总部网络的内部设备也不能 ping 通路由器 R1 的接口 Serial4/0/0 及以外的设备。

(14)设置 R1 和 R2 之间的双向认证。首先,配置路由器 R1 为 PAP 验证的认证端和被认证端。在路由器 R1 上执行如下命令。

<Huawei> undo terminal monitor

<Huawei> sys

[Huawei] int s4/0/0

[Huawei—Serial4/0/0] link—protocol ppp //如果 PPP 协议已启用,忽略此命令

[Huawei—Serial4/0/0] ppp authentication—mode pap

[Huawei—Serial4/0/0] ppp pap local—user R1 password cipher 67890

[Huawei—Serial4/0/0] aaa

[Huawei—aaa] local—user R2 password cipher 123456

[Huawei—aaa] local—user R2 service—type ppp

[Huawei—aaa] quit

〔Huawei〕quit

＜Huawei＞save

配置路由器 R2 为 PAP 验证的认证端和被认证端。在路由器 R2 上执行如下命令。

＜Huawei＞undo terminal monitor

＜Huawei＞sys

〔Huawei〕int s4/0/0

〔Huawei－Serial4/0/0〕link－protocol ppp

〔Huawei－Serial4/0/0〕ppp authentication－mode pap

〔Huawei－Serial4/0/0〕ppp pap local－user R2 password cipher 123456

〔Huawei－Serial4/0/0〕aaa

〔Huawei－aaa〕local－user R1 password cipher 67890

〔Huawei－aaa〕local－user R1 service－type ppp

〔Huawei－aaa〕quit

〔Huawei〕quit

＜Huawei＞save

成功配置双向认证后,主机 PC4 仍可以 ping 通路由器 R1 的接口 Serial4/0/0。如果修改用户名或口令使得双方信息不一致,则 PC4 无法与路由器 R1 的接口 Serial4/0/0 正常通信。

(15)至此,主机 PC4 与主机 PC1 还不能正常通信,这是因为 PC1 的地址属于内部地址。为解决此问题,在路由器 R1 上配置动态地址转换,确保 VLAN10 内的设备可以访问分公司的设备。假设路由器 R1 上的动态地址池为 10.10.10.1～10.10.10.10,只允许 VLAN10 内的设备访问分公司的设备,反之不能访问。在路由器 R1 上执行如下命令,完成动态地址转换配置。

〔Huawei〕acl 2000

〔Huawei－acl－basic－2000〕rule 5 permit source 192.168.10.0 0.0.0.255

〔Huawei－acl－basic－2000〕quit

〔Huawei〕nat address－group 1 10.10.10.1 10.10.10.10

〔Huawei〕int s4/0/0

〔Huawei－Serial 4/0/0〕nat outbound 2000 address－group 1 no－pat

〔Huawei－Serial 4/0/0〕quit

〔Huawei〕quit

＜Huawei＞save

成功执行配置命令后,R1 路由表的部分表项如图 9－22 所示。

在路由器 R2 上配置到子网 10.10.10.0/24 的路由表项,执行如下命令即可。

＜Huawei＞undo terminal monitor

＜Huawei＞sys

〔Huawei〕ip route－static 10.10.10.0 24 10.10.11.1

〔Huawei〕quit

＜Huawei＞save

成功执行配置命令后,R2 的路由表如图 9－23 所示。

```
<Huawei>dis ip routing-table
Route Flags: R - relay, D - download to fib
------------------------------------------------------------------------------
Routing Tables: Public
         Destinations : 29      Routes : 31

Destination/Mask    Proto   Pre  Cost       Flags NextHop         Interface

     10.10.10.1/32  Unr     64   0            D   127.0.0.1       InLoopBack0
     10.10.10.2/32  Unr     64   0            D   127.0.0.1       InLoopBack0
     10.10.10.3/32  Unr     64   0            D   127.0.0.1       InLoopBack0
     10.10.10.4/32  Unr     64   0            D   127.0.0.1       InLoopBack0
     10.10.10.5/32  Unr     64   0            D   127.0.0.1       InLoopBack0
     10.10.10.6/32  Unr     64   0            D   127.0.0.1       InLoopBack0
     10.10.10.7/32  Unr     64   0            D   127.0.0.1       InLoopBack0
     10.10.10.8/32  Unr     64   0            D   127.0.0.1       InLoopBack0
     10.10.10.9/32  Unr     64   0            D   127.0.0.1       InLoopBack0
    10.10.10.10/32  Unr     64   0            D   127.0.0.1       InLoopBack0
     10.10.11.0/24  Direct  0    0            D   10.10.11.1      Serial4/0/0
     10.10.11.1/32  Direct  0    0            D   127.0.0.1       Serial4/0/0
     10.10.11.2/32  Direct  0    0            D   10.10.11.2      Serial4/0/0
   10.10.11.255/32  Direct  0    0            D   127.0.0.1       Serial4/0/0
     10.13.11.0/24  Static  60   0            RD  10.10.11.2      Serial4/0/0
      127.0.0.0/8   Direct  0    0            D   127.0.0.1       InLoopBack0
      127.0.0.1/32  Direct  0    0            D   127.0.0.1       InLoopBack0
127.255.255.255/32  Direct  0    0            D   127.0.0.1       InLoopBack0
   192.168.10.0/24  OSPF    10   2            D   192.168.60.1    GigabitEthern
0/0/1
                    OSPF    10   2            D   192.168.50.1    GigabitEthern
0/0/0
   192.168.10.1/32  OSPF    10   2            D   192.168.50.1    GigabitEthern
0/0/0
```

图 9-22　路由器 R1 的部分路由表项

```
<Huawei>dis ip routing-table
Route Flags: R - relay, D - download to fib
------------------------------------------------------------------------------
Routing Tables: Public
         Destinations : 12      Routes : 12

Destination/Mask    Proto   Pre  Cost       Flags NextHop         Interface

     10.10.10.0/24  Static  60   0            RD  10.10.11.1      Serial4/0/0
     10.10.11.0/24  Direct  0    0            D   10.10.11.2      Serial4/0/0
     10.10.11.1/32  Direct  0    0            D   10.10.11.1      Serial4/0/0
     10.10.11.2/32  Direct  0    0            D   127.0.0.1       Serial4/0/0
   10.10.11.255/32  Direct  0    0            D   127.0.0.1       Serial4/0/0
     10.13.11.0/24  Direct  0    0            D   10.13.11.1      GigabitEthern
0/0/0
     10.13.11.1/32  Direct  0    0            D   127.0.0.1       GigabitEthern
0/0/0
   10.13.11.255/32  Direct  0    0            D   127.0.0.1       GigabitEthern
0/0/0
      127.0.0.0/8   Direct  0    0            D   127.0.0.1       InLoopBack0
      127.0.0.1/32  Direct  0    0            D   127.0.0.1       InLoopBack0
127.255.255.255/32  Direct  0    0            D   127.0.0.1       InLoopBack0
255.255.255.255/32  Direct  0    0            D   127.0.0.1       InLoopBack0

<Huawei>
```

图 9-23　路由器 R2 的路由表项信息

至此,主机 PC1 还不能 ping 通主机 PC4,这是因为在交换机 S1 和 S2 上还不存在至子网 10.10.11.0/24 和 10.13.11.0/24 的路由项。为此,在交换机 S1 上执行如下命令完成相关的配置。

<Huawei> undo terminal monitor

<Huawei> sys

[Huawei] ip route-static 10.10.11.0 24 192.168.50.2

[Huawei] ip route-static 10.13.11.0 24 10.10.11.2

[Huawei] quit

<Huawei> save

在交换机 S2 上执行如下命令完成相应的配置。

<Huawei> undo terminal monitor

<Huawei> sys

[Huawei] ip route-static 10.10.11.0 24 192.168.60.2

[Huawei] ip route-static 10.13.11.0 24 10.10.11.2

[Huawei] quit

<Huawei> save

执行上述命令后,交换机 R1 和 R2 的路由表分别如图 9-24 和图 9-25 所示。

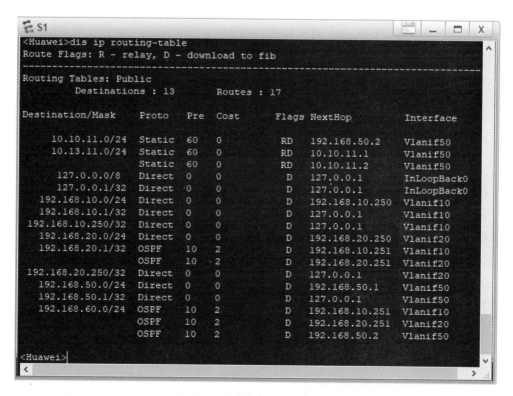

图 9-24 交换机 S1 的路由表

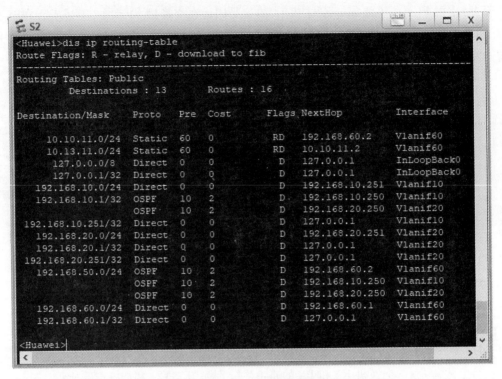

图 9-25 交换机 S2 的路由表

至此，主机 PC1、PC2 可以 ping 通主机 PC4，但主机 PC4 不能 ping 通主机 PC1 和 PC2。同时，主机 PC3 不能 ping 通主机 PC4，因为 PC3 地址不在准许转换地址的范围内。

(16)配置销售部的无线局域网。

1)在核心交换机 S4 上配置 VLAN 及虚拟接口的 IP 地址，依次执行如下命令。

<Huawei> undo terminal monitor

<Huawei> sys

[Huawei] int g0/0/4

[Huawei—GigabitEthernet0/0/4] port trunk pvid vlan 30

[Huawei—GigabitEthernet0/0/4] quit

[Huawei] int vlan 30

[Huawei—Vlanif30] ip address 192.168.30.1 24

[Huawei—Vlanif30] quit

[Huawei] int vlan 40

[Huawei—Vlanif40] ip address 192.168.40.1 24

[Huawei—Vlanif40] quit

完成上述配置后，核心交换机 S4 上接口信息如图 9-26 所示。

```
S4                                                                    _  □  X
[Huawei]dis ip int brief
*down: administratively down
^down: standby
(l): loopback
(s): spoofing
The number of interface that is UP in Physical is 4
The number of interface that is DOWN in Physical is 1
The number of interface that is UP in Protocol is 3
The number of interface that is DOWN in Protocol is 2

Interface                    IP Address/Mask      Physical    Protocol
MEth0/0/1                    unassigned           down        down
NULL0                        unassigned           up          up(s)
Vlanif1                      unassigned           up          down
Vlanif30                     192.168.30.1/24      up          up
Vlanif40                     192.168.40.1/24      up          up
[Huawei]
```

图 9-26 交换机 S4 上的接口信息

2)在交换机 S4 上为 AP 配置 DHCP 服务器,依次执行如下命令。

[Huawei] dhcp enable

[Huawei] ip pool 4vlan30

[Huawei－ip－pool－4vlan30] network 192.168.30.0 mask 24

[Huawei－ip－pool－4vlan30] gateway－list 192.168.30.1

[Huawei－ip－pool－4vlan30] int vlanif 30

[Huawei－Vlanif30] dhcp select global

[Huawei－Vlanif30] quit

完成上述配置后,在交换机 S4 上查看地址池的使用情况,结果如图 9-27 所示。

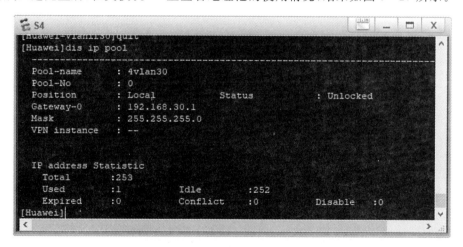

```
S4                                                                    _  □  X
[Huawei-vlanif30]quit
[Huawei]dis ip pool
    -------------------------------------------------------------------
    Pool-name        : 4vlan30
    Pool-No          : 0
    Position         : Local          Status           : Unlocked
    Gateway-0        : 192.168.30.1
    Mask             : 255.255.255.0
    VPN instance     : --


    IP address Statistic
      Total       :253
      Used        :1         Idle             :252
      Expired     :0         Conflict    :0       Disable   :0
[Huawei]
```

图 9-27 交换机 S4 的地址池信息

从图 9-27 中可以发现,地址池 4vlan30 中已经分配 1 个 IP。查看 AP1 的接口信息,结果如图 9-28 所示。从图 9-28 中可以看出,AP1 已经从 DHCP 上获得 IP 地址 192.168.30.254/24。

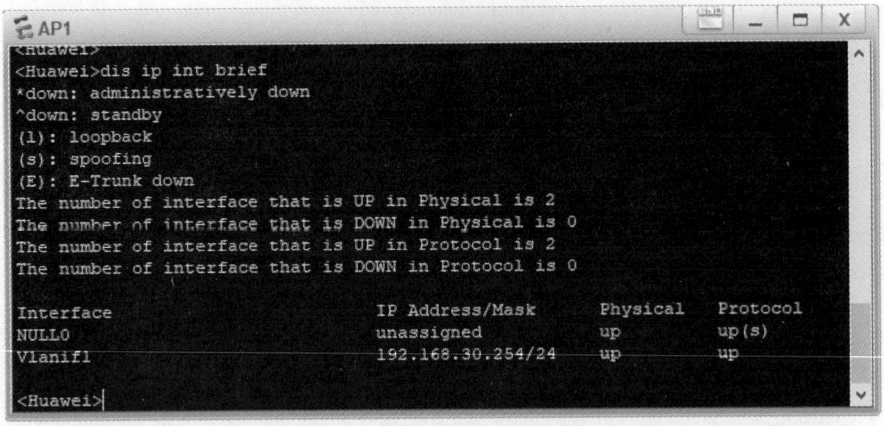

图 9-28　AP1 上的接口信息

3）在 AC1 上配置 VLAN40，依次执行如下命令。采用静态缺省路由来保证 VLAN40 与其他 VLAN 之间的正常通信。

＜AC6605＞ undo terminal monitor

＜AC6605＞ sys

［AC6605］vlan 40

［AC6605－vlan40］int vlan 40

［AC6605－Vlanif40］ip address 192.168.40.2 24

［AC6605－Vlanif40］int g0/0/1

［AC6605－GigabitEthernet0/0/1］port link－type access

［AC6605－GigabitEthernet0/0/1］port default vlan 40

［AC6605－GigabitEthernet0/0/1］quit

［AC6605］ip route－static 0.0.0.0 0 192.168.40.1

完成上述配置后，AC1 的接口和路由信息如图 9-29 所示。

4）在 S4 上为从地址池 4vlan30 获取 IP 地址的 AP1 指明 AC1 的地址。

［Huawei］ip pool 4vlan30

［Huawei－ip－pool－4vlan30］option 43 sub－option 3 ascii 192.168.40.2

在 DHCP 服务器上配置 option 43 字段，目的是使 AP 能够发现 AC。

5）在 AC1 上配置 AP1 与 AC1 的 CAPWAP 隧道源接口。

［AC6605］capwap source interface Vlanif 40

6）在 AC1 上设置域配置模板、创建 AP 组，并绑定域配置模板和 AP 组。

［AC6605］wlan

［AC6605－wlan－view］regulatory－domain－profile name China

［AC6605－wlan－regulate－domain－China］country－code CN

［AC6605－wlan－regulate－domain－China］quit

［AC6605－wlan－view］ap－group name mytest

［AC6605－wlan－ap－group－mytest］regulatory－domain－profile China

Warning：Modifying the country code will clear channel，power and antenna gain configurations of the radio and reset the AP. Continue？［Y/N］：y

［AC6605－wlan－ap－group－mytest］quit

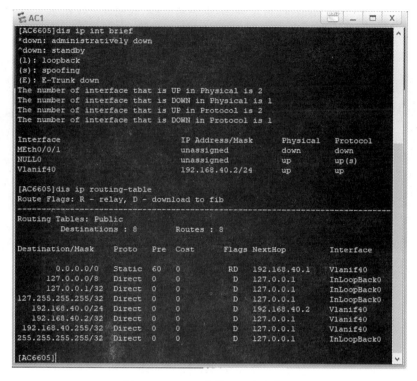

图 9－29 AC1 的接口和路由信息

7)在 AP1 上执行 dis int g0/0/0 命令查看 AP1 的 MAC 地址,本实验中 AP1 的 MAC 地址是 00e0－fcd5－1ec0,再将该 AP1 手工注册到 AC1。

［AC6605－wlan－view］ap auth－mode mac－auth

［AC6605－wlan－view］ap－id 1 ap－mac 00e0－fcd5－1ec0

［AC6605－wlan－ap－1］ap－name NPU

［AC6605－wlan－ap－1］ap－group mytest

成功执行上述命令后,过段时间在 AP1 上就可以看到如图 9－30 所示的提示信息,AP 自动重启后更改名称为 NPU。

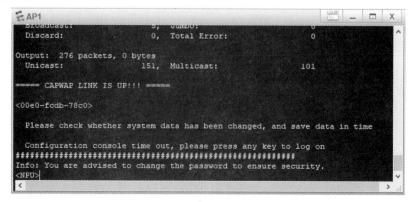

图 9－30 AP 成功上线后的界面

===== CAPWAP LINK IS UP!!! =====

在 AC1 查看 AP1 的上线情况,可发现 AP1 成功上线,如图 9-31 所示。

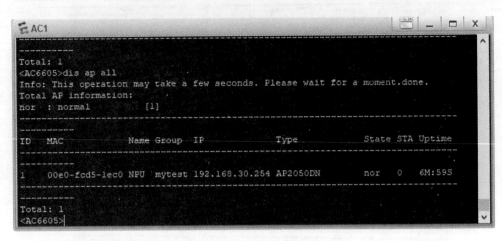

图 9-31 AC 中上线 AP1 的信息

8)在 AC1 上创建业务 VLAN20。

9)设置安全模板,先为 AP1 设置指定接入口令。

[AC6605] wlan

[AC6605-wlan-view] security-profile name APSec

[AC6605-wlan-sec-prof-APSec] security wpa2 psk pass-phrase abc123654 aes

[AC6605-wlan-sec-prof-APSec] quit

再设置 SSID 模板。

[AC6605-wlan-view] ssid-profile name APSSID

[AC6605-wlan-ssid-prof-APSSID] ssid NPU1

[AC6605-wlan-ssid-prof-APSSID] quit

然后,设置 VAP 模板,绑定安全模板和 SSID 模板。

[AC6605-wlan-view] vap-profile name APVap

[AC6605-wlan-vap-prof-APVap] service-vlan vlan 20

[AC6605-wlan-vap-prof-APVap] security-profile APSec

[AC6605-wlan-vap-prof-APVap] ssid-profile APSSID

[AC6605-wlan-vap-prof-APVap] quit

[AC6605-wlan-view] ap-group name mytest

[AC6605-wlan-ap-group-mytest] vap-profile APVap wlan 1 radio 0

[AC6605-wlan-ap-group-mytest] vap-profile APVap wlan 1 radio 1

至此,可以看到 AP1 发出的无线信号,如图 9-32 所示。

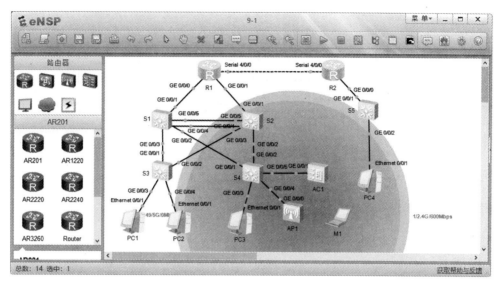

图 9-32　AP1 发出无线信号的界面

10)在交换机 S4 上,配置业务 VLAN20,并开启为业务 VLAN20 动态分配地址的 DHCP 服务。

［Huawei］int vlan 20

［Huawei-Vlanif20］ip address 192.168.20.252 24

［Huawei-Vlanif20］quit

［Huawei］ip pool 4vlan20

［Huawei-ip-pool-4vlan20］network 192.168.20.0 mask 24

［Huawei-ip-pool-4vlan20］gateway-list 192.168.20.252

［Huawei-ip-pool-4vlan20］quit

［Huawei］int vlan20

［Huawei-Vlanif20］dhcp select global

［Huawei-Vlanif20］quit

［Huawei］quit

＜Huawei＞save

11)双击移动站点 M1,打开 VAP 列表。双击 VAP 列表中的任何一项,输入密码(实验中密码被设置为 abc123654)即可完成把 M1 接入 WLAN,结果如图 9-33 所示,VAP 状态变为已连接。

在 M1 的命令行页面可以查看 M1 的地址信息,如图 9-34 所示。

移动站点 M1 可以 ping 通位于相同 VLAN 的主机 PC3,同时,位于 VLAN10 的主机 PC1 也可以 ping 通移动站点 M1,分别如图 9-35 和图 9-36 所示。

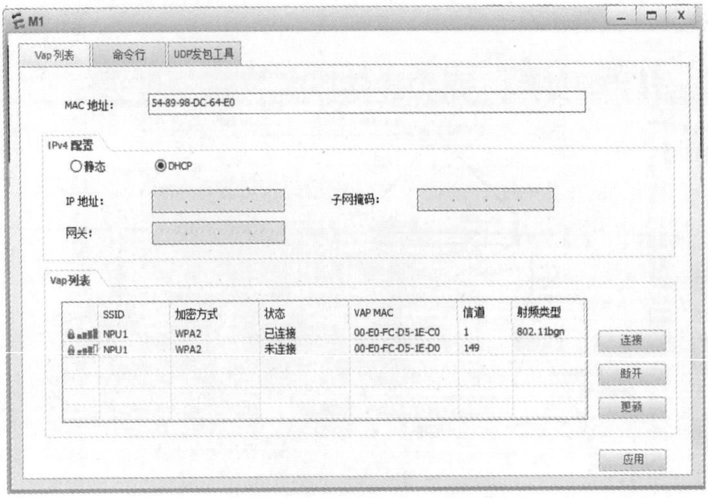

图 9 - 33　移动站点 M1 已接入 WLAN

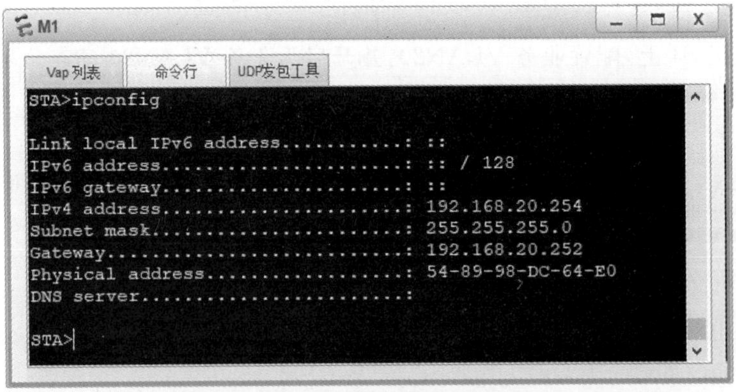

图 9 - 34　移动站点 M1 的地址信息

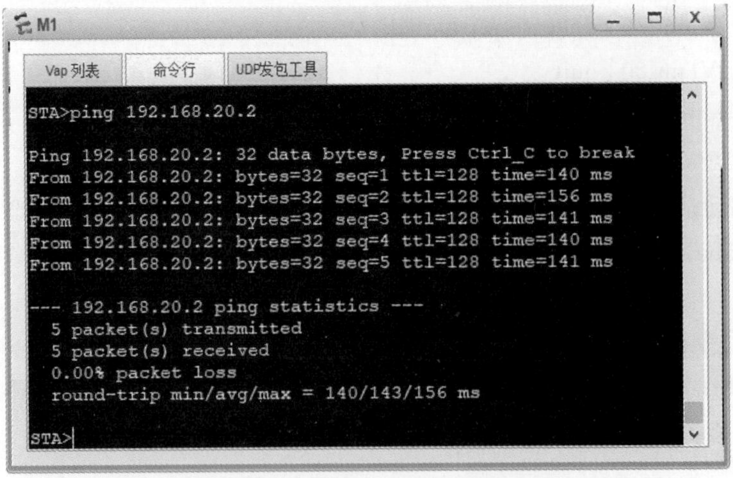

图 9 - 35　移动站点 M1 与 PC3 的通信结果

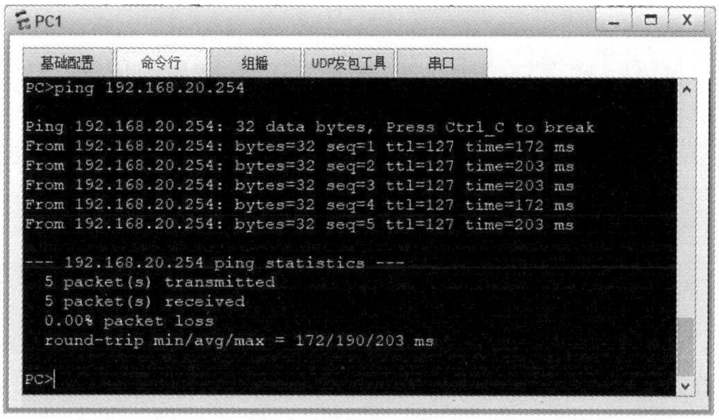

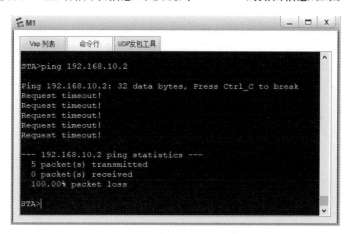

图 9-36　主机 PC1 与移动站点 M1 的通信结果

至此,虽然主机 PC1 可以 ping 通移动站点 M1,但是移动站点 M1 却不能 ping 通主机 PC1,如图 9-37 所示。为探明原因,在交换机 S4 的接口 GE0/0/1 和接口 GE0/0/2 上捕获报文,在报文中未发现从移动站点 M1 发出的 ping 命令,如图 9-38 所示。换句话说,也就是该命令未跨越三层交换机 S4。查看交换机 S4 上的路由表信息,未发现到 VLAN10 的路由信息,如图 9-39 所示。

图 9-37　移动站点 M1 与主机 PC1 的通信结果

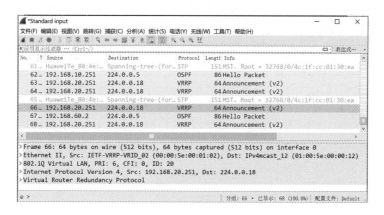

图 9-38　在 S4 接口 GE0/0/1 上捕获的报文

```
[Huawei]dis ip routing-table
Route Flags: R - relay, D - download to fib
------------------------------------------------------------------------------
Routing Tables: Public
         Destinations : 8        Routes : 8

Destination/Mask    Proto   Pre  Cost      Flags NextHop         Interface

      127.0.0.0/8   Direct  0    0           D   127.0.0.1       InLoopBack0
      127.0.0.1/32  Direct  0    0           D   127.0.0.1       InLoopBack0
   192.168.20.0/24  Direct  0    0           D   192.168.20.252  Vlanif20
 192.168.20.252/32  Direct  0    0           D   127.0.0.1       Vlanif20
   192.168.30.0/24  Direct  0    0           D   192.168.30.1    Vlanif30
   192.168.30.1/32  Direct  0    0           D   127.0.0.1       Vlanif30
   192.168.40.0/24  Direct  0    0           D   192.168.40.1    Vlanif40
   192.168.40.1/32  Direct  0    0           D   127.0.0.1       Vlanif40

[Huawei]
```

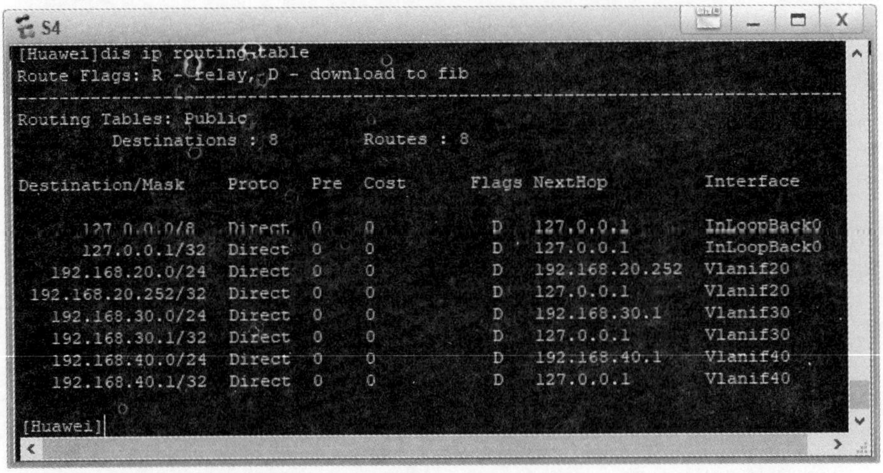

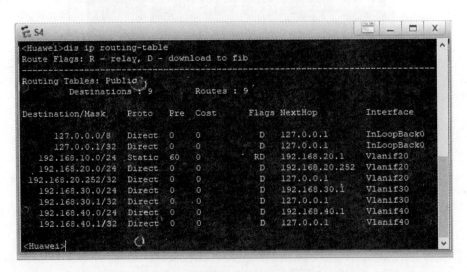

图 9-39　交换机 S4 的路由表信息一

为解决此问题,需要在交换机 S4 上配置到 192.168.10.0/24 的路由表项。

<Huawei> undo terminal monitor

<Huawei> sys

[Huawei] ip route-static 192.168.10.0 24 192.168.20.1

[Huawei] quit

<Huawei> save

在交换机 S4 上成功配置路由信息 192.168.10.0/24 后,查看路由表,结果如图 9-40 所示,与图 9-39 中的路由表相比多了一条配置的静态路由信息。

```
<Huawei>dis ip routing-table
Route Flags: R - relay, D - download to fib
------------------------------------------------------------------------------
Routing Tables: Public
         Destinations : 9        Routes : 9

Destination/Mask    Proto   Pre  Cost      Flags NextHop         Interface

      127.0.0.0/8   Direct  0    0           D   127.0.0.1       InLoopBack0
      127.0.0.1/32  Direct  0    0           D   127.0.0.1       InLoopBack0
   192.168.10.0/24  Static  60   0          RD   192.168.20.1    Vlanif20
   192.168.20.0/24  Direct  0    0           D   192.168.20.252  Vlanif20
 192.168.20.252/32  Direct  0    0           D   127.0.0.1       Vlanif20
   192.168.30.0/24  Direct  0    0           D   192.168.30.1    Vlanif30
   192.168.30.1/32  Direct  0    0           D   127.0.0.1       Vlanif30
   192.168.40.0/24  Direct  0    0           D   192.168.40.1    Vlanif40
   192.168.40.1/32  Direct  0    0           D   127.0.0.1       Vlanif40

<Huawei>
```

图 9-40　交换机 S4 的路由表信息二

此时,再在移动站点 M1 上 ping 主机 PC1,就可以正常通信了,结果如图 9-41 所示。

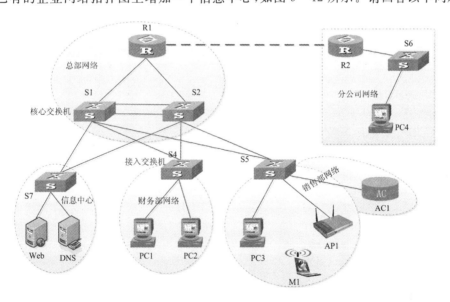

图 9-41　移动站点 M1 与主机 PC1 的通信结果

至此,综合实验配置完成,满足了实验目标和设计要求。

9.4　思考与创新

在已有的企业网络拓扑图上增加一个信息中心,如图 9-42 所示。请回答以下问题:

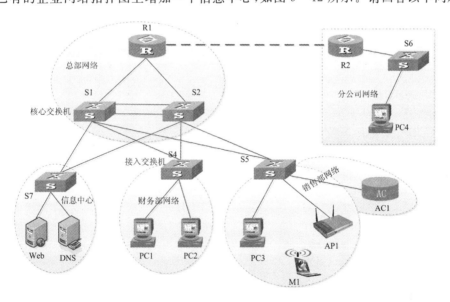

图 9-42　新的企业网络拓扑图

(1)如何在交换机 S1、S2、S4、S5 和 S7 上配置多生成树协议?

(2)假设该分公司网络也采用内部 IP 地址,如何修改地址转换配置,确保总部网络内的设备和分公司的设备能正常通信?

参 考 文 献

[1] 张胜兵,吕养天. 计算机网络工程实验教程[M]. 2 版. 西安:西北工业大学出版社,2012.

[2] 沈鑫剡,俞海英,许继恒,等. 路由和交换技术实验及实训:基于华为 eNSP[M]. 2 版. 北京:清华大学出版社,2020.

[3] 张举,耿海军. 计算机网络实验教程:基于 eNSP+Wireshark[M]. 北京:电子工业出版社,2021.

[4] 谢希仁. 计算机网络[M]. 8 版. 北京:电子工业出版社,2021.

[5] 陆魁军. 计算机网络工程实践教程:基于华为路由器和交换机[M]. 北京:清华大学出版社,2005.